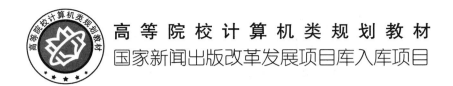

高等院校计算机类规划教材
国家新闻出版改革发展项目库入库项目

程序设计实践简明教程

主编　王玉龙

U0282486

北京邮电大学出版社
www.buptpress.com

内 容 简 介

本书重点讲述程序设计实践的基本方法和技术，并在此基础上进一步讲述优化、测试与维护的基本策略。本书共9章，主要内容包括代码风格指南、需求分析方法、设计方法与实现技术、用户界面设计、程序接口技术、错误排查技巧、性能优化策略、测试方案设计以及部署与维护。本书是作者对"程序设计实践"课程的教学内容、教学方法和教学手段进行探索的具体成果。本书具有独立于程序设计语言的普适知识、基于业界主流编程语言的示例、紧贴工程实际的实用技术以及覆盖程序完整生命周期的内容安排，能够激发学生思考和提高学生的实践能力。本书文字流畅、通俗易懂，可作为计算机及相关专业学生的教材，也可作为成人自学编程、工程师程序设计的参考用书。

图书在版编目(CIP) 数据

程序设计实践简明教程 / 王玉龙主编. -- 北京 ：
北京邮电大学出版社，2024. -- ISBN 978-7-5635-7330
-1

Ⅰ. TP311.1
中国国家版本馆 CIP 数据核字第 202456DW79 号

策划编辑：姚 顺　　**责任编辑：**姚 顺 耿 欢　　**责任校对：**张会良　　**封面设计：**七星博纳

出版发行：北京邮电大学出版社
社 址：北京市海淀区西土城路 10 号
邮政编码：100876
发 行 部：电话：010-62282185　传真：010-62283578
E-mail: publish@bupt.edu.cn
经 销：各地新华书店
印 刷：保定市中画美凯印刷有限公司
开 本：787 mm×1 092 mm　1/16
印 张：16.75
字 数：426 千字
版 次：2024 年 8 月第 1 版
印 次：2024 年 8 月第 1 次印刷

ISBN 978-7-5635-7330-1　　　　　　　　　　　　　　　定价：55.00 元

前　　言

在计算机科学领域，程序设计实践的演进贯穿整个计算机编程的发展历史。它不仅是学术理论与工程实践之间的桥梁，而且是推动技术革新和解决现实问题的关键。计算机在诞生之初是大型的、价格昂贵的，且资源有限的机器，因此高效的程序设计至关重要。当时的程序员直接使用机器语言或汇编语言进行编程，这需要他们深入了解硬件的细节，并为每一个操作进行精心设计。

随着时间的推进，高级编程语言如 FORTRAN、COBOL 和 LISP 应运而生，这些语言的发明意味着程序员可以开始从更高的抽象层次进行编程，不再需要关心底层硬件的细节。这使得软件开发变得更加快速和简单，但随之而来的是对程序设计实践的探索和深化，因为复杂性被转移到了软件逻辑和结构上。

20 世纪 60 年代到 70 年代，随着计算机科学的发展，出现了诸如 C、Pascal 和 Basic 这样的语言。同时，面向对象编程的概念开始受到关注，这导致了 Smalltalk、C++ 等面向对象语言的出现。在这个时期，软件工程初步成形，人们开始关注如何更系统地开发和维护软件。

20 世纪 70 年代到 80 年代，随着计算机科学的进一步发展，出现了诸如面向对象编程的新概念。在这期间，软件工程开始受到重视，人们认识到除了编写代码，软件开发还涉及需求分析、设计、测试和维护等多个阶段。设计模式和架构模式也在这个时期兴起，为程序设计提供了指导性的最佳实践。

进入 21 世纪，随着互联网的普及，分布式系统、微服务和云计算等概念应运而生。程序设计实践也因此面临新的挑战，如怎样设计可扩展的系统，如何保证数据的一致性等。同时，崛起的敏捷开发和 DevOps 文化也对程序设计实践产生了深远的影响，强调快速迭代、持续交付和跨职能团队的协作。

对于计算机相关专业的学生来说，如今的程序设计实践包含更加丰富的内容。学生不仅需要掌握经过长期沉淀所形成的程序设计方面的普适知识，还需要了解现代的程序设计技术与工具，从而切实提高程序设计实践能力。正是基于以上的认识，作者编写了本书，旨在提供一条从初级到高级的学习路径，覆盖从代码风格、需求分析到系统设计、用户界面设计等多个方面的内容。

本书的编写初衷是架设理论知识与实际工程项目之间的桥梁，引导学生建立系统思维和灵活组合各项技能，以构建高质量的软件系统。这一实践过程是学生从课堂走向工程实践、从学生身份转变为软件工程师的关键所在。因此，本书特别强调了实践的重要性，通过大量的实践案例和习题引导学生将所学知识应用到实际项目中，从而加深学生对程序设计的理解和掌握。

本书从程序设计的基本概念出发，逐步探讨代码风格指南、需求分析方法、设计方法与实现技术、用户界面设计、程序接口技术、错误排查技巧、性能优化策略、测试方案设计以及部署与维护等内容。每章围绕一个主题，详尽地阐释相关理论知识和实践技巧，同时辅以生动的案例和最佳实践，助力学生更深入地理解和掌握所学内容。

在编写过程中，作者汲取了经典著作 *The Practice of Programming* 的精髓，力求内容简洁、清晰且通用。本书结合现代的编程语言和工具，重点介绍了程序设计中的关键知识点和最佳实践建议。此外，本书还根据作者多年授课和带领学生开发软件系统的丰富经验，对内容进行了针对性优化，并以"电信客服机器人系统"设计实践为案例，增强学生对知识的应用能力和理解能力。

本书每章的组织方式旨在帮助学生更好地把握学习的节奏和重点。首先，概述本章的主要内容和目标；其次，以小节为单位，逐步展开论述；最后，以本章小结结束，总结本章的重点和难点。为了满足学生对特定主题进行深入学习的需求，每一章都在扩展阅读中精心提供了书目建议。

本书不仅能够帮助计算机专业学生将课堂理论知识与实际开发工作紧密结合起来，提高实践能力，还能够帮助初级软件开发者快速掌握现代程序设计实践，更好地融入团队和项目，实现职业成长。同时，软件开发爱好者也可以借助本书开展个人项目或积极参与开源社区贡献。

最后，作者要衷心感谢所有为本书付出辛勤劳动的人士。特别感谢北京邮电大学张海滨高级工程师、闫丹凤教授和王智立副教授对书稿的认真审阅与建议，以及付怡霏、莫歌和白佳禾等同学在格式检查和文字校对方面所做的细致工作。同时，也要感谢北京邮电大学出版社姚顺老师的专业指导与帮助。正是有了他们的鼎力相助，本书才得以顺利付梓。我衷心希望本书能够成为读者们程序设计学习路上的得力助手和良师益友。

目　　录

第 1 章　代码风格指南

本章将帮助读者了解编写清晰、高效、可维护代码的重要性和方法。代码风格不仅是程序员的个人标签，更是软件研发过程中的基石。良好的代码风格能够提高代码的可读性和可维护性，从而降低软件缺陷的发生率，提高团队协作的效率。

本章主要分为三个部分：结构、命名和注释。结构一节将阐述代码组织和排列的重要性，以及如何利用恰当的结构安排提高代码的可读性和可维护性。另外，本章还将介绍一些关于代码逻辑、模块划分和层次结构的实践建议。良好的命名习惯对提高代码的可读性至关重要。命名一节将详细讨论如何为变量、函数、类等命名，以便读者理解其作用和功能。另外，本章还将分享一些通用的命名原则和规范，帮助读者形成统一、有意义的命名风格。注释一节将强调注释在代码中的作用，以及如何编写简洁、明了的注释。最后，我们还将讨论一些编程语言特有的注解机制，以及如何利用这些机制提高代码质量。

笔者希望读者能够通过阅读本章认识到代码风格对于软件开发的重要性，并且能够通过运用本章知识点形成良好的编程习惯。

1.1　结　　构

正如精心组织的文字能让文章更有说服力和吸引力一样，程序中的代码结构和组织方式同样是实现高效和高质量代码的关键。清晰和简洁的编程不仅意味着精确选择代码表达方式和避免不必要的冗余，更有助于代码阅读者轻松地理解和跟随代码逻辑。一个清晰且简洁的代码结构能更好地吸引和保持开发者的注意力，降低理解难度，从而提高整体的编程效率和质量。本节将介绍如何有效地安排代码结构，以提高代码的可读性和可维护性。

1.1.1　代码缩进与对齐

对于许多程序语言的编译器或解释器而言，代码的缩进和对齐对程序的功能是没有影响的[①]。编译器或解释器可以依靠严格的语法规则解析出一段代码的逻辑。该逻辑与代码缩进和对齐无关。然而，在现代大型软件系统的研发中，代码不仅要对机器友好（例如，源代码可以在不同型号的 CPU 上编译，并且能够通过编译器的优化选项生成更高效的可执行代码），更要对与源代码打交道的人友好。这是因为优秀的数据结构和算法是由人来创造的，业务逻辑是由人翻译成代码的，并且这些代码不是一成不变的，它们需要人去阅读、

---

① 与大多数程序语言不同，Python 代码使用缩进来表示代码块和层级结构，严格的缩进是 Python 语法的一部分。

修改和完善。但是人处理源代码与编译器/解释器处理源代码的方式明显不同。人眼作为人类大脑接收代码的输入渠道，是以图像形式处理代码的。而理解图像的关键是结构，即图像各部分在语义上的分割，而不是单个的字符。代码缩进和对齐能够帮助我们将一整片代码根据语义进行分割处理，使其体现出结构。因此，可以说代码缩进和对齐是代码结构的基础，它们有助于提高代码的可读性。遵循一致的缩进和对齐规则，可以使代码更加整洁、易于阅读和理解。

1. 缩进

缩进是在代码行的开头留出一定的空白，以表示代码的层次关系。缩进的主要目的是使代码结构更加清晰。建议使用固定数量的空格（通常是 4 个）或一个制表符（Tab 键）进行缩进。一个好的实践是通过代码编辑器将制表符定义成固定数量的空格（例如 4 个），以便减少因缩进定义不同而导致的代码格式混乱的问题。此外，请遵循你所在开发团队对缩进的定义，或在独立开发时保持同一个项目缩进的定义一致，从而保持项目内代码格式的统一。

下面的示例展示了正确和错误的缩进方式。

正确的缩进如下。

代码 1.1　正确缩进的 Python 代码示例

```python
def factorial(n):
    if n == 0:
        return 1
    else:
        return n * factorial(n-1)

result = factorial(5)
print("5的阶乘的结果是:", result)
```

代码 1.1 展示了一个计算阶乘的简单函数。这段代码遵循了正确的缩进规则，使用了 4 个空格进行缩进。这种缩进方式的好处如下。

（1）增加代码可读性：恰当的缩进可以使代码结构更加清晰，有助于其他开发者理解代码逻辑。

（2）强制编写结构良好的代码：在 Python 中，缩进是语法的一部分，如果不正确地缩进代码，可能导致错误或意外行为。

（3）更易于调试和维护：正确缩进的代码有助于开发者在调试过程中快速定位问题所在，并提高代码维护的效率。

错误的缩进如下。

代码 1.2　错误缩进的 Python 代码示例

```python
def factorial(n):
  if n == 0:
```

```
3      return 1
4    else:
5    return n * factorial(n - 1) # 错误的缩进
```

错误缩进可能带来以下危害。

（1）语法错误：在 Python 中，正确的缩进是强制的。错误的缩进可能导致代码无法运行，例如，上述代码会导致一个 IndentationError。

（2）逻辑错误：即使错误的缩进没有导致语法错误，也可能使代码逻辑发生错误，导致程序产生意外的行为。

（3）降低代码可读性：错误的缩进会使代码结构变得不清晰，这会导致其他开发者在阅读代码时难以理解其逻辑。代码 1.2 中第 5 行的 return 语句看起来和第 2 行的 if 语句在同一个层级，阅读者可能会误以为无论第 2 行的 if 语句选择哪个分支执行，第 5 行的 return 语句都会执行。

（4）增加维护成本：代码错误缩进可能使得开发者在调试和维护过程中花费更多的时间来定位和解决问题。

大多数集成开发环境都提供代码格式化功能，如图 1.1 所示。阅读代码前，建议先做代码格式化，从而提高代码的可读性。

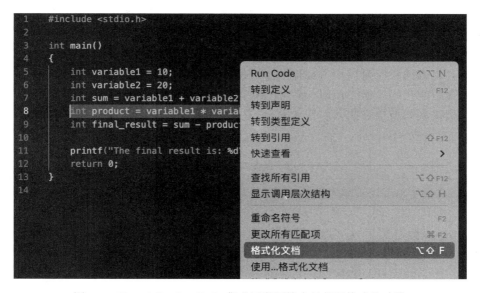

图 1.1　Visual Studio Code 集成开发环境中的代码格式化功能

2. 对齐

对齐是将代码中的某些元素垂直排列，以使其具有清晰的视觉效果。对齐可以帮助开发者快速识别代码中的相关元素，从而提高代码的可读性。

下面的示例展示了正确和错误的对齐方式。

正确的对齐如下。

代码 1.3　正确对齐的 C 代码示例

```
1   #include <stdio.h>
2
3   int main() {
4       int variable1 = 10;
5       int variable2 = 20;
6       int sum        = variable1 + variable2;
7       int product    = variable1 * variable2;
8       int final_result = sum - product;
9
10      printf("最终结果是: %d\n", final_result);
11      return 0;
12  }
```

代码 1.3 中的这段 C 代码示例使用了正确的对齐方式，这带来了如下好处。

（1）清晰的视觉效果：将赋值符号（=）对齐可以使代码具有清晰的视觉效果，这有助于开发者快速识别每行代码中的赋值操作。

（2）易于阅读：代码对齐可使代码更易于阅读，因为开发者可以更容易地理解各个变量的赋值关系。

（3）提高可维护性：对齐的代码更容易进行修改和维护。例如，当需要添加或删除变量时，对齐良好的代码可以更方便地进行调整。

（4）统一的代码风格：使用一致的对齐方式可以帮助项目团队成员遵循统一的编码风格，从而提高代码质量和团队协作效率。

错误的对齐如下。

代码 1.4　错误对齐的 C 代码示例

```
1   #include <stdio.h>
2
3   int main() {
4       int variable1 = 10;
5       int variable2 = 20;
6       int sum = variable1 + variable2;
7       int product = variable1 * variable2;
8       int final_result = sum - product;
9
10      printf("最终结果是: %d\n", final_result);
11      return 0;
12  }
```

在代码 1.4 中，等号（=）没有进行对齐，这导致代码的视觉效果较弱。由于代码中的赋值操作没有清晰地表示出来，开发者可能需要花费更多时间来理解代码的逻辑。此外，错误对齐的代码可能使得整个项目的代码质量降低，从而增加项目的维护成本。

请注意，这些规则可能因编程语言和团队约定而异。务必遵循你所在团队或项目的特定规则。

1.1.2　语句与表达式的排布

1. 语句的排布

在程序设计中，为了提高代码的可读性，我们需要遵循一定的排版规则。以下是关于语句排布的一些建议。

（1）每行一个语句：为了便于阅读和理解代码，建议每行只写一个语句。这样可以使代码更加清晰、有条理，便于快速浏览。

（2）合理使用空白行：空白行可以分隔代码的逻辑部分。在函数定义、类定义和不同逻辑部分之间插入空白行，可以让代码易于阅读。

以下是语句排布的正例和反例。

正例如下。

代码 1.5　合规的语句排布的 Python 代码示例

```python
def greet(name):
    greeting = f"你好，{name}!"
    print(greeting)

name = "张三"
greet(name)
```

在代码 1.5 中，每行只包含一个语句，函数定义和主逻辑部分之间有一个空白行，同时使用了一致的缩进。

反例如下。

代码 1.6　不合规的语句排布的 Python 代码示例

```python
def greet(name): greeting = f"你好，{name}!"; print(greeting)
name = "张三"; greet(name)
```

在代码 1.6 中，每行包含多个语句，使用分号分隔，没有使用空白行分隔函数定义和主逻辑部分，这样的代码难以阅读和理解。

2. 表达式的排布

表达式是程序的基本组成部分，它们组成了语句。合理排布表达式可以提高代码的可读性。以下是关于表达式排布的一些建议。

（1）避免过长的表达式

尽量避免使用过长的表达式，因为它们难以阅读和理解。如果必须使用长表达式，请考虑将其拆分为多个较短的表达式。

（2）避免过于复杂的表达式

滥用三元操作符、位操作符或嵌套的函数调用会导致过于复杂且难以理解的表达式。例如，连续使用多个三元操作符会使代码的逻辑变得难以跟踪。另外，尝试在单一表达式中完成多个任务也会降低代码的清晰度。当遇到这样的复杂表达式时，可以考虑将其拆解为多个简单表达式，并使用有意义的变量名来暂存中间结果，也可以考虑将需要完成的单个简单过程定义为宏，按照其实现的功能进行命名，这样能够让人清楚地看出表达式各个部分的作用。

反例如下。

代码 1.7　过于复杂的表达式

```
1  int result = (a > b ? (c < d ? c : d) : a) & e;
```

正例如下。

代码 1.8　简化的表达式

```
1  #define min(x, y) ((x < y) ? x : y)
2  int result = (a > b ? min(c, d) : a) & e;
```

如代码 1.7 所示，一个表达式同时使用了嵌套的三元操作符和位操作符，这使得代码逻辑变得难以跟踪。而在代码 1.8 中，我们将求最小值的过程定义为一个宏，避免了三元操作符的嵌套使用，从而大大提高了代码的可读性和清晰度。

（3）在适当的位置换行

当一个表达式太长而无法放在一行时，应在适当的位置进行换行。建议在操作符之后换行，这样可以清楚地显示表达式的结构。

（4）使用括号表示优先级

在复杂的表达式中使用括号可以清楚地表示操作符的优先级，提高代码的可读性。

以下是一个良好的表达式排布代码示例。

代码 1.9　良好的表达式排布 Python 代码示例

```
1  # 第一个表达式
2  result = a + (b * (c ** d) / e) - (f * g) + (h * i / j) - k
3
4  # 第二个表达式
5  long_result = (very_long_variable_name_a
                  + very_long_variable_name_b
6                 - very_long_variable_name_c)
                  * (another_very_long_variable_name_d
```

```
7          / another_very_long_variable_name_e)
8
9  # 条件语句
10 if (condition_one and condition_two
11     or condition_three and not condition_four):
12     do_something()
```

在代码 1.9 中，表达式简洁且清晰。在适当的位置换行，并以操作符开始新的一行，能使表达式结构更加清晰。同时，我们使用括号表示操作符的优先级。具体而言，在第一个表达式和第二个表达式中，我们将操作符和其作用到的变量名用括号显式地体现出计算顺序，以增强可读性。这样可以使阅读者更清楚地看到操作符和变量之间的关系，从而避免误解。当你因项目压力或者工作疲惫而注意力难以集中时，平时养成的这些良好编程习惯将大幅减少低质量程序代码的产生。对于第二个表达式，我们将过长的行分成了几行，以避免一行过长。这有助于在显示器上更好地显示代码，避免使用横向滚动条来翻阅代码。在条件语句中，我们对布尔条件进行了适当的缩进，以使它们更清晰地与 if 语句对齐。这有助于阅读者快速理解条件的结构。

以下是一个不好的表达式排布代码示例。

代码 1.10　不好的表达式排布 Python 代码示例

```
1  result = a + b * c ** d / e - f * g + h * i / j - k
2
3  long_result = very_long_variable_name_a +
       very_long_variable_name_b - very_long_variable_name_c *
       another_very_long_variable_name_d /
       another_very_long_variable_name_e
4
5  if condition_one and condition_two or condition_three and not
       condition_four: do_something()
```

在代码 1.10 中，表达式冗长且阅读困难，既未在适当位置进行换行，操作符的优先级也不明确，同时缺少用于标明优先级的括号。虽然这个简单示例可能仍然易于理解，但当需要快速准确地理解成千上万行代码时，糟糕的表达式布局将带来巨大的出错风险。然而，过于严格的表达式布局，例如为每组乘除运算都添加括号，也可能会降低编程效率。因此，建议读者在编写代码时要平衡效率和可读性，至少应将易于混淆优先级的运算符（如指数运算和乘除运算）的运算顺序明确地用括号进行表示。这样可以显著减小代码被误解的可能性，从而提高整体开发效率。

3. 使用多数人写代码的惯例

编程时，遵循公认的惯例和标准对于提高代码的可读性和可维护性至关重要。以下是一些被大多数程序员采纳的编写代码的惯例。

（1）一致的花括号风格

对于花括号的使用，如果涉及的代码块有两行或更多行，那么一定要加花括号。同时，确保花括号的对齐和缩进风格在整个项目中都是一致的。

反例如下。

代码 1.11　错误的花括号使用示例

```
1  if (condition)
2      console.log("临时增加了这条日志输出语句，用于调试程序");
3      return false; // 这行代码看起来是在if语句中，但实际上总是会被
                     执行
```

正例如下。

代码 1.12　正确的花括号使用示例

```
1  if (condition) {
2      console.log("临时增加了这条日志输出语句，用于调试程序");
3      return false;
4  }
```

如代码 1.11 所示，由于缺少花括号，"return false;" 语句看起来像是包含在 if 语句中的，但实际上它将被无条件地执行，这是非常常见的一个错误。而在代码 1.12 中，使用了正确的花括号，因此代码逻辑与看起来的一致，易于阅读和理解。遵循这些惯例可以确保代码更加整洁、有序，并且易于其他开发者理解。

（2）循环语句的一般写法

在使用循环语句时，应当采用被大多数人接受的方式，特别是 for 循环，它的设计初衷就是让循环的起始状态、结束条件和步长都能一目了然。

反例 1 如下。

代码 1.13　不规范的 for 循环

```
1  int i = 0;
2  for (cout << "开始循环\n"; i++ < 10; cout << i)
3      i = i + 1
```

正例 1 如下。

代码 1.14　规范的 for 循环

```
1  cout << "开始循环\n";
2  for (int i = 0; i < 10; ++i) {
3      cout << i;
4  }
```

在代码 1.13 中，我们混淆了 for 循环的初始化、条件检查和递增语句。for 循环的初始阶段被用来输出文本，而递增阶段则混合了两种不同的递增方法，循环体被放在了递增语句的位置。这种写法不仅令人困惑，还可能导致难以察觉的错误。而代码 1.14 则提供了功能相同的规范写法，其结构清晰，易于阅读和维护。

反例 2 如下。

代码 1.15　不明确的无限循环

```
1  for (;;)
2      cout << "循环将永远执行下去";
```

正例 2 如下。

代码 1.16　明确的无限循环

```
1  while (true) {
2      cout << "循环将永远执行下去";
3  }
```

反例 2（见代码 1.15）使用 for (;;) 来构造无限循环。尽管这是一个有效的无限循环表示，但对于不熟悉这种写法的读者来说，可能会觉得这是一个打字错误或难以理解的语法，因为它没有明确地传达出"无限循环"的意图。相比之下，正例 2（见代码 1.16）使用 while (true) 来构造无限循环。这种写法更加直观和明确，因为它直接使用了 true 条件，从而清晰地表示出了这是一个永远不会结束的循环。此外，正例还采用了花括号来包围循环体，即使循环体只有一条语句，这也提高了代码的清晰度和可读性。总体来说，尽管 for (;;) 和 while (true) 都能够构造无限循环，但后者提供了更直观和明确的表示方式，因此更为推荐。

（3）多路选择

在处理多个条件选择时，推荐使用 else-if 语句。这样做可以确保当一个条件满足时，后续条件不再被检查，从而节省计算资源。同时，else-if 结构可以使得相关的条件和动作在代码中的位置更加接近，增强代码的可读性。

反例 1 如下。

代码 1.17　阶梯状的多路选择

```
1  if (condition1) {
2      // 动作1
3      if (condition2) {
4          // 动作2
5      }
6  } else {
7      // 动作1或动作2不满足时的处理
8  }
```

反例 2 如下。

代码 1.18　分散的多路选择

```
1  if (condition1) {
2      // 动作1
3  }
4  if (condition2) {
5      // 动作2
6  }
```

如代码 1.17 所示，使用嵌套的 if 语句会导致阶梯状代码，使得当某些条件不满足时的处理逻辑距离检查的条件过远，降低代码的可读性。而在代码 1.18 中，对每个条件都单独进行了检查，即使前面的条件不满足也会继续检查后续条件，浪费了计算资源。代码 1.19 使用了 else-if 结构，这样既节省了计算资源，又增强了代码的可读性。

代码 1.19　规范的多路选择

```
1  if (condition1) {
2      // 动作1
3  } else if (condition2) {
4      // 动作2
5  } else {
6      // 其他动作
7  }
```

遵循以上惯例可以确保代码更加整洁、有序，并且易于其他开发者理解。

1.1.3　适当划分代码块

在程序设计实践中，适当划分代码块是提高代码质量和可维护性的关键。模块化和分离关注点是两个核心设计原则，它们共同作用于优化代码结构，提高代码可读性和可维护性。模块化将复杂系统拆解为多个小型、独立的模块，每个模块专注于实现特定功能，具有相对独立性，便于单独开发、测试和优化，促进了代码重用并增强了整个系统的可维护性。分离关注点原则强调将软件的不同功能和关注点进行逻辑分离，通过清晰、有序地组织代码，有助于开发者更轻松地理解、管理和修改代码，降低代码的复杂性，提高代码的可维护性和可扩展性。在实践中，模块化和分离关注点相辅相成，模块化通过物理划分代码块来实现分离关注点，每个模块聚焦于单一功能或关注点。因此，结合模块化和分离关注点原则，我们可以构建结构清晰、易于维护和扩展的软件系统，从而提高开发效率，减少错误，并满足不断变化的软件需求。

以下是一些适当划分代码块的建议。

（1）使用函数和方法：将复杂或重复的代码段封装为函数或方法，有助于提高代码的可读性和可维护性。这也是实现模块化的一种方式，能够使得代码被重复使用，同时保持每部分代码的独立性和专注性。

（2）遵循单一职责原则：每个代码块（如函数、方法、类等）应具有单一的职责，只负责完成一个特定任务。这有助于保持代码的清晰和模块化，也是分离关注点原则的体现。

（3）合理组织和封装代码：将相关的代码组织在一起，使用类、模块等进行封装。这不仅有助于提高代码的可读性和可维护性，也有助于在更高的层次上实现分离关注点。通过将不同的功能和责任分配到不同的类或模块中，可以更清晰地管理和维护每部分代码。

以下是两个关于适当划分代码块的正确示例。

代码 1.20　使用函数进行代码划分的 Python 示例

```python
def add(a, b):
    return a + b

def multiply(a, b):
    return a * b

result = add(1, 2)
product = multiply(3, 4)
print(f"Result: {result}, Product: {product}")
```

代码 1.20 展示了如何通过函数实现代码的模块化和分离关注点。我们可以看到每个函数都有着明确的职责和功能，这不仅使代码更易于阅读和维护，也提高了代码的可重用性和可扩展性。

代码 1.21　使用类进行代码划分的 Java 示例

```java
public class Calculator {

    public static int add(int a, int b) {
        return a + b;
    }

    public static int multiply(int a, int b) {
        return a * b;
    }

    public static void main(String[] args) {
        int result = add(1, 2);
        int product = multiply(3, 4);
        System.out.println("1与2的和为：" + result + "，3与4的积
                为：" + product);
```

```
15        }
16   }
```

在代码 1.21 中，我们创建了一个名为 "Calculator" 的类，并在其中定义了两个静态方法 add 和 multiply，每个方法都具有单一的职责。在 main 方法中，我们调用了这两个方法并打印了结果。此示例采用了适当划分代码块的建议，使代码易于阅读和维护。

函数和类为代码封装提供了便利，然而程序员在使用它们时依赖于其自觉性。以下是两个未合理划分代码块的示例。

代码 1.22　未进行代码划分的 Python 示例

```python
a, b, c, d = 1, 2, 3, 4
result = a + b
product = c * d
print(f"1与2的和为：{result}，3与4的积为：{product}")
```

代码 1.22 没有使用函数或方法来封装代码，使得代码的可读性和可维护性降低。受限于篇幅，这个示例的代码长度较短，因此似乎还是具有较高的可读性。然而，在实际的工程项目中，程序逻辑往往比较复杂，且代码也比较长，如果不适当地划分代码块，程序的可读性会显著降低，进而给代码复用、bug 排除、更新维护等操作带来不必要的困难。

代码 1.23　未进行代码划分的 Java 示例

```java
public class Calculator {

    public static void main(String[] args) {
        int a = 1;
        int b = 2;
        int c = 3;
        int d = 4;

        int result = a + b;
        int product = c * d;

        System.out.println("a与b的和为：" + result + "，c与d的积
            为：" + product);
    }
}
```

在代码 1.23 中，我们没有将加法和乘法操作封装到独立的方法中，而是将所有的计算和输出都放在了 main 方法中。这使得代码的可读性和可维护性降低。再次提醒，受限于篇幅，本书给出的示例较为简短，仅用于示意。在实际工程项目中，若需要编写一些"用

完就扔"的临时代码，如测试某个函数用法的代码片段，则不必追求代码块划分。这是因为这样的代码段的读者只有程序员自己，代码寿命仅有十几分钟，不涉及代码的可读性和可维护性等问题。然而，如果要将临时编写的代码片段合并到项目代码中，依然要遵守包括代码块划分在内的代码风格约定，从而保证项目代码的质量。

通过以上的示例和分析，我们可以看到适当划分代码块不仅是为了提高代码的可读性和可维护性，而且是为了实现更高效和有序的软件开发。模块化和分离关注点是实现上述目标的关键原则。

1.2　命　名

命名是程序设计中最基本也是最关键的一环。适当的命名方式不仅可以增强代码的可读性和可维护性，还有助于其他开发者或未来的你理解和修改代码。命名不仅反映了代码的功能，也体现了开发者对业务逻辑的理解程度，甚至开发者的编程风格。在这一节，我们将探讨一些重要的命名规范和建议，以帮助读者在程序设计实践中构建清晰、有意义和一致的命名。

1.2.1　命名规范

命名规范是编程语言的基础之一，不同的编程语言可能有不同的命名规范。例如，Java倾向于使用驼峰命名法，Python 则推荐使用下划线分隔单词。尽管各种命名规范之间可能存在差异，但它们都有一个共同的目标：提高代码的可读性和可维护性。在这个小节中，我们将讨论各种命名规范的特点和使用场景，并提供一些实例来帮助读者理解和选择适当的命名规范。

在继续讨论命名规范之前，让我们先理解为什么命名规范如此重要。命名规范不仅能够帮助开发者创造一致性的代码，还能进一步帮助我们快速理解代码的含义，减少需要查阅文档或者源代码的次数。一个有效的命名规范应该足够简单以便于记忆，足够直观以便于解释，且足够通用以便于在多种上下文中使用。

让我们来看一些常见的命名规范。

（1）驼峰命名法（Camel Case）

驼峰命名法使用大写字母区分变量中的单词，视觉上每个大写字母都像一个驼峰。驼峰命名法根据首字母是否大写分为两种。一种是大驼峰命名法（Upper Camel Case），也被称为 Pascal 命名法。在这种命名方式中，名称中的每个单词的首字母都大写，且单词间没有空格或其他分隔符。这种命名方式使得名称更易于阅读和识别，如 MyClassName、CustomerInfo、CalculateTotalAmount。在 C#、Java 中，常使用大驼峰命名法表示类型名称、类名或模块名。另一种是小驼峰命名法（Lower Camel Case），这种命名方式在不同的编程语言和框架中有广泛的应用，如 JavaScript、Java（对于变量和方法）等。在这种命名规范中，名称的第一个单词以小写字母开始，后续每个单词的首字母都大写。该命名法比大驼峰命名法的输入效率高一些（因为首字母不必切换成大写），如 myVariableName、 getUserInfo、calculateTotalAmount。

（2）蛇形命名法（Snake Case）

蛇形命名法使用下划线连接单词，视觉上整个变量像一条多节的蛇，如 my_variable_name。Python 开发者通常遵循这种命名规范。蛇形命名法通常能使名称更易读，因为下划线提供了比大写字母更清晰的单词边界。

（3）短线命名法（Kebab Case）

短线命名法使用短线（即连字符）连接单词，如 my-variable-name。HTML 和 CSS 通常使用这种命名规范。然而，由于很多编程语言将短线视为减号，因此在命名变量和函数时要尽量避免使用这种命名法。

除了上述常见的命名规范外，还有一些特殊的命名规范，这些命名规范适用于特定的场景。例如，常量命名通常全部使用大写字母，单词间使用下划线分隔，如 MAX_COUNT。另外，在命名私有属性和方法时，开发者可能会在名称前加一个下划线，如 _privateAttribute，以表明这是内部使用的。在 C/C++ 项目中，开发者经常使用 g 开头的变量（g 表示 global），如 gVariableName，来表示全局变量，以便与局部变量区分开。

选择哪种命名规范主要取决于你使用的编程语言和你所在项目团队的代码风格指南。无论选择哪种命名规范，保持一致性都是最重要的。遵循统一的命名规范可以帮助开发者更好地阅读和理解代码，从而提高项目团队的开发效率。

1.2.2　命名建议

即使有命名规范的指导，正确地命名仍然是一项挑战。命名应当简洁而有意义，能够准确地反映变量、函数或类的功能。同时，命名也应当具有一定的灵活性，以适应代码的变化和扩展。在这个小节中，我们将提供一些命名的实用建议，包括如何避免常见的命名错误、如何为特定的代码元素选择合适的名称以及如何保持命名的一致性。这些建议将帮助你在编程实践中更好地应用命名规范，进一步提高代码的质量。以下是一些值得参考的命名建议。

（1）选择有意义的名称

避免使用过于抽象的名字。命名应该能够尽可能清晰地传达出代码元素的用途。例如，对于存储"开始日期"的变量，start_date 比 d1 更能表达其含义。

（2）保持名称简短

尽管我们希望名称具有描述性，但过长的名称会导致代码难以阅读，所以要尽量尝试找到简洁和描述性之间的平衡。代码 1.24 给出了不同变量名长度的示例，可以看到过长或过短的名字都不利于代码阅读，而简洁且长度适中的变量名 studentCount 则非常易于输入和理解。

代码 1.24　变量名长度示例

```
1  int theNumberOfStudentsInClass = 30; // 过长，导致冗余
2  int n = 30; // 过短，缺乏描述性
3  int studentCount = 30; // 简洁且具有足够的描述性
```

（3）避免使用容易混淆的名称

避免使用容易混淆的词汇，比如小写字母"l"和数字"1"，大写字母"O"和数字"0"。

（4）保持一致性

在同一项目或代码库中，应该坚持使用一致的命名规则。例如，如果你在项目中使用驼峰命名法，那么应该在所有的变量、函数和类命名中都使用驼峰命名法。

（5）考虑可扩展性

在命名时，考虑代码可能的改变和扩展。如果一个函数可能在未来支持更多的功能，那么它的名称应该足够通用，以容纳这些潜在的变化。

（6）使用具有语义的词汇

在命名函数或方法时，要使用动词，如 calculate_average()，因为函数或方法本身表示一个动作；在命名返回值是布尔类型的函数或方法时，要使用表示判定真假的动词，如 is_octal()；在命名变量或类时，使用名词，如 EmployeeClass，因为变量和类都是动作作用的对象而不是动作本身；在命名布尔变量时，使用判定真假的表达方法，如 is_visible 或 has_permission。

这些命名建议是根据多年的编程经验和最佳实践总结出来的，希望能够帮助你写出更易读、更易维护的代码。它们不一定适用于所有情况，但在大多数情况下，可以帮助你提高代码质量。

1.2.3　魔法数字

在程序设计中，经常会遇到一些直接硬编码到代码中的特定数字。这些数字被称为"魔法数字"（Magic Numbers）。使用这些魔法数字是一个糟糕的编程习惯，因为它们会让代码难以阅读和维护。

为什么要避免使用魔法数字呢？主要有以下几个原因。

（1）可读性：使用魔法数字可能会使其他开发人员困惑，因为他们可能不知道这个数字代表什么或为什么要使用它。

（2）可维护性：如果一个数字在多个地方被硬编码，而这个值以后需要更改，那么可能需要在多个地方更改这个值，这样会增大出错的可能性。

（3）准确性：为常数赋予有意义的名称可以减少错误。当你使用一个变量名而不是直接的数字时，编译器和解释器可以帮助你检查名称是否正确。

那么，应该如何替代数字呢？最佳实践是使用有意义的常量或枚举类型替代直接硬编码的数字。这样可以提高代码的可读性和可维护性。下面给出魔法数字示例。

在代码 1.25 中，通过为 π 定义一个常量"PI"，可提高代码的清晰度和可读性。

代码 1.25　魔法数字示例

```
1  // 不好的实践
2  double area = 3.14 * radius * radius;
3
4  // 好的实践
5  const double PI = 3.14;
```

```
6   double area = PI * radius * radius;
```

　　避免在代码中使用魔法数字是提高代码质量的一个简单但重要的步骤。为重要的值赋予有意义的名称可以大大提高代码的可读性和可维护性。在进行代码审查或与项目团队成员合作时，这一点尤为重要，因为它有助于确保代码的清晰性和一致性。

1.3 注　　释

　　编程不仅是为了让机器执行指令，也是为了让其他人（包括未来的你）理解你的代码。注释是帮助我们理解和解释代码的重要工具。在这一节中，我们将探讨注释的不同种类、注释与注解的区别以及如何通过注释来提高代码文档的质量。

1.3.1　注释的种类

　　注释以多种方式提供有价值的信息。以下是几种主要的注释类型。
　　（1）行注释
　　行注释位于代码行的上一行或代码行的末尾，用于解释该行代码的目的或功能。这种类型的注释应该简洁明了。注意不要把行注释写在代码行的下一行，因为这样写不符合惯例，容易令阅读者将其误解成后续代码的注释。
　　（2）块注释
　　块注释对应一个代码块，可能是一个函数、方法或类。这种类型的注释通常解释代码块的目的和工作原理。块注释位于代码块的上侧。
　　（3）文件或模块注释
　　文件或模块注释位于文件或模块的顶部，解释整个文件或模块的目的以及如何使用它。此外，将开发者的信息写在此注释中有助于在维护该代码时联系其开发者，从而提高代码维护的效率和质量。
　　在表 1.1 中，我们比较了三种注释类型的好坏示例。对于每种类型，好的示例都提供了

表 1.1　好的和坏的注释示例

注释类型	好的示例	坏的示例
行注释	// 检查用户是否符合折扣条件 if (user.hasMembership()) {...}	// 检查 if (user.hasMembership()) {...}
块注释	/* 该函数计算一组数的平均值。 返回的是列表元素总和除以元素数量。 */ double calculateAverage(List<double> numbers) {...}	/* 该函数计算平均值。*/ double calculateAverage(List<double> numbers) {...}
文件或模块注释	/* 该文件包含 User 类的定义和实现， User 类代表了我们系统中的一个用户。 */	// 这是 User 类。

足够的信息来清楚地解释代码的目的和行为；而坏的示例则过于简单，不能提供足够的信息来帮助阅读者理解代码。

理想的注释应简明易懂，能够清晰地解释代码的功能和用途。同时，注释应该和代码同步更新。未随代码更新的注释不仅不能提供有用的信息，还会误导代码的阅读者，从而降低代码的可理解性和代码维护的效率。

1.3.2　注释与注解

虽然注释和注解在某些语言中可能看起来相似，但它们实际上有很大的区别。注释是给开发者看的，它们解释代码的目的和工作方式，不会影响代码的执行。然而，注解是一种给机器看的特殊类型的注释，它们可以影响代码的编译和运行。例如，在 Java 和 Python 中，注解可以用于表示方法是否已过时、是否重写了父类的方法等。

以下是 Java 中注解的一个实例，我们使用了 @Override 注解。

代码 1.26　Java 注解示例

```
public class MySubClass extends MyClass {

    @Override
    public void someMethod() {
        // 方法实现
    }
}
```

在代码 1.26 中，MySubClass 是 MyClass 的一个子类。在 MySubClass 中，我们使用 @Override 注解标记了 someMethod 方法。这个注解告诉编译器，我们打算覆盖父类中的 someMethod 方法。如果父类中没有这个方法，那么编译器会报错，因为我们声明了我们打算覆盖的意图，但是没有实现。使用 @Override 注解的好处是可以帮助我们发现错误。比如方法的名字打错或者方法的参数列表不正确，这时如果我们使用了 @Override 注解，那么编译器就能及时发现这些错误。这个例子展示了 Java 注解的一个典型用途——改变编译器的行为，以提供更严格的类型检查。

在许多编程语言中，注解的应用广泛。比如在 Java 中，注解不仅可以描述方法和类的元数据，如是否过时或者重写了父类的方法，还可以用于序列化、反序列化、测试框架等。在 Python 中，注解可以用来声明函数的类型信息，这对静态类型检查工具非常有帮助。

Python 从版本 3.5 开始引入了类型注解（Type Hints）。它允许你为函数的参数和返回值指定预期的类型。虽然 Python 的类型注解不会像 Java 或 C++ 的类型系统那样在编译时进行强制的类型检查，但是类型注解可以用于 Mypy[1]和 Pylint[2]等工具，以检测可能

---

[1] Mypy 是一种用于 Python 的可选静态类型检查器，旨在结合动态（或"鸭子"）类型和静态类型的优点。网址：https://mypy-lang.org/。

[2] Pylint 是一款用于 Python 的静态代码分析器。它可以在不实际运行代码的情况下对代码进行分析、检查错误、强制执行编码标准、寻找代码异味（Code Smells），也可以对代码重构提出建议。网址：https://pypi.org/project/pylint/。

的类型错误，也可以提高代码的可读性。

以下是一个使用了类型注解的 Python 函数的例子。

代码 1.27　Python 注解示例

```
1  from typing import List
2
3  def greet_all(names: List[str]) -> None:
4      for name in names:
5          print(f"你好，{name}!")
6
7  greet_all(["张三", "李四", "王五"])
```

在代码 1.27 中，函数 greet_all 接受一个参数 names，这个参数的预期类型是 List[str]，是字符串的列表。换而言之，names: List[str] 是一个函数参数注解，它告诉我们 greet_all 函数期望其 names 参数是一个字符串列表。函数的返回类型被注解为 None。这个函数的作用是打印一条向每个名字说"你好"的消息。类型注解能够帮助我们理解函数的预期输入和输出。在这个例子中，我们可以清楚地看到 greet_all 函数需要一个字符串列表作为输入，并且不返回任何值。

JavaScript 是一种应用广泛的脚本语言，尤其是在 Web 前端的开发中。然而，截至本书撰写时，JavaScript 语言并不支持类型注解。JavaScript 是一种动态类型语言，意味着只有在运行时才能确定变量的类型，而不是在编写代码时。因此，你不能在原生的 JavaScript 中为变量、参数或函数返回值指定类型。然而，正是因为 JavaScript 不支持类型注解，TypeScript 诞生了。TypeScript 是 JavaScript 的一个超集，它添加了可选的静态类型系统。通过 TypeScipt，开发者可以为变量、函数参数和函数返回值添加类型注解。这样可以帮助 TypeScript 的解释器捕获类型相关的错误，增强代码的可读性，并提供更强大的代码自动完成和重构功能。

JavaScript 和 TypeScript 的变量类型比较示例如下。

代码 1.28　JavaScript 和 TypeScript 的变量类型比较

```
1  // JavaScript
2  function add(a, b) {
3      return a + b;
4  }
5
6  // TypeScript
7  function add(a: number, b: number): number {
8      return a + b;
9  }
```

如代码 1.28 所示，在 TypeScript 版本中，我们明确指出"a"和"b"都应该是 number

类型，而且函数的返回值也应该是 number 类型。

虽然注解的功能强大，但并不意味着它可以替代注释。虽然注解和注释都在代码中提供重要的信息，但它们的目标受众和作用不同。注解主要用于向编译器或解释器提供信息，影响程序的编译和运行行为。而注释主要用于解释代码的目的和工作方式，帮助其他开发者理解和维护代码。

总的来说，注释和注解都是代码文档的重要组成部分。合理地使用它们不仅可以提高代码的可读性和可维护性，还可以使其他开发者更容易理解代码的目的和行为。因此，我们应该根据需要，恰当地使用注释和注解，以提高我们的编程实践能力。

1.3.3　注释与文档

注释可以用于生成代码文档。通过使用特定的格式和标签，开发者可以使用工具（如 Javadoc[①]、Doxygen[②] 或 Sphinx[③]）从注释中生成用户文档和开发者文档。这种做法可以确保代码和文档在改变时保持一致，并且可以让开发者在编写代码的同时维护文档。

通过注释来生成文档的一种常见方式是使用文档字符串（或称为 docstrings）。例如，在 Python 中，docstrings 可以用于函数、类和模块，为它们提供一种易于理解和使用的描述。docstrings 可以包含函数的简短描述、参数和返回值的说明以及示例代码。

下面是一个包含 docstrings 的 Python 函数。

代码 1.29　Python docstring 示例

```
def add(a: int, b: int) -> int:
    """
    将两个整数相加并返回和。

    参数:
    a -- 第一个加数
    b -- 第二个加数

    返回结果: a与b的和
    """
    return a + b
```

在代码 1.29 中，我们为函数 add 添加了一个 docstring，说明了函数的功能、参数和返回值。有了这些 docstrings，我们就可以使用像 Sphinx 这样的工具来生成文档。Sphinx 能够从 Python 文件中提取 docstrings，生成格式良好的 HTML、PDF 或其他格式的文档。

---

① Javadoc 是一个可以在控制台运行的命令，这个命令可以解析一组 Java 源文件中的声明和文档注释，并生成一组相应的 HTML 页面，这些页面描述了公共和受保护的类、嵌套类、接口、构造函数、方法和字段。网址：https://docs.oracle.com/javase/8/docs/technotes/tools/windows/javadoc.html。

② Doxygen 是从带注释的 C++ 源代码生成文档的工具，它也支持其他流行的编程语言。网址：https://www.doxygen.nl/。

③ Sphinx 是 Python 文档生成器，易于创建美观的文档。网址：https://www.sphinx-doc.org/。

这样，我们就能从代码注释中自动创建和维护一个完整的文档。

本 章 小 结

在本章，我们详细讨论了代码风格的重要性，并探讨了结构、命名和注释这三个关键的方面。我们知道了好的结构可以使代码易于阅读和理解。代码应组织得有条理，具有清晰的流程。首先，我们强调了模块化和分离关注点的重要性，探讨了命名对于提高代码清晰度和可维护性的重要性，学习了选择描述性和精确的命名的重要性。其次，我们讨论了命名规范（如驼峰命名法和蛇形命名法）和命名建议。最后，我们探讨了注释的使用方法及其在解释代码功能和目的中的关键作用。注释可以帮助其他开发者理解你的思考过程和代码的工作原理。良好的代码风格是写出高质量代码的关键。结构、命名和注释都是良好代码风格的重要组成部分。

本书将"代码风格指南"安排在第 1 章，是因为作者认为这部分知识最实用，也最容易掌握，同时在实践中又最容易被忽视。希望读者利用本章打好基础，提高自己的程序设计实践能力。在接下来的章节中，我们将继续探讨更复杂的程序设计实践的相关概念和技术。

扩 展 阅 读

为了进一步帮助读者形成良好的代码风格，下面列出了一些资料。

• 《代码整洁之道》，[美] Robert C. Martin 著，韩磊译，人民邮电出版社，2023 年 12 月：这本书详尽地讨论了如何编写"干净"的代码，包括命名、注释和代码组织等方面的内容。

• 《代码大全 2》（纪念版），[美] Steve McConnell 著，陈玉毅等译，清华大学出版社，2024 年 1 月：这是一本全面而详细的软件构建手册，其中包括大量关于代码风格的实用建议。

• 《重构：改善既有代码的设计》（第 2 版），[美]Martin Fowler 著，熊节等译，人民邮电出版社，2023 年 11 月：如果你想知道如何重构现有的代码，以提高其可读性和可维护性，这本书会是很好的参考。

习 题 1

1. 请解释代码风格为何在软件开发中具有重要意义。
2. 描述命名规范在代码可读性和可维护性中的作用。
3. 如何组织代码以使其结构更清晰？请给出具体例子。
4. 请阐述注释的正确用法和错误用法，并给出解释。
5. 描述"代码模块化"在代码风格中的重要性。请给出一种编程语言的例子来说明如何进行代码模块化。

 6. 如何在代码风格中实现"分离关注点"？

 7. 如果项目团队内有多种不同的代码风格，会产生什么问题？如何解决？

 8. 简述命名规范的目的和重要性。

 9. 对比两种不同编程语言（如 Python 和 Java）的代码风格。

 10. 当项目团队遇到代码风格不一致的问题时，应如何解决？

 11. 请举一个坏的代码风格的例子，并说明如何改进。

 12. 请编写一个简短的代码片段，展示良好和不良的代码风格之间的差异。

 13. 为什么自动化工具（如代码格式化工具）在维护代码风格上是有用的？

第 2 章　需求分析方法

本章将探讨软件开发生命周期中至关重要的一环：需求分析。需求分析不仅是确定软件功能和约束的过程，也是确保项目成功的基础。明确、完整、一致的需求可以极大地降低项目风险，提高开发效率，以及提高软件产品的质量和用户满意度。本章主要分为三个部分：需求收集、需求定义和需求规范化。

需求收集一节将介绍如何有效地从多个利益相关方那里收集需求信息。我们会探讨多种需求收集方法（如访谈、问卷和现场调查等），以及如何评估收集到的信息，以确定真正的需求。需求定义一节将聚焦于如何清晰地表述和整理收集到的需求信息。我们将讲解如何将复杂、模糊或矛盾的需求信息转化为明确、一致和可衡量的表述，为后续的设计与实现阶段奠定坚实的基础。需求规范化一节将探讨如何系统地记录和管理需求，以便项目团队成员、项目管理者以及利益相关方都能明确地理解和遵循需求。本章将分享一些需求文档的最佳实践和标准格式，以帮助读者创建既全面又精确的需求规范。

希望本章能使读者掌握需求分析的核心概念和技巧，为成功完成软件项目提供有力的支撑。

2.1　需求分析概述

在软件研发过程中，负责需求分析的角色通常被称为"需求分析师"或"业务分析师"，简称为"分析师"。分析师的主要职责是与客户或业务团队合作，收集、分析和定义业务需求，将这些需求转化为软件需求规格，供开发团队实现。另外，他们还可能负责确认开发的软件满足这些需求，并在整个开发过程中充当业务团队和技术团队之间的桥梁。

需求分析是确保项目成功的基础。它能使软件开发团队深入了解用户等利益相关方的需求，从而确保软件产品达到其期望和业务目标。需求分析可以被视为一系列有组织的步骤，主要如下。

（1）需求收集：这是需求分析的初始阶段，目标是收集所有相关的需求信息，通常利用沟通、调查和观察等方式，明确用户、客户或其他相关人员的需求和预期。

（2）需求定义：在需求收集阶段之后，分析师需要对收集到的信息进行筛选和澄清，将其转化为清晰、明确的需求声明。此阶段的主要任务是确保需求是完整的、不冲突的，并且是可以测量和验证的。

（3）需求规范化：这是需求分析的最后阶段，目的是创建一个详细的需求文档，为后续的设计和开发活动提供明确的指导。此阶段涉及需求的深入分析、优先级排序以及与其他系统需求的集成。

以下是需求收集、需求定义和需求规范化之间关系的概念图。分析师通过图 2.1 中的三个阶段，确保了软件开发团队对客户的需求有深入且精确的理解，为后续的软件设计和实现奠定了坚实的基础。

图 2.1 需求分析的主要阶段

2.2 需求收集

需求收集是软件研发过程中的一个关键环节，其主要目的是明确和细化软件产品或系统应该具备的功能和非功能属性。这个阶段不仅可以为后续的设计和开发阶段提供指导，而且可以为确保最终产品能够满足用户或客户的需求和期望提供有力支撑。

2.2.1 需求收集的方法

在进行需求收集时，通常采用以下几种方法：访谈、问卷、现场调查、用户故事、用例、文档分析、原型方法。访谈和问卷涉及与潜在用户、客户或其他关键人物进行谈话交流或通过问卷从大量用户处收集需求数据。现场调查的方法允许我们直接观察目标用户群在实际环境中的行为和需求。用户故事和用例有利于我们和用户之间使用共同的语言讨论需求。通过文档分析，我们可以研究现有的相关文档或数据，以获取对需求的进一步了解。原型方法涉及开发一个初步的模型或原型，这有助于用户提供更具体的反馈。这些方法各有优缺点，我们通常会结合起来使用，以获得最全面和最准确的需求信息。

1. 访谈

访谈是一种面对面或者远程的、一对一或多对多的沟通方式，用以了解用户、客户或其他关键人物的需求和期望。访谈的主要步骤如下。

（1）准备阶段

在准备阶段，需要明确访谈的目的和范围。这可能涉及确定所需的信息类型、对话的深度和广度以及参与的人员，也可能涉及确定是一对一访谈还是团体访谈。另外，还要确定可能的访谈对象，如潜在用户、利益相关者或专家。

（2）设计问题

根据访谈的目的，准备一系列开放式和封闭式问题。开放式问题能够让受访者自由地表达意见，而封闭式问题则用于收集特定信息。在这一阶段，要确保问题设计得既清晰又不具有引导性（即引导对方按提问者的预期答案回答），以获取最准确的数据。

（3）预约时间和地点

与参与人联系，预约合适的时间和地点进行访谈。如果可能，尽量选择一个没有太多干扰、便于沟通的环境。

（4）进行访谈

在访谈中，重点是要记录关键信息和观察受访者。在访谈过程中，不仅要记录受访者的回答，还要观察他们的非语言信息，如面部表情、声调和身体语言。同时，记得与受访者建立良好的沟通和信任，以便获得更深入、更真实的信息。

（5）分析和总结

访谈结束后，整理所收集到的信息并开始分析。可以根据主题或问题类型对信息进行分类，并对数据进行分析，以发现模式、趋势或矛盾点。

（6）反馈

将分析和总结的结果展示给参与者，以验证收集到的信息是否准确和全面。这也是一个纠正错误或弥补缺漏的好机会。

通过访谈，我们能够获取深入的信息，有机会观察非语言信息（如面部表情和身体语言等），以及能够实时澄清任何有疑问或不明确的地方。然而，访谈也存在一些缺点，例如，时间和资源的消耗通常较多，而且受访者可能因多种原因（如紧张、不适或其他心理因素）而不能坦率地表达自己，甚至仅仅是因被临时拉来开会而应付了事。这些因素都需要在决定是否采用访谈这一方法时加以考虑。

2. 问卷

问卷是一种通过一系列预先设计好的问题来收集需求的方法。问卷可以采用纸质形式，但随着互联网的普及，目前通常采用电子形式，以便于分发、填写和统计。问卷一般包括如下步骤。

（1）目标定义

在目标定义阶段，需要明确问卷的目的，如了解用户需求、评估现有系统的性能，或收集用户对某个新功能的反馈。同时，也需要确定目标人群，他们可能是终端用户、公司领导或其他利益相关者。

（2）问卷设计

问卷设计是一个复杂且细致的过程。首先，需要根据目标选择问题类型，如选择题（单选或多选）、填空题、量表题①等。其次，在设计问题时要确保它们是明确的、简洁的并且不具有引导性的。最后，还可以根据需要加入一些开放式问题，以收集更具深度的意见。

（3）问卷测试

在正式推出问卷之前，最好先在一个小范围内进行预测试。这可以帮助我们了解问题是否容易理解，以及问卷的整体长度是否合适。预测试的反馈将用于修正和优化最终版本。

（4）问卷分发

完成问卷设计和问卷测试后，下一步是问卷分发。可以通过电子邮件、社交媒体、公司内部网站或其他在线平台分发问卷。注意，要确保分发方式能让目标人群轻松地访问到问卷。

---

① 量表题（也称为量表问题或评级量表问题）是一种让受访者在某个预定量表上对特定事项进行评价的问题类型。这种量表通常是一个数字范围，如 1 到 5 或 1 到 7，每个数字都与一个评价标准相关联，例如"非常不满意"到"非常满意"，或者"非常不同意"到"非常同意"。量表题的目的是量化人们的观点、感受或认知，以便进行更精确的数据分析。常见的量表类型有如下几种。a. 李克特量表（Likert Scale）：一种常用的量表类型，通常包括 5 或 7 个选项，如"非常不同意、不同意、中立、同意、非常同意"。b. 语义差异量表（Semantic Differential Scale）：使用一对相反的描述词或短语作为量表的两端，如"好/坏"或"有用/无用"。c. Guttman 量表：一种等级化的量表，受访者回应各个陈述时会根据一定的等级或顺序。这些量表可以用于评价产品、服务、人们的态度或者其他可量化的事项。

（5）数据收集和清洗

在收集到问卷响应后，我们将得到大量的原始数据，这些数据直接关系到软件的需求。收集数据通常是一个持续的过程，我们需要定期检查来确保数据质量和与软件需求的相关性。随着数据的累积，可能会出现一些不一致、缺失或异常的问题回答。数据清洗就是为了识别并处理这些问题，确保所收集的数据是准确的和有代表性的，从而为准确定义软件需求提供有力的支持。

（6）数据分析

最后一步是对收集到的软件需求数据进行分析，包括需求的分类、优先级排序、依赖性检查以及与利益相关者的沟通，以确保需求的完整性和准确性。

与访谈相比，问卷的优点主要体现在能够快速地从大量参与者那里收集数据，成本较低且时间消耗较少。然而，这种方法也有缺点。例如，所收集的数据可能较为表面，缺乏深度，且数据质量可能会因出卷者不能实时回答答卷者在填写问卷时产生的疑问而受到影响。

3. 现场调查

现场调查是一种通过直接观察目标用户及其操作环境来收集需求的方法。这种方法通常在目标用户的环境中进行，以便获取最直接、最真实的信息。该方法的主要步骤如下。

（1）目标和范围定义

明确调查的目的和重点。比如明确要观察的具体行为、交互或环境因素，以确保整个观察过程有针对性并且有意义。

（2）参与者选择

确定目标观察群体或特定场景。目标观察群体可以是一个特定的用户群，也可以是公司内的某个特定部门或团队。

（3）观察计划

根据前两步的信息，制订详细的观察计划。观察计划应包括观察的时间、地点、所使用的观察工具和方法等。

（4）数据收集

按照观察计划进行现场观察。在观察过程中，需要记下关键的观察点，并收集与软件需求相关的数据。

（5）数据分析

对收集的数据进行分析，以提炼出可能的软件需求。这通常涉及对观察记录的整理和解释，可能还需要用到某些数据分析工具或方法。

（6）验证

最后一步是验证。这可以通过与参与者进行进一步的访谈或使用其他需求确认方法来完成，目的是确保所提炼出的需求是准确和可行的。

现场调查的优点在于能够获取最直接和最真实的需求信息，甚至可以观察到用户使用语言难以明确表达的需求。这种方法不仅能更全面地了解用户需求，还能深入了解环境中的各种限制。然而，这种方法也有缺点，比如：可能会消耗较多的时间和资源；如果观察不全面，有可能遗漏某些重要的需求；由于隐私或安全问题，有些信息可能无法被观察到。总之，现场调查是一种有效但资源密集型的需求收集方法。通过直接观察，项目团队可以更真实、更全面地理解用户需求和环境因素，从而更精确地定义软件需求。

4. 用户故事

用户故事是一种常用于敏捷开发的需求收集方法。它从用户的角度描述了希望从软件中获得的价值。一个典型的用户故事通常很简洁，它描述了某个角色希望完成的任务，以及为什么要完成这个任务。以下是收集用户故事的主要步骤。

（1）角色定义

识别和定义可能使用软件的用户或角色。这有助于项目团队更好地理解谁将使用这个软件及其需求。

（2）需求描述

针对每个角色，撰写一系列简短的故事描述。这通常遵循："作为某个角色，我希望进行某个操作，以便实现某种效果或价值。"

（3）故事细化

对复杂的用户故事进行进一步的细化或分解，以便项目团队能够更好地理解和实现。

（4）优先级设置

基于业务价值和技术难度对用户故事进行优先级排序，确保项目团队首先关注最重要的需求。

（5）验收标准制定

为每个用户故事制定明确的验收标准，以确保项目团队明白如何正确地实现故事中描述的功能。"验收标准"（Acceptance Criteria）是敏捷开发中的一个术语，用来描述一个特定功能或用户故事应该满足的具体条件或标准，从而被视为"完成"或"接受"。验收标准为开发团队提供了明确的指导，告诉他们一个特定功能或用户故事应该如何工作，并帮助质量保证团队验证该功能或故事是否已正确实现。

假设我们有一个用户故事：

作为一个在线书店的用户，我想要通过输入书名搜索书籍，以便快速找到我想要的书。

对于这个用户故事，验收标准可能包括：

① 用户可以在主页上看到一个搜索框；

② 当用户输入书名并单击"搜索"按钮时，系统应该返回与该书名相关的所有书籍；

③ 如果没有与输入的书名相匹配的书籍，系统应该显示"未找到相关书籍"的消息；

④ 搜索结果应该按相关性排序，并显示书籍的封面、标题和作者；

⑤ 用户可以通过点击搜索结果中的任何书籍来查看该书籍的详细信息。

上述五点就是这个用户故事的验收标准，它们详细描述了该功能应该如何工作，并为开发和质量保证团队提供了明确的指导。

（6）与用户沟通

在整个过程中，要定期与用户或其他利益方沟通，以确保需求的正确理解和实现。

用户故事的优点在于简洁、具体且以用户为中心，能够使得项目团队快速理解需求并开始工作。这种方法通过鼓励频繁的沟通和反馈，确保软件满足用户真正的需求。然而，需要注意的是，如果不正确地使用这种方法或不将其与其他需求收集方法相结合，可能导致需求被遗漏或误解。使用用户故事时，项目团队应该与用户或其他利益方保持开放的沟通，并定期审查和调整用户故事，以确保所收集需求的全面和准确。

5. 用例

用例是一种描述软件系统如何与外部实体（如用户或其他系统）交互以完成特定任务的方法。它通过一系列步骤描述了实现某一功能或目标的过程。以下是基于用例的需求收集方法的主要步骤。

（1）角色识别

确定与系统交互的所有潜在角色，包括用户、管理员或其他系统。

（2）主要功能识别

识别系统应该提供的主要功能或服务，并为每个功能定义一个或多个用例。

（3）用例描述

为每个用例提供详细的描述，包括其目的、触发条件、主要流程、替代流程和结束条件。在用例描述中，替代流程（也称为备选流程或异常流程）指的是与主要流程不同的路径，通常因某些特定的条件或情况而发生。它描述了除主要流程外的其他可能的场景或用户交互方式。主要流程通常描述了在标准或最常见的情况下，如何完成一个特定任务或实现一个特定功能。而替代流程则处理例外、错误或特殊的情况。

考虑一个简单的用例：用户登录系统。

主要流程：

① 用户输入用户名和密码；

② 系统验证用户名和密码；

③ 用户登录成功。

替代流程：

① 用户输入用户名和密码；

② 系统发现用户名不存在或密码错误；

③ 系统显示错误消息，通知用户用户名或密码错误。

在这个例子中，主要流程描述了用户正确登录的情况，而替代流程则描述了用户登录失败的情况。用例中的替代流程能够确保开发和测试团队考虑并处理各种可能的场景，从而创建一个健壮和用户友好的系统。

（4）用例建模

使用适当的建模工具或技术（如 UML①用例图）来可视化用例，从而清晰地展示系统的功能以及系统与外部实体之间的交互关系。

（5）需求审查

与项目相关人员（如利益相关者、开发团队、项目经理）一起审查用例，确保它们是完整的、正确的且可实现的。

（6）用例优化与更新

根据反馈对用例进行迭代更新和优化，以确保它们始终与项目需求和目标保持一致。

基于用例的需求收集方法提供了一个清晰、结构化的方式来描述系统功能，能够使项目团队准确理解和实现需求。此外，用例通常容易被非技术人员理解，从而使得沟通和验证需求变得更为简单。但是，这种方法也可能会变得比较烦琐，尤其是在处理大型、复杂

---

① UML（Unified Modeling Language）是一种标准化的建模语言，用于描述软件系统的结构和行为。更多信息详见其官方网站：https://www.uml.org/。

的系统时。一些微小或细致的需求可能会在编写用例时被遗漏。总体来说，基于用例的需求收集方法是一个强大的工具，适用于需求收集、定义和验证，但在使用时需要格外细致并持续地更新和维护用例。

6. 文档分析

文档分析是一种通过研究和审查现有的文档、数据或资料来收集软件需求的方法。该方法的主要步骤如下。

（1）目标和范围定义

先明确分析的目的，这样可以有效地指导后续的文档审查工作。同时，也需要确定需要审查的文档类型。文档类型有技术规格书、用户手册、项目报告、系统规格说明书、数据模型、业务流程图等。

（2）文档收集

在明确了目标和范围之后，接下来要搜集所有相关的文档和资料。这一步可能需要与多个部门或人员进行沟通，以确保获取完整和准确的信息。

（3）文档审查

有了必要的文档后，就可以开始详细地阅读并审查这些文档。在这一步，需要标注关键信息和可能的需求，通常会用高亮文字图表、增加批注等方式进行。

（4）初步需求识别

根据文档审查的结果识别初步的软件需求。这些需求可能是功能性的，也可能是非功能性的，如性能需求或安全需求。

（5）需求验证

最后一步是与项目成员和相关人员进行讨论，以验证和修正识别出的需求。这一步是非常关键的，因为可以通过多方的讨论和验证，确保需求的准确性和完整性。

文档分析的优点主要体现在三个方面：首先，它能够充分利用现有的资料，从而减少与用户沟通的工作量和时间消耗；其次，通过对各种文档进行深入分析，该方法通常能够提供较为全面和深入的需求信息；最后，作为一种非侵入性的需求收集方法，它不会对用户或现有的业务流程产生任何干扰。然而，该方法也有明显的缺点：如果参考的文档过时或不完整，可能会导致信息不准确；文档审查通常需要大量的时间和较强的专注力；某些隐性或未明确记录的需求有可能会被忽视，从而影响需求的全面性。总体而言，文档分析是一种有效但时间密集型的需求收集方法。通过详细审查现有文档和资料，开发团队可以更全面和深入地了解软件需求，但同时需要注意文档的时效性、准确性和完整性。

7. 原型方法

原型方法是一种通过创建并展示一个初步的模型或原型，以便用户、开发人员和其他利益相关者能够提供更明确和直接的反馈的方法。该方法的主要步骤如下。

（1）需求初识

在需求初识阶段，项目团队要先收集基础需求，这些需求通常是不完整或模糊的。这些需求可以通过访谈、问卷或其他需求收集方法来获取。

（2）原型设计

基于收集到的初步需求，设计团队会构建一个简单的原型。这个原型通常包括系统的基础功能和界面元素。

（3）用户交互

一旦原型被创建，用户和其他利益相关者会被邀请与原型进行交互。这可以是一个结构化的过程，也可以是一个更为自由的探索过程。

（4）反馈收集

在用户与原型交互的过程中，项目团队会收集各种反馈和建议。这些反馈和建议通常包括原型的易用性、功能和性能等方面。

（5）需求修订

根据收到的反馈，更新和修订需求文档。这是一个动态的过程，通常会经历多轮修订。

（6）原型迭代

如果收到的反馈指出原型需要进一步改进或添加新功能，那么设计团队会基于修订的需求进行原型的进一步开发和优化。

原型方法的优点主要体现在三个方面：首先，用户可以通过实际操作原型来提供更具体和明确的反馈，从而减小需求模糊或错误的可能性；其次，开发人员能更早地发现和解决问题，这有助于提高开发效率和最终产品的质量；最后，这种方法促进了用户和开发团队之间的互动，从而提高了需求的准确性和项目的成功率。然而，这种方法也有一些不可忽视的缺点：由于需要开发和迭代原型，可能会消耗较多的时间和资源；如果原型设计过于简单或者不准确，那么收集到的需求反馈也可能是误导性的，例如，一个关键功能若在原型中被简化或略去，用户可能会因此认为这不是一个必要或重要的功能，从而不为其提供足够的关注或反馈；用户有时候可能会对原型产生过多的依赖，这可能会影响他们对最终产品的期望和评价。原型是为了收集反馈和指导开发的工具，而不是最终产品的完整表示。如果用户过分依赖原型中的表现或功能，并据此设定他们的期望，那么最终的产品将可能无法满足这些期望。例如，如果原型中添加了一些实际上不打算在最终版本中实现的功能或特性，但在实际产品中又找不到，那么这将导致用户的失望和不满。

总之，原型方法是一种动态的、互动性强的需求收集方法。它通过创建可交互的原型，为用户和开发团队提供了一个共同探讨和明确需求的平台。然而，这种方法也可能涉及额外的时间、资源和成本。

表 2.1 概括了几种常用的需求收集方法的优缺点。由于不同的需求收集方法有各自的优点和缺点，因此在实践中要综合应用多种方法，以达到最佳效果。

2.2.2　需求收集的要点

在需求收集过程中，确保与所有相关的利益方进行有效沟通是至关重要的，因为这样可以获得更全面和更准确的信息。同时，需求收集不是一次性能够完成的任务，因此在整个过程中应始终保持开放和灵活的态度，以适应可能出现的新信息或变化。另外，为了提高需求的质量和可用性，应逐步细化和明确需求，避免使用模糊或不明确的描述。这三点都是确保需求收集成功的要点。

表 2.1　各个需求收集方法的优缺点

方法	优点	缺点
访谈	① 可获取深入的信息； ② 有机会观察非语言信息； ③ 可以实时澄清疑问	① 时间和资源消耗较多； ② 受访者可能不坦率
问卷	① 可快速收集大量数据； ② 成本较低且时间消耗较少	① 数据可能较为表面； ② 不能实时澄清疑问
现场调查	① 可获取最直接和最真实的需求信息； ② 可观察到难以明确表达的需求； ③ 能够更全面地了解用户需求	① 时间和资源消耗较多； ② 可能遗漏重要需求； ③ 存在隐私或安全问题
用户故事	① 简洁、具体； ② 可以促进项目团队和用户之间的沟通； ③ 能够快速迭代和调整	① 可能过于简化； ② 需要经常更新； ③ 缺少细节
用例	① 提供了一个清晰、结构化的方式来描述系统功能； ② 易于非技术人员理解； ③ 有助于沟通和验证需求	① 可能变得烦琐； ② 在处理大型系统时尤为复杂； ③ 微小的需求可能被遗漏
文档分析	① 利用现有资料； ② 可获得全面和深入的信息； ③ 是一种非侵入性的方法	① 文档可能过时； ② 需要大量的时间和较强的专注力； ③ 可能忽视某些需求
原型方法	① 用户提供具体反馈； ② 可以更早地发现问题； ③ 可促进用户和项目团队之间的互动	① 时间和资源消耗较多； ② 可能引导错误需求； ③ 用户对原型过度依赖

1. 确保与所有利益方沟通

在确保与所有相关的利益方进行有效沟通的过程中，一系列具体的步骤和实践是不可或缺的。这不仅能够帮助团队更准确地收集和定义软件需求，还能大大提高项目的成功率。

（1）利益方识别

在项目开始阶段，要识别所有可能的利益方。这通常包括以下实体。

① 最终用户：他们是软件的实际使用者，项目团队要确保软件满足他们的实际需求。

② 项目经理：负责项目的整体进度和资源管理，需要明确需求，从而制订合适的项目计划。

③ 开发团队：根据需求构建软件，从技术视角确定需求的可行性。

④ 测试团队：确保软件质量，根据明确的需求创建测试案例。

⑤ 产品经理：负责软件策略和愿景的实现，将业务目标与用户需求相结合。

⑥ 高级管理人员：关注项目的战略价值和预算，确保项目目标与公司总体目标一致。

⑦ 外部供应商：如果软件依赖第三方，他们可能会对集成需求和兼容性需求产生影响。

⑧ 法律和合规团队：确保软件遵循所有相关的法律和法规，但可能会限制某些功能。

（2）沟通渠道

建立有效的沟通渠道是至关重要的，可以通过多种方式实现，如电子邮件、现场会议、即时消息、在线会议或者一对一的面对面交流，这些方式的优缺点和适用场景如表 2.2 所示。

（3）需求收集会议

在项目的各个阶段，定期或在特定情境下召开需求收集会议是至关重要的。这样可以确保所有利益方，从最终用户到项目经理，都有机会分享他们的看法、需求和疑虑。在

表 2.2　不同方式的对比

方式	优点	缺点	适用场景
电子邮件	为需求提供详细的书面记录，方便后续查证和修改	可能导致需求收集发生延迟，信息表述可能存在歧义	需要提供详细的需求文档或传输文件时
现场会议	可以集体讨论、反馈和修正需求	可能会偏离主题，需求未经整理可能会导致混淆	需集体评审或需明确大范围的需求变更时
即时消息	可以快速沟通微小的需求更改或询问细节	可能会漏掉一些关键信息，没有长期的记录	需要快速咨询细节或解决小的需求疑问时
在线会议	可以实时讨论需求，适合跨地域团队	可能会因声音质量问题而导致沟通不畅或者漏掉关键信息	需要跨地域收集和讨论需求时
一对一的面对面交流	可以深入理解复杂的需求，并及时获得反馈	时间成本较高	需要处理复杂、关键或敏感的需求时

这些会议中，使用多种需求收集方法可以增强沟通效果。例如：访谈可以用于深入了解特定用户的具体需求；问卷则可用于从大量用户中快速收集反馈；原型展示可以提供一个直观的方式，让用户看到他们的需求是如何被实现的；而用户故事和用例则是强调用户或系统行为的方式，能够帮助项目团队理解需求背后的目标。

（4）文档化跟踪

在需求收集过程中，记录所有沟通的内容和结果是关键。在这个过程中，不仅要记录明确的需求，还要记录用户的反馈、疑虑和建议。具有组织结构的记录可以帮助项目团队回顾、分析和优先处理需求，同时也可以为需求变更提供文档支持。

（5）透明和开放

为了建立和保持与利益方之间的信任关系，保持透明和开放是十分重要的。这意味着要定期更新所有利益方关于项目的状态、已经识别的需求、正在处理的问题以及潜在的挑战。

（6）反馈机制

建立一个反馈机制，这样利益方可以在项目的各个阶段提供他们的观点。这不仅有助于确保需求的准确性，还可以提高利益方参与的积极性和项目的成功率。

（7）需求验证和审查

确定需求时，不应该仅依赖初次的沟通。在需求最终确定之前，为了确保需求被正确、完整地理解和记录，与所有利益方再次进行沟通是必要的。

（8）文化和语言

在多文化或跨国项目中，文化差异和语言差异可能会成为沟通的障碍。为了跨越这些障碍，可以考虑使用翻译服务、进行相关培训或采用其他策略来确保信息被准确地传达和理解。

（9）风险评估

与所有利益方沟通可以帮助项目团队识别和评估可能影响需求的风险。一旦识别到这些风险，项目团队就可以通过制定策略来预防、调节或降低它们。

（10）更新和维护

需求可能会随时间或项目环境的变化而变化。持续与所有利益方沟通并捕捉这些变化是确保项目持续符合用户需求的关键。

通过以上步骤和实践，确保与所有相关的利益方进行沟通，团队可以更有效地收集和整理软件需求，从而大大提高项目的成功率。

2. 保持开放和灵活的态度

在需求收集的过程中，保持开放和灵活的态度是至关重要的。因为软件需求是动态、复杂的，随市场环境、技术以及各方利益持续变化，所以迅速适应这些变化是提高项目成功率的关键因素。

理解需求的动态性对软件开发至关重要，因为软件需求往往是动态变化的。市场环境、技术或用户需求的变化都有可能导致原有需求被重新评估或修改。因此，持续与所有相关的利益方沟通是非常重要的，这样能保证在需求发生变化时迅速做出调整。另外，在收集需求时，不应依赖单一的需求收集方法，访谈、问卷、现场调查、文档分析和原型方法等都是有用的工具。当初步需求被定义后，应将其分享给所有利益相关方，并积极寻求他们的反馈，并根据反馈对需求进行迭代和优化。此外，为了保持需求的灵活性，需要在需求收集阶段就准备一个灵活的项目计划。在面临矛盾或冲突需求时，要以开放和灵活的态度去评估各种可能的解决方案，并与相关利益方进行协商。同时，保持一种灵活的时间和资源管理策略可以帮助项目团队更好地应对需求变化或其他不可预见的延误。最后，对可能导致需求变更的风险因素进行早期识别，并准备相应的应对策略，是确保项目顺利进行的重要环节。

通过在需求收集过程中保持开放和灵活的态度，团队不仅能更准确地识别和定义需求，还能更好地适应不断变化和具有不确定性的环境，从而有效地管理需求和提高软件开发项目的成功率。

3. 逐步细化和明确需求

在软件开发过程中，逐步细化和明确需求是关键的一环，因为模糊或不明确的需求可能会导致项目偏离目标，进一步引发各种问题。以下方法有助于逐步细化和明确需求。

通过使用用户故事和用例，我们可以更具体和细致地描述需求，从而帮助项目团队更好地理解用户的真正需求。为了消除概念上的模糊性，创建一个明确的词汇表或术语表是必要的，这样能确保项目团队所有成员和利益相关方都对这些词汇或术语有所了解。此外，定期与项目的利益相关方进行需求审查是确保需求明确性和完整性的关键。在时间或资源有限的情况下，明确需求的优先级和依赖性对做出合适的决策尤为重要。随着项目的推进，需求可能会发生变更，因此建立一个需求变更管理流程来有效地处理这些变更是必要的。同时，应对所有需求文档和相关资料都进行严格的版本控制，以便跟踪需求的变更和细化过程。最后，确保每个需求都是可测试和可验证的，并与相应的验收测试用例相关联，是确保需求被正确实现的关键。

通过合理地应用以上方法，维持与所有相关方的持续沟通和审查，团队能够逐步细化和明确需求。这样做不仅能大大降低因需求不明确或模糊而导致的风险，还能提高软件开发项目的成功率。

2.3　需　求　定　义

需求定义是软件开发周期中至关重要的一步。在这个阶段，项目团队与各方利益相关者合作，明确产品或系统应具备的功能和特性。需求定义为后续的设计、开发和测试阶段奠定了基础。需求定义与需求收集具有明显的区别。需求收集阶段通常会生成一系列粗略、模糊或不完全的需求。相比之下，需求定义阶段则需要系统地解释、澄清和规范这些需求，使其足够明确，以便进行设计和实现。

2.3.1　需求定义的重要性

需求定义阶段在软件开发生命周期中占有重要的地位。该阶段的目的是将项目涉及的需求和期望明确地、详细地、完整地记录下来。不明确或模糊的需求会对项目产生严重的负面影响，可能导致项目超出预算、延误或失败。

分析师需要特别注意需求不明确导致的范围扩大、成本增加和延误交付这几个方面的潜在风险。如果没有明确定义需求，项目范围可能会不断扩大，从而导致资源和时间的浪费。对于不明确的需求，在项目后期可能要进行大量的修改，这会大幅度增加开发成本。另外，需求的不明确或频繁变更可能导致开发团队重新规划或实施项目，进而延误交付。

从需求角度看，影响项目成功的关键因素主要包括需求质量、需求稳定性和参与者的共识。首先，需求应当是明确、一致、完整和可实施的。其次，在项目的早期阶段，明确和稳定的需求能够减少后期的需求变更，从而提高项目整体的稳定性。最后，除了技术团队之外，客户、用户以及其他利益相关者的积极参与和共识也是不可或缺的。

因此，需求定义是确保项目成功的关键因素之一。一个明确和完整的需求定义可以作为开发团队和客户之间的"合同"，有助于双方建立明确和共同的期望，从而确保项目的成功。

2.3.2　需求定义的主要活动

需求定义阶段不仅需要明确地识别和描述所需的功能和非功能需求，还需要通过与项目相关方（如用户、开发者和其他利益相关者）的密切合作来确保需求的准确性和完整性。此阶段主要包括四个核心活动：需求澄清、需求排序、需求文档编写和需求审查。每一个环节都有其特定的目的和重要性，缺一不可。下面我们将详细探讨这四个主要活动的内容以及它们在需求定义过程中扮演的角色。

1. 需求澄清

需求澄清是需求定义阶段的核心活动之一，旨在深入分析和讨论项目初步收集到的需求。这个活动确保了所有涉及方对需求有共同和准确的理解，从而减少未来可能出现的问题或误解。需求澄清这一活动的主要内容如下。

（1）与利益相关者的沟通：与项目的所有利益相关者进行一对一或一对多的会议，详细讨论收集到的每一个需求。这通常包括与客户、开发团队、测试团队以及其他相关人员的沟通。

（2）需求的分类与优先级排序：在需求澄清过程中，应将需求分为"必须有"、"应该有"、"可以有"和"不需要"等类别，并根据这些类别进行优先级排序。

（3）需求细化：对于每一个需求，应创建更详细的描述或规格，以便在后续的设计和开发阶段更准确地实现它们。实现途径包括用例描述、数据模型或其他可视化工具。

（4）需求验证和确认：确认需求是否可行、是否符合项目目标和预算，并进行相应的调整或优化。需要注意的是，对于用户的需求，不要直接按照它表面的含义去实现，而是要把它转换成一个适应性更强的需求，从而预见未来的变化。

（5）文档化：对于所有澄清后的需求，都应详细记录和文档化，以便用于后续的项目阶段。

通过需求澄清，项目团队能够更准确地理解和界定项目的范围和目标，从而为成功完成项目奠定坚实的基础。

2. 需求排序

需求排序（即优先级设定）是需求定义阶段的关键步骤之一，用于确定各个需求的重要性和紧迫性。需求排序通常是一个多方参与的复杂的过程，涉及与各个利益相关方的协作。这一活动的内容如下。

（1）业务价值评估：对每个需求进行业务价值的评估。这可能包括其对增加收入、提高客户满意度或降低成本的潜在影响等方面的评估。

（2）技术可行性分析：与开发团队一起评估每个需求的技术可行性。这可以帮助项目团队了解实现每个需求所需的时间、成本和资源。

（3）相关性和依赖性考虑：考虑各个需求之间的相关性和依赖性。有时，一个需求的实现可能依赖于另一个需求，或者两个需求可能存在某种程度的互斥。

（4）需求排序：综合考虑以上因素，对需求进行排序。最常用的方法是使用某种形式的优先级队列，其中需求被分为高、中、低三个优先级。

（5）利益相关者的确认：在最终确定需求的优先级之前，应与所有关键的利益相关者进行确认，以确保所有方面都得到了充分的考虑。

（6）文档化：所有排序和优先级设定的结果都应被详细地文档化，以便作为后续开发阶段的参考。

通过合理地进行需求排序和优先级设定，项目团队不仅可以更有效地分配资源，还可以更好地满足利益相关者的期望和需求。

3. 需求文档编写

编写需求文档是需求定义阶段关键且非常重要的一步。需求文档作为项目中的主要参考资料，用于指导后续的设计、开发和测试活动。为了确保完整性和清晰性，以下是需求文档应该包含的内容。

（1）需求文档应该有一个引言部分。这部分包括项目的背景、目的以及定义的范围，能为读者提供一个完整的项目视角，帮助他们理解项目的起源和目标。

（2）需求文档应包含明确的项目背景和目标。这部分描述了项目的商业或组织背景，并明确了预期解决的问题或希望达到的目标，能为项目团队和利益相关者提供项目的商业价值和重要视角。

（3）需求文档应包含需求描述，这是文档的核心部分。这部分应详细列出功能需求，包括主要功能和次要功能。同时，还应详细描述非功能需求（如性能、安全性和可用性需求），以确保产品在技术和用户体验方面都达到预期标准。

（4）需求文档应包含约束和假设。这部分包括项目所面临的技术约束（如平台和编程语言）、业务或法律约束（确保项目满足相关法律和政策的要求）以及初始假设和依赖（为项目团队提供清晰的开发方向）。

（5）需求文档应包含验收标准。为了确保产品满足预期，还需要为每个需求定义明确且可衡量的验收标准。这能确保在产品开发过程中，每一个需求都得到满足，并在最终产品中得以实现。

（6）需求文档应包含一个术语和定义部分。对于任何复杂的项目，都需要一个术语和定义部分来解释文档中使用的专业术语或缩写。这部分能保证所有项目团队成员和利益相关者都能准确理解文档的内容。

（7）需求文档应该有一个修订历史部分。这部分记录了文档的版本控制信息，包括每次的更改、修订日期和修订人，能确保文档版本的追踪和项目团队之间透明的沟通。

需求文档应当易于理解，且结构清晰，以便不同背景的利益相关者（包括但不限于项目经理、开发者、测试人员和最终用户）快速找到所需的信息。

需求文档完成后，应该由所有关键的利益相关者进行审查和批准，以确保需求被准确地捕捉和描述。

4. 需求审查

需求审查活动是一个多方参与的过程，旨在验证和确认软件需求文档中列出的所有需求是否准确、一致、完整和可实施。在这一阶段，项目团队会与所有相关的利益方（包括但不限于客户、用户、项目经理、开发者、测试人员和质量保证团队）一同进行审查。以下是需求审查的一般步骤。

（1）准备审查会议

① 阅读需求文档：在会议开始之前，所有参与者，包括项目经理、开发人员、测试人员等，都应详细阅读需求文档。

② 准备问题和讨论点：参与者应准备一些可能的问题或讨论点，以便在会议中提出。

③ 确定时间、地点和参与者：需要提前确定好审查会议的时间、地点以及参与者，确保所有相关方都能参加。

（2）组织审查会议

① 指定主持人：选择一位经验丰富的主持人来引导整个审查过程。

② 逐条审查需求：在会议中，每一条需求都应得到详细的审查和讨论。

③ 集体决策：通过集体讨论来解决需求文档中不明确、矛盾或不完整的地方。

（3）问题识别与记录

① 记录问题：详细记录所有被识别出的问题或疑问。

② 分类并设置优先级：对记录下来的问题进行分类，并设置优先级，以便后续处理。

（4）需求修改

① 详细记录：所有需求的更改、添加和删除都应被详细记录。

② 更新需求文档：会议结束后，需要立即更新需求文档，以反映审查过程中的所有更改、添加和删除。

③ 版本控制：确保所有更改、添加和删除都在需求文档的新版本中得以保存，以便跟

踪变更历史。

（5）最终确认

① 再次审查：所有参与者都应再次审查修改后的需求，以确保所有信息都是准确和完整的。

② 最终批准：得到所有参与者的确认后，该版本的需求文档即被认作最终版本。

③ 通知所有相关方：最终版本确定后，应通知项目的所有相关方，包括未参加会议但与项目有关的其他人员，以确保每个人都了解最新的需求信息。

通过上述步骤，需求审查不仅能提高需求文档的质量，还能确保项目团队对需求有共同的、明确的理解，从而提高软件项目的成功率。

在进行需求审查时，注意以下几点可以确保审查的准确性与有效性。首先，对于审查时间与地点的选择，我们需要确保选定的时间适合所有相关人员的日程安排，并且会议地点要足够方便且能容纳所有的参与者。对于那些不能亲自参加的人员，远程参与的途径（如视频会议）需要得到妥善的安排。其次，文档版本控制同样重要。参与者应当查看的是需求文档的最新版本，以确保信息的一致性。同时，项目团队要维护一个详尽的版本历史，并在文档中明确标出所有的更改，以便参与者快速定位新内容。最后，不能忽视审查结束后的跟进与反馈环节，要确保所有提出的问题和意见都能得到迅速的处理，将问题合理分配给相关人员或项目团队，并建立持续的反馈机制，使所有参与者都能了解问题处理的进展。总而言之，注意上述几点的目的是使需求审查过程有条不紊地进行，不受各种突发情况的影响，从而确保审查的质量和效果。

2.3.3 需求定义的方法

需求定义阶段会用到一些与需求收集阶段同样的方法，如用例、用户故事和原型，这些方法在这两个阶段具有不同的目的和特点。此外，需求定义阶段还要用到需求矩阵等方法。

1. 用例

用例可以使用图形或文字两种方式表示。用例图是用例的图形化表示，用于形象地表示系统或子系统的功能需求，通过展示参与者与系统/子系统之间的关系来定义系统/子系统的边界和交互行为。

在软件开发的需求收集阶段，主要目的是从不同的利益相关者（如用户、管理者和客户等）那里获取系统的需求信息。这一阶段的特点是在相对较高的层次上对需求进行概括性的描述，通常只涉及系统的核心功能和主要参与者，而不涉及过多的细节，从而使软件开发团队能够与利益相关者进行迅速的交流并验证功能理解的准确性。以电信客服机器人系统为例，此时的用例图可能仅包括像"查询账单"和"报告故障"这样的核心功能，并涉及"用户"和"客服代表"这两个主要参与者。

进入需求定义阶段，基于在需求收集阶段获取的信息，需求会被进一步明确、细化和完善。这一阶段的特点是用例描述更为详细，考虑的情境也更加完整，同时也会涉及更多的子功能和边缘情况。此外，在此阶段，通常会将用例图与其他 UML 图（如顺序图、活动图等）结合起来，为系统的后续设计提供明确的指导。再以电信客服机器人系统为例，如图 2.2 所示，此阶段的用例图会进一步细化，包括查询账单、支付账单和报告故障。用户和客服代表都能查询余额和支付账单，但只有客服代表能够处理特殊请求，系统管理员则有权进行账户管理和查看系统日志。

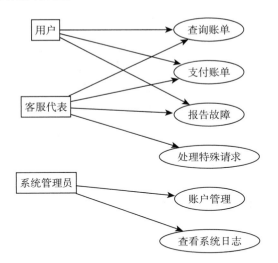

图 2.2　电信客服机器人的用例图

通过这样的用例图，我们不仅明确了电信客服机器人需要实现哪些功能，还识别了不同角色与这些功能之间的交互关系。这对于后续的系统设计和开发是非常有用的。

与用例图相辅相成的是用例描述。用例描述是文本形式的，详细地说明了用例的主要交互序列，包括触发条件、基本流程、替代流程和异常流程。该描述不仅对项目团队内部的需求理解和开发有指导作用，也是团队与外部利益相关者（如客户或业务分析师）沟通的重要依据。

以"查询账单"为例，该用例涉及"用户"和"客服机器人"两个角色。

（1）触发条件：该用例通常在用户通过界面选择"查询账单"选项时被触发。

（2）基本流程：用户单击"查询账单"按钮；客服机器人弹出一个包含多个账单查询选项的界面；用户在界面中选择一个查询选项，如"查询本月账单"；客服机器人根据用户的选择从数据库中拉取相应的账单信息；用户得到账单信息并进行确认。

（3）替代流程：如果用户在账单查询选项中选择"取消"，那么客服机器人会关闭账单查询窗口，结束这一用例。

（4）异常流程：在某些情况下，如数据库连接失败或账单信息拉取错误，客服机器人会显示一个错误消息，如"暂时无法获取账单信息，请稍后再试"。

这样的用例描述为后续设计提供了清晰和详细的指导，不仅说明了"查询账单"这一用例的主要交互步骤，还描述了可能出现的异常和应对异常的方法，为后续的开发和测试提供了宝贵的信息。

用例描述在需求定义方面既有优点也有缺点。它详细且全面地描述了系统的交互和业务逻辑，在捕捉复杂需求方面具有明显优势。然而，这种详细的描述也导致了一些问题，如需要更多的时间来编写和维护文档，这可能会使项目变得相对烦琐。因此，应用用例描述时，需要在细致程度和工作效率之间找到平衡。

我们通常同时使用用例图和用例描述，以提供对系统需求的全面视图。用例图提供高层次的概览，而用例描述则提供低层次的细节。将二者相结合，能够确保需求在各个层次都得到充分的考虑和文档化。

2. 用户故事

在之前的需求收集阶段，主要是从用户的角度捕捉和理解他们的需求，确保开发团队对这些需求有初步的了解。这一阶段的特点是用户故事简单、直观，主要描述高层次的需求，并关注主要的功能和场景。为了方便与用户快速交互，用户故事通常非常简洁。例如，对于一个电信客服机器人系统，此阶段的用户故事可能为"作为用户，我希望机器人能够解答我的账单问题"或"作为用户，我希望在遇到复杂问题时能够快速转接到人工客服"。

然而，需求定义阶段的目标是基于需求收集阶段的用户故事进一步细化每个故事的内容，从而为接下来的设计和开发阶段做好准备。在这一阶段，用户故事将变得更加详细，并将重点放在描述用户与系统的具体交互方式上，包括正常情况和异常情况。此外，根据用户和业务的需求，项目团队的需求分析人员会对这些用户故事进行优先级排序。以电信客服机器人系统为例，此阶段的用户故事可能细化为"作为用户，当我询问账单时，机器人应该能给我本月的账单明细"或"作为用户，当我遇到网络问题时，机器人应该引导我进行初步的网络故障排查"。

用户故事为需求定义提供了一种更直观的以人为本的方法。与用例描述的细致和全面不同，用户故事强调的是需求的快速、简洁与易于理解。这使得开发团队能更迅速地领会并诠释具体的需求。这一表达方式非常适合敏捷开发环境，并且便于开发团队与非技术性的利益相关者进行快速和有效的沟通。

用户故事通常遵循"作为（角色），我想（动作），以便（目的）"的模式。这有助于清晰地定义用户角色、用户想完成的任务以及实现这些任务的目的。下面以电信客服机器人为例，给出用户故事。

（1）作为用户，我想查询我的账单，以便了解我需要支付的金额。

（2）作为用户，我想报告网络问题，以便尽快得到解决。

（3）作为客服代表，我想查看机器人解决问题的效率报告，以便进行性能评估。

（4）作为系统管理员，我想轻松更新机器人的回答数据库，以便提供更准确的信息。

上述用户故事不仅明确了不同角色的需求和目的，还易于被转化为具体的开发任务。因此，用户故事作为需求定义的工具，能有效地连接用户需求与系统开发。

用户故事在需求定义方面具有明显的优缺点。一方面，其易于理解的特性使其成为与业务人员和开发团队进行沟通的有效工具。这种易于理解和沟通的特性，也使得用户故事能够迅速适应需求的变化，特别是在敏捷开发环境中。然而，这种特性也有其局限性，可能会导致对某些技术细节或约束的忽略。因此，在使用用户故事时，还需要将其与其他更详细的需求定义方法相结合，以确保全面性和准确性。

故事板在需求定义方面是一个非常有用的工具，尤其是在可视化用户与系统之间的复杂交互中。与文字形式的用户故事不同，故事板通过一系列图或图像来生动地展示用户在使用特定功能或完成特定任务时可能会经历的步骤和体验。这使得开发团队和业务相关者可以更直观地理解用户流程，从而更精准地定义需求。

以电信客服机器人为例，假设有一个用户故事是这样的："作为一个忙碌的上班族，我想通过语音指令来查询我的账单，以便更快速、方便地管理我的电信服务。"在这个故事板中，可以画出多个场景：第一个场景是用户拿起手机并唤醒客服机器人；第二个场景是用户通过语音指令查询账单；第三个场景是机器人成功识别语音指令并提供账单信息；最后一个场景是用户满意地挂断电话。图 2.3 是一个电信客服机器人的故事板示例。

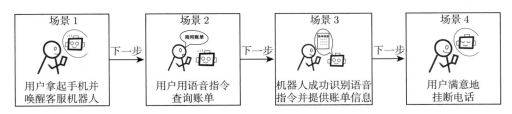

图 2.3　电信客服机器人的故事板

通过这样的故事板，项目团队可以更清楚地理解用户的需求和预期体验，进而在开发过程中进行相应的设计和优化。同时，故事板也便于开发团队与非技术性的利益相关者进行沟通，因为它们通常更易于理解和接受。

故事板的优点在于能够直观、快速地传达复杂的交互和用户体验，这一优点尤其便于开发团队与设计团队和非技术性的利益相关者进行沟通。然而，故事板的缺点是创建它可能需要更多的时间和专门的设计技能，这在项目时间或资源有限的情况下可能是一个挑战。

我们可以同时使用用户故事和故事板，以便从不同角度和粒度级别来定义和理解需求。用户故事侧重于单一的功能或交互，而故事板则提供了一个更全面的视角，展示了多个交互在一起如何构成完整的用户体验。使用这两种工具，开发团队和非技术性的利益相关者能够更全面地了解和文档化需求。

3. 原型

在软件开发的需求收集阶段，使用原型方法的目标是为利益相关者提供一个直观的系统界面概览，帮助他们理解系统的核心功能和交互方式。这一阶段的原型是初步的和静态的，往往只包括一些基本的界面草图或简单实现，重点放在系统的主要界面上。快速的原型设计能够促进开发团队与利益相关者进行沟通，同时能够确保开发团队快速了解用户的界面和交互需求。例如，电信客服机器人系统在此阶段的原型可能仅展示主页面、常见问题解答、账户管理和紧急转接等主要部分的界面草图，以及一个最简单的原型实现。

进入需求定义阶段，我们会根据更加详细的需求进一步完善原型设计与实现，从而创建更加全面、细致的系统原型。此阶段的原型具有一定的交互性，能够帮助用户和项目团队成员更为深入地理解系统功能。同时，原型的完整性和细致程度都得到了提高，它将涵盖系统的所有主要界面，并关注界面的布局、颜色、字体等细节。以电信客服机器人系统为例，此阶段的原型将展示一个功能完整且交互友好的客服界面，其中客服界面包括详细的账户信息和历史查询功能。

4. 需求矩阵

需求矩阵是一个非常实用的工具，它在需求定义阶段是不可或缺的。需求矩阵采用表格形式列出所有需求以及与之关联的各种属性或评估标准。它不仅能使需求管理更加系统化，还方便对需求进行跟踪和评估。这样，项目团队和利益相关者可以明确各需求的优先级、进展状态以及责任分配，从而更高效地推动项目进程。

需求矩阵的主要组成部分一般包括需求 ID、需求描述、优先级、状态、责任人和来源。其中，需求 ID 是用于唯一标识每个需求的编号或代码，它能确保每一个需求都被准确地引用和跟踪。需求描述则需要简短而明确，能够提供足够的信息，以便项目团队成员和利益相关者理解需求的核心内容。优先级用于评估需求的重要性或紧急性，有助于团队分配资源和安排工作。状态用于标识需求的当前进展，如"未开始"、"进行中"或"已完成"等，以便项目团队可以及时地更新和调整项目计划。责任人则应明确指出哪个人或哪个团队负责需求的实施或跟踪，以确保需求得到妥善处理。来源用于标明需求由哪个利益相关者或哪份文档提出，以便追溯和确认。

以电信客服机器人为例，需求矩阵可能包括表 2.3 中的内容。

表 2.3　电信客服机器人的需求矩阵

需求 ID	需求描述	优先级	状态	责任人	来源
R1	语音识别功能	高	进行中	开发团队	客户需求
R2	查询账单信息	中	未开始	数据团队	市场调研
R3	客户信息安全	高	已完成	安全团队	法规要求

通过上述需求矩阵，项目团队可以明确哪些功能是优先开发的，哪些需求的开发工作还未开始，以及哪些需求已经完成。这样，需求矩阵不仅有助于项目团队内部的高效协作，还有助于项目团队与外部利益相关者（如客户或业务分析师）进行有效沟通。

需求矩阵的优点在于以结构化的方式组织需求信息，使得管理和跟踪变得更加方便和高效。这样不仅有助于项目团队的内部协作，也有助于项目团队与外部利益相关者进行有效沟通。此外，需求矩阵还能明确需求间的依赖关系和潜在冲突，为项目管理提供强有力的支持。然而，需求矩阵也有缺点，尤其是在大型项目中，它可能会变得过于庞大和复杂，这会增加其维护难度和时间成本。因此，尽管需求矩阵是一个强大的工具，但也需要通过适当的设计和维护来确保其效用和可管理性。

需求矩阵特别适用于那些具有大量需求、多个利益相关者或复杂需求关系的项目。通过定期更新需求矩阵，项目团队可以确保与所有利益相关者保持对需求的共同理解，从而降低项目的风险。

2.4　需求规范化

需求规范化也称为需求规范，是将需求分析阶段的成果转化为一份正式、系统化、详细的文档。这份文档旨在清晰、明确、无歧义地描述系统应该完成的任务和应满足的标准，以便为项目管理人员、开发人员、用户以及其他利益相关者提供参考。

需求规范化不仅有助于澄清需求，还提供了一个共同的基础，以确保所有利益相关者对系统有一致的理解。这将减少后续阶段可能出现的问题，包括需求漏洞、设计错误、实现缺陷等。需求规范文档是后续阶段（包括系统设计、开发、测试、验收和维护）的基础。

2.4.1　需求规范化的内容

1. 功能需求

功能需求是需求规范化的关键组成部分，它明确了系统应当完成的具体任务。具体而言，功能需求通常包括以下几部分。

（1）主要功能

主要功能部分对系统需要完成的主要任务和可能涉及的子任务进行了详细描述，不仅包括基础数据的输入和输出，还包括复杂的业务逻辑和高级功能。

（2）用例描述

用例描述提供了一个框架，用以呈现系统与其外部实体（如用户、其他系统等）之间是如何交互的。这通常涉及定义触发条件、基本流程、替代流程以及异常处理等，以确保全面覆盖所有潜在的交互场景。

（3）流程图

流程图是一个可选但非常有用的元素。它以图形化的方式直观地展示了系统是如何完成特定任务的，包括涉及的步骤和可能的决策点。这样有助于开发团队和其他利益相关者更清晰地理解系统逻辑和操作流程。

2. 非功能需求

非功能需求描述了在满足功能需求的基础上，系统还应遵守的一系列限制或标准。它通常包括以下几部分。

（1）性能需求

性能需求主要关注系统的响应时间、处理能力、内存占用等因素。这些需求可能会详细说明，在什么样的硬件环境下，系统需要在多长时间内完成特定任务。

（2）安全性需求

安全性需求涉及保护系统及其数据，防止未经授权的访问或篡改。这通常包括数据加密、用户认证、权限控制等方面。

（3）可靠性需求

可靠性需求关注系统在面对错误或意外情况时能否正常运行或快速恢复。这包括错误恢复机制、灾难恢复计划以及数据备份策略等。

（4）可用性需求

可用性需求主要考虑终端用户的使用体验。这不仅包括用户界面的设计是否易于使用，还可能涉及用户文档、在线帮助或用户培训等方面。

3. 接口需求

当系统需要与其他系统或硬件进行交互时，明确的接口需求描述是非常重要的。它通常涵盖以下几部分。

（1）硬件接口

硬件接口这部分描述了系统与硬件组件之间是如何进行通信的，可能包括但不限于接口类型（如 USB、串口等）、数据传输速率、电源需求以及任何其他硬件层面的约束。

（2）软件接口

在软件接口这部分，需详细描述系统是如何与其他软件或服务进行交互的，通常会涉及 API（应用程序接口）的详细信息，包括方法签名、数据格式、请求和响应的结构，以及任何相关的错误处理机制。

（3）用户接口

用户接口这部分描述了用户是如何与系统进行交互的，不仅包括图形用户界面的设计和组件，还可能包括命令行接口、物理按钮或其他任何用户输入/输出手段。

4. 数据需求

数据需求描述了系统应如何处理、存储和检索数据，以满足准确性、完整性、持久性等特定要求。具体而言，数据需求通常涵盖以下几部分。

（1）数据格式和类型：这一部分应明确地列出系统中用到的各种数据的格式和类型，可能包括基本类型（如整数、浮点数、字符串等）和复杂类型（如对象、数组或其他数据结构）。

（2）数据有效性和完整性规则：这一部分需详细描述如何保证数据的有效性和完整性，可能涉及输入验证规则、数据库约束（如唯一性、外键等），以及其他用于确保数据准确和一致的机制。

（3）数据存储和检索：这一部分描述了数据应如何被持久化存储以及如何进行有效检索，通常包括数据存储的物理位置、存储格式（如关系数据库、NoSQL 数据库、纯文本文件等），以及数据检索的方法和性能要求。

5. 环境需求

环境需求描述了系统预期将在何种物理和技术条件下运行。具体的环境需求通常包括以下几部分。

（1）物理环境：这一部分应详细说明系统预期运行的物理条件，如温度、湿度、亮度和噪声等。例如，如果系统是一个工业控制系统，那么它可能需要在温度较高、湿度较高或者噪声较大的环境下稳定运行。

（2）操作系统和硬件需求：在这里，需要列出系统所需的最低和推荐的操作系统版本，以及硬件配置要求，如 CPU 速度、内存大小和磁盘空间大小等。

（3）网络需求：这一部分描述了系统在网络方面的要求，包括但不限于网络带宽、延迟和可靠性。例如，如果系统是一个在线视频流服务，那么它可能需要高带宽和低延迟的网络环境。

6. 验证和验收标准

需求规范文档不仅需要描述功能和非功能需求，还应当包括对这些需求的验证和验收标准，以确保在后续的开发和测试阶段，系统的实现符合预定的要求。验证和验收标准具体包括以下两个方面。

（1）针对每个功能和非功能需求定义的具体、可衡量的标准。例如，如果有一个性能需求规定系统响应时间必须在 500 ms 以内，那么验证标准应当明确如何衡量这一响应时间，并应明确在何种条件下进行测试。

（2）测试方案。为了验证需求实现的正确性，测试方案应描述如何通过各种测试方法（如单元测试、集成测试、系统测试等）来验证各项需求，包括预定义的测试用例或者详细的测试流程，以便指导测试人员执行测试，并对结果进行评估。

7. 约束和假设

需求规范文档应当详细列出与项目实施相关的约束和假设。这些信息有助于项目团队更全面地了解项目的实施环境和可能面临的挑战，进而做出更为合理的决策。约束和假设具体包括如下内容。

（1）技术约束：这部分需要详细描述项目开发中必须考虑的技术因素，如必须使用的开发平台、编程语言、数据库技术等。例如，如果项目需在 Linux 和 Windows 上同时发布，那么技术选型需要兼容这两个平台。

（2）业务或法律约束：这部分需要列出所有与业务流程、法律规定或行业标准有关的约束，可能包括数据保护法规、知识产权问题、预算和时间限制等。这部分有助于确保项目在满足实际需求的同时，也符合各种外部条件和规定。

（3）假设和依赖：这部分应该明确列出项目依赖的外部系统或条件，以及在项目开始时所做的所有假设。比如，如果一个功能依赖于某个外部 API，那么应该在这部分明确这一点，并应列出该 API 不可用时的备选方案。

2.4.2　需求规范化的工具

在需求规范化过程中，通常会采用一系列工具来确保需求信息的准确性、完整性和可追溯性。这些工具不仅能提高需求管理的效率，还能减少错误和遗漏，具体如下。

（1）需求管理工具：像 Redmine[①]或 Trac[②]这样的项目管理工具能够提供一套完善的需求跟踪和管理流程。这些工具通常允许用户创建需求项，为其分配优先级和状态，并进行版本控制。同时，这些工具也支持需求之间的关系映射和依赖跟踪。

（2）建模工具：UML（统一建模语言）工具用于创建用例图、状态图、活动图等，能够更形象、直观地表示系统需求和行为。这些图表能帮助开发团队和利益相关方更容易地理解和确认需求。

（3）文档编辑和协作工具：文档是需求规范化不可或缺的一部分，因此，使用像 WPS、腾讯文档或其他专门的文档管理系统来编辑和存储这些文档是非常必要的。这些工具通常提供多用户协作、版本控制和审计追踪等功能，能够确保文档的准确性和一致性。

2.4.3　需求规范化示例

需求规范化是软件开发流程中至关重要的一步。它不仅定义了系统应实现的功能和非功能需求，还为项目的各个后续阶段提供了明确、一致的指导，有助于降低风险，提高开发效率和产品质量。需求规范化示例如图 2.4 所示。

---

① Redmine 是一个开源的、基于 Web 的项目管理和问题跟踪工具。官网地址：https://www.redmine.org/。
② Trac 是一个开源的、基于 Web 的项目管理和缺陷跟踪系统。官网地址：https://trac.edgewall.org/。

---

1 引言

1.1 项目背景

开发一款电信公司的客服机器人。

1.2 分析目标

明确机器人的功能和非功能需求，以及其他可能的需求。

2 功能需求

系统应完成的具体任务。它通常描述了系统应该做什么，这通常会以用例的形式来呈现。

2.1 基本查询处理

输入：用户关于账单、套餐详情和网络覆盖范围的问题。

处理：机器人理解问题，并查询相关信息。

输出：针对用户问题的答案。

2.2 复杂问题路由

输入：机器人不能解答的问题。

处理：机器人识别问题复杂性，并路由至人工客服。

输出：问题的人工客服处理流程。

2.3 账户管理服务

输入：用户对账户的操作请求，如查看数据使用情况、更改套餐、支付账单。

处理：机器人处理用户请求，并对账户进行相关操作。

输出：操作的结果信息。

3 非功能需求

系统应满足的限制或者标准，如性能需求（系统响应时间、处理能力等），安全性需求（数据加密、用户认证等），可靠性需求（错误恢复、灾难恢复等），可用性需求（用户界面、文档、训练等）。

3.1 用户友好

界面简洁，使用流程顺畅。

3.2 响应迅速

对用户查询的回应时间不超过 2 s。

3.3 准确度高

对用户查询的回应准确率不低于 85%。

3.4 性能需求

在 1 000 个用户并发的情况下，保持稳定运行。

3.5 安全需求

应加密存储所有用户数据，不对外泄露。

4 接口需求

如果系统需要与其他系统交互，那么需要描述硬件、软件、用户等接口的需求。

5 数据需求

对系统中数据的要求，可能包括数据的精度、完整性、持久性等需求。

6 环境需求

描述系统将在哪些环境下运行，包括物理环境、操作系统、网络等。

7 总结

总结需求分析的要点，说明需求分析文档与设计和测试等相关文档的关系。

图 2.4　需求规范化示例

受限于篇幅，此处仅给出了一个简化的示例，实际的需求分析文档通常复杂得多，并可能需要进行多次的反馈和修订。这样，我们创建了一个详细、清晰的需求分析文档，为后续的设计和实现阶段提供了指导。

2.5　案例：电信客服机器人的需求分析

本节以"电信客服机器人系统"为例，给出该软件系统的需求收集过程。如图 2.5 所示，在电信客服机器人系统的需求收集流程中，高级管理人员、最终用户和客服代表直接参与访谈阶段，因为他们能够从实际业务和高层策略的角度提供需求。文档分析阶段会涉及与外部供应商的交流，因为他们可能会为前期的系统提供文档，同时还会涉及与法律和合规团队的合作，以确保所有需求都符合相关法规。在现场调查阶段，产品经理会深入了解实际的业务流程，以完善需求。用户故事和用例主要由产品经理编写，但也需要开发团队的输入，这样能确保开发团队清晰地理解并准备好进行实际的开发。原型方法则需要测试团队的参与，以确保系统的可测试性，同时还需要项目经理的参与，以确保原型与项目的整体目标和进度保持一致。实际项目的需求收集过程可能不涉及本书所介绍的所有方法，但是一般会采用多种需求收集方法的组合。

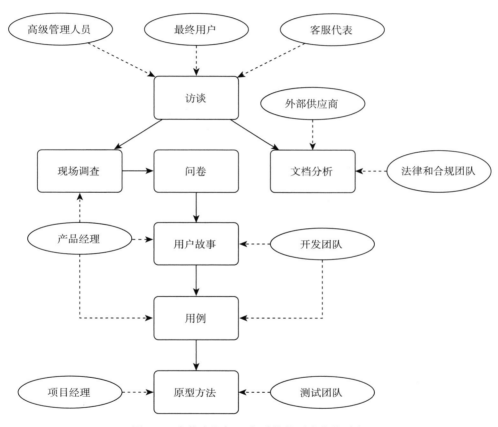

图 2.5 电信客服机器人系统的需求收集过程

2.5.1 访谈

在电信客服机器人系统的访谈过程中，我们与多个最终用户、客服代表和高级管理人员进行了深入交流，以深入了解他们在实际业务中所面临的问题和需求。

（1）常见问题的探讨：通过询问用户和客服代表关于他们经常咨询或处理的问题，我们列出了一些常见问题，如账单查询、套餐详情查询和网络覆盖范围查询。

（2）机器人处理能力的期望：大多数用户都希望机器人能处理更多的常见问题，以减少转接给人工客服的次数。此外，用户也非常希望能在紧急情况下快速转接至人工客服。

（3）账户与网络管理需求：用户在与电信公司进行互动的过程中，明确表示了对于账户管理的功能需求，如更新联系信息、更改服务套餐等，并希望得到关于网络配置的指导。

（4）系统兼容性与界面需求：一些高级用户和系统管理员提到了希望机器人系统的配置能支持图形用户界面，并兼容多种设备。同时，他们也期望有命令行界面供他们使用。

（5）系统对接与性能期望：管理人员强调了机器人系统需要与其他设备和系统无缝对接，并表示了对机器人的自然语言处理能力、响应速度和稳定性的高期望。

（6）关于系统稳定性和功能的讨论：高级管理人员在交谈中强调了系统的稳定性、故障恢复功能和实时统计功能的重要性。

通过以上访谈过程，我们获得了深入而全面的需求和期望，为后续的系统设计和开发打下了坚实的基础。

2.5.2　问卷

为了系统地了解用户对于电信客服机器人的需求和期望，我们设计并发放了一份问卷，见图 2.6。此问卷旨在收集用户关于机器人功能、响应速度以及用户使用频率等方面的反馈。

1. 你在使用我们的电信服务过程中遇到过哪些问题？
_____

2. 你希望我们的客服聊天机器人提供哪些服务或功能？
　a. 账户查询（余额、账单等）
　b. 故障报告
　c. 服务更新和优惠信息
　d. 与客服代表进行实时沟通
　e. 其他，请说明：_____

3. 对于机器人的响应速度，你有何期望？
　a. 实时响应
　b. 几秒钟内
　c. 1~2 分钟
　d. 超过 2 分钟但在 5 分钟内

4. 你有多频繁地使用我们的电信服务？
　a. 每天
　b. 每周
　c. 每月
　d. 较少或从未

5. 你对我们电信服务的满意度如何？
　a. 非常满意
　b. 满意
　c. 一般
　d. 不满意
　e. 非常不满意

6. 如果有机会改进我们的客服聊天机器人，你会有什么建议？
_____

图 2.6　电信客服机器人需求调查问卷示例

经过对问卷进行统计与分析，我们发现以下关键需求和期望。

（1）响应速度

大部分用户（约 70%）期望机器人能在几秒钟内给出响应，这显示了用户对实时或近实时反馈的强烈需求。

（2）功能需求

① 超过 80% 的用户希望能够通过机器人进行账户查询，如查询余额和账单。

② 约 60% 的用户表示希望通过机器人报告故障。

③ 50% 的用户希望获得服务更新和优惠信息。

（3）使用频率与满意度

大部分用户表示每周都会使用我们的电信服务，并对当前的服务表示满意。

（4）改进建议

许多用户建议增加无缝切换到真人客服的功能，以便在机器人无法解决问题时，快速转接到人工客服。

上述调查结果为我们提供了明确的方向，帮助我们确定了在设计电信客服机器人时的主要目标和功能。限于篇幅，此处只提供一个简单的调查问卷版本，实际中使用的调研问卷会更加详细而全面。

2.5.3　用户故事

在电信客服机器人系统中，产品经理和开发团队做了如下工作。

（1）撰写用户故事：产品经理从访谈、问卷调查等需求收集方法中整理出主要的用户需求，并将这些需求转化为用户故事的形式，描述用户如何与系统互动以及他们的需求。

（2）评审用户故事：团队成员一同评审用户故事，确保其清晰、准确，并能够满足真正的业务需求。

（3）提供反馈：用户故事和用例被提交给开发团队进行评审后，开发团队可能会根据实际的技术条件或实施难度提供反馈，以确保需求是明确、可实现的，并与整体的项目目标和技术架构保持一致。

我们收集了以下用户故事来捕获用户和客服代表的主要需求。

（1）作为客服，我希望机器人可以自动回答常见的问题，这样我可以更加专注于处理复杂的问题。

（2）作为用户，我希望在遇到不能解决的问题时，能够快速转接到人工客服。

（3）作为用户，我希望机器人能够理解我的问题，不需要我反复解释。

（4）作为客服经理，我希望机器人可以提供常见问题的统计报告，这样可以进一步优化我们的服务。

通过用户故事的方式，我们确保了需求收集过程更为人性化，聚焦于实际用户和业务参与者的需求和期望，为后续的设计、开发和测试提供了明确的指导。

2.5.4　用例

我们设计和总结了以下用例。

（1）用例 1：查询套餐详情

① 主要参与者：用户。

② 前提条件：用户已经与机器人建立对话。

③ 基本流程：用户询问关于其套餐的详细信息，随后机器人通过检查用户的账户信息，返回当前用户的套餐详情。

④ 备选流程：若机器人无法检索到用户的套餐信息，则会回复："很抱歉，我无法获取您的套餐信息，请稍后再试或联系人工客服。"

（2）用例 2：网络配置指导

① 主要参与者：用户。

② 前提条件：用户已经与机器人建立对话。

③ 基本流程：用户提出关于网络问题的困扰，表示"我的网络有问题"或类似的问题。随后，机器人询问用户关于网络问题的具体描述。在了解了用户的描述后，机器人将根据这些信息提供相应的网络配置指导。

④ 备选流程：若机器人无法确定具体的解决方案，则会建议："您可以尝试重启手机，或联系我们的技术支持团队。"

（3）用例 3：更改服务套餐

① 主要参与者：用户。

② 前提条件：用户已经与机器人建立对话。

③ 基本流程：用户表示希望更改其当前的服务套餐，于是机器人列出了所有可用的套餐选项供用户选择。用户从中挑选出一个新的套餐后，机器人将指导用户完成更改套餐的操作。

④ 备选流程：如果用户在更改过程中遇到问题，机器人将提供进一步的操作指导或转入人工客服。

以上只是简化的用例。在真实的项目中，用例描述可能会更加详细，涵盖更多的场景和条件。

2.5.5　文档分析

文档分析在电信客服机器人系统的需求收集中扮演了核心的角色。为了更加深入地了解客户的真实需求和期望，项目团队开始筛选与项目直接相关的关键文档。这些文档涵盖了历史的客服对话记录、用户反馈报告以及与用户交互和系统操作相关的指导文档。电信客服机器人系统文档分析的流程如下。

（1）收集与整合：从甲方那里获取并整合所有与电信客服机器人系统相关的历史和现行文档，特别是那些由外部供应商提供的技术文档。

（2）阅读与标注：仔细阅读每份文档，尤其是与用户交互、系统操作和技术细节相关的部分，并对关键信息进行标注。

（3）提炼与总结：基于文档内容，提炼出用户的核心需求和期望，对这些需求和期望进行整理和汇总，得到新的需求文档，以供后续系统设计参考。

通过上述文档，我们了解到：在旧系统中处理各种常见和复杂问题的方法；用户在实际操作中遇到的问题和提出的建议；客户对图形用户界面的期望、需求和在实际使用过程中的习惯。除了内部文档，旧系统的技术文档也是由外部供应商提供给甲方，随后由甲方将这些文档转交给我方进行分析的。这意味着在文档分析的过程中，需要特别注意其中涉及的技术细节、系统架构和功能说明，这些信息可以为新系统设计提供有价值的参考。

上述文档分析的过程不仅确保了电信客服机器人系统的需求是基于真实用户数据和反馈的，同时也考虑了旧系统的技术细节，为后续的系统设计和开发提供了坚实的基础。

2.5.6　原型方法

在电信服务机器人项目中，原型方法是一种实用的收集和验证需求的方法。该方法的步骤如下：首先，创建一个简单的机器人原型，这个原型基于项目的初步需求，具备基础功能；然后，目标用户群和客服代表会被邀请与这个原型进行实际互动。在用户测试阶段，测试团队首先收集各方面的反馈和建议，然后根据这些信息对原型进行相应的调整或迭代。

下面的工作涉及测试团队和项目经理。

（1）设计原型：根据前期的需求分析，设计初步的界面原型。

（2）验证原型：与利益相关者一起验证原型、收集反馈。

（3）迭代优化：根据反馈调整原型，并再次验证，直到满足需求为止。

上述反馈不仅有助于当前原型的优化，也为后续开发阶段提供了明确的指导。

在代码 2.1 的 Python 程序中，我们模拟了一个简化的电信客服机器人的基本服务流程。用户通过主菜单选择所需的服务，如账单查询、套餐详情查询等。之后程序根据用户的选择提供相应的信息。

代码 2.1　电信客服机器人模拟

```
1  def main_menu():
2      print("\n欢迎来到电信客服！")
3      print("1. 账单查询")
4      print("2. 套餐详情查询")
5      print("3. 网络配置指导")
6      print("4. 更改服务套餐")
7      print("5. 转接人工客服")
8      print("0. 退出")
9      choice = input("请选择您需要的服务：")
10     return choice
11
12 def handle_request(choice):
13     if choice == "1":
14         print("\n您本月的账单为：100元。")
15     elif choice == "2":
16         print("\n您当前的套餐为：每月500分钟通话，10GB流量。")
```

```
17    elif choice == "3":
18        print("\n请按照以下步骤配置网络：\n1.打开设置\n2.选择移
              动网络\n3.输入APN: telecom\n4.保存并重启手机")
19    elif choice == "4":
20        print("\n请访问我们的官网或下载我们的App来更改您的服务套
              餐。")
21    elif choice == "5":
22        print("\n正在为您转接至人工客服，请稍等...")
23    elif choice == "0":
24        print("\n感谢您使用电信客服，祝您生活愉快！")
25    else:
26        print("\n无效的选择，请重新选择！")
27
28 if __name__ == "__main__":
29    while True:
30        choice = main_menu()
31        if choice == "0":
32            break
33        handle_request(choice)
```

此外，我们还创建了一些关键功能的图形用户界面。图 2.7 为脚本编辑界面，该界面便于非计算机专业的业务人员使用图形化方式快速开发客服脚本。

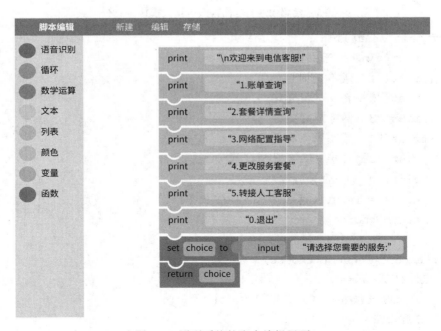

图 2.7　原型系统的脚本编辑界面

原型系统的管理界面包括用户数据管理界面（见图 2.8）和系统运行状态管理界面（见图 2.9）。

大客户数据管理系统					
标识	名称	电话接入码	脚本标识	数据源地址	备注

终端客户数据管理系统				
标识	所属大客户标识	姓名	电话	备注

图 2.8　原型系统的用户数据管理界面

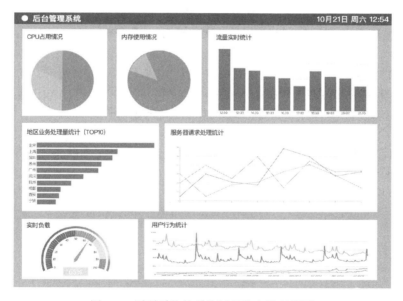

图 2.9　原型系统的系统运行状态管理界面

2.5.7　收集整理后的需求

在完成了需求收集阶段的工作后，我们明确了电信公司客户服务部门希望机器人具备的主要功能和能力。

（1）功能需求

① 在问题处理方面，采取分级处理的方式。首先，机器人能够处理大量常见的问题，如账单查询、套餐详情查询以及网络覆盖范围查询等。其次，当机器人遇到无法解决的复

杂问题时，系统会自动将用户转接至人工客服。最后，系统还提供了紧急情况下直接转接至人工客服的选项，以确保用户问题能够得到及时、有效的解决。

② 账户与网络管理服务涵盖账户管理以及网络配置两方面的功能。首先，提供账户管理服务，帮助用户更新联系信息、更改服务套餐等。其次，为用户提供基本的网络配置指导，帮助他们正确配置网络连接。

（2）接口需求

① 支持 GUI：客服机器人的配置需要支持图形用户界面，并且支持台式机、笔记本电脑和智能手机，以便实现移动办公。

② 支持 CLI 接口：机器人系统应提供命令行界面，以便高级用户和系统管理员进行配置和管理。

③ 符合行业标准：接口应符合行业标准，以确保与其他设备和系统的无缝对接。

④ 支持开放的 API 接口：便于集成与第三方应用的连接。

（3）性能需求

① 机器人应具备强大的自然语言处理能力，以准确理解用户意图。

② 机器人应当迅速响应基础查询，确保在几秒内给予用户及时的回应，从而提高查询效率。

③ 为了确保机器人在高峰期稳定运行，需要优化资源分配。同时，系统至少应支持 6 000 个并发用户，并能够处理高达 100 万次的忙时试呼（Busy Hour Call Attempt，简称 BHCA）。

（4）可靠性需求

① 确保 99.99% 的时间不停机。

② 实现双机备份或 $N+1$ 备份方式，确保服务的连续性。

（5）运行状态监管需求

① 系统具备运行状态在线检测功能，能实时追踪系统的工作状态。

② 系统拥有完善的日志记录和故障恢复功能，确保在发生问题时能迅速定位并恢复。

③ 系统能提供实时统计与告警功能，以便及时发现并处理潜在的异常情况。

本 章 小 结

在本章，我们详细探讨了需求分析的三个主要组成部分：需求收集、需求定义和需求规范化。

首先，我们深入了解了需求收集的多种方法，包括访谈、问卷、文档分析等。另外，我们还强调了从多个来源（包括用户、客户等信息来源）收集需求的重要性，以确保系统满足所有利益相关者的需要和期望。其次，我们探讨了需求定义阶段，其中包括需求的澄清、排序和优先级设定以及需求文档的编写。这一阶段的目的是确保对需求有一个清晰、完整和准确的理解，从而为后续的需求规范化和软件开发阶段提供坚实的基础。最后，我们讨论了需求规范化，这是一个将所有已定义需求整理成正式文档的过程，同时我们强调了在这一阶段制定详细、明确和无歧义的需求规范的重要性，以便为项目管理以及软件设计、开发和测试提供明确的指导。

综上所述，需求分析是软件开发生命周期中至关重要的一个环节。通过有效的需求收集、明确的需求定义和细致的需求规范化，可以大大提高项目的成功率、降低风险，并确保最终产品能够满足用户和其他利益相关者的需求。在接下来的章节中，我们将进一步探讨软件的设计和实现。

扩 展 阅 读

对于想更深入地理解需求分析中涉及的需求收集、需求定义和需求规范化等内容的读者，建议阅读以下资料。

• 《软件需求》（第 3 版），[美] Karl Wiegers 等著，李忠利等译，清华大学出版社，2016 年 3 月：这是一本详尽地讲解软件需求分析和规范的书籍，非常适合希望深入了解该方面内容的读者。

• 《敏捷软件开发：用户故事实战》，[美] Mike Cohn 著，王凌宇译，清华大学出版社，2019 年 1 月：这本书专门针对敏捷开发中的用户故事和需求分析，适合想要在敏捷环境中应用需求分析的读者。

• 《敏捷软件开发实践 估算与计划》，[美] Mike Cohn 著，金明译，清华大学出版社，2016 年 3 月：除了对敏捷开发的需求和计划进行了详细介绍之外，这本书还解释了如何在敏捷项目中进行有效的需求管理。

• 《实例化需求：团队如何交付正确的软件》，[塞尔维亚] Gojko Adzic 著，张昌贵等译，人民邮电出版社，2016 年 5 月：这本书介绍了如何通过实例来明确需求，以便更准确地进行开发。

• 《编写有效用例》，[美] 科伯恩著，王雷等译，机械工业出版社，2002 年 9 月：如果你对用例图和用例描述特别感兴趣，这是一本很好的书籍。

习 题 2

1. 为什么需求分析在软件开发项目中如此重要？
2. 描述需求收集阶段常用的几种方法，并分别指出它们的优点和缺点。
3. 阐述需求定义中需求澄清、排序和优先级设定的重要性。
4. 简述用例图和用例描述的概念，以及它们在需求定义中的作用。
5. 请解释功能需求与非功能需求的区别，并给出各自的实例。
6. 阐述需求规范化文档中通常需要包含哪些内容。
7. 如何确保需求规范化文档是明确、无歧义和完整的？
8. 在需求分析过程中，如何管理和处理不同利益相关者的矛盾或冲突需求？
9. 解释为什么需求规范化文档是后续设计和开发阶段的基础。
10. 什么是用户故事和故事板？请描述它们在敏捷开发中的应用。

11. 什么是需求矩阵？如何使用它来追踪需求的实现状态？

12. 什么是原型？在什么情况下使用原型是有益的？

13. 请简述如何通过需求分析来降低项目风险。

14. 请根据本章的内容，列举至少三个能够确保需求分析成功的关键因素。

第 3 章　设计方法与实现技术

在完成需求分析并得到一个清晰、全面的需求文档之后，接下来就是进入设计与实现阶段。在软件开发中，设计与实现是至关重要的阶段。一个优秀的设计能够使项目更易于理解、扩展和维护，而质量良好的实现则能够提高程序的效率、稳定性和可靠性。

在本章，首先，我们会讨论程序的设计原则、设计的目标以及达成这些目标的方法，介绍如何理解用户需求，以及如何基于这些需求进行高效的设计。其次，我们会简要介绍常见的数据结构和算法，以及各自的选择策略。再次，我们将讨论设计模式，这些模式是经过时间检验的解决特定设计问题的经典方法，同时介绍一些常见的设计模式，并解释如何在实践中使用它们。最后，我们将讨论实现阶段的技巧和工具，这些技巧和工具可以帮助我们更有效地编写代码，提高代码的质量和可维护性，同时介绍一些实用的编程技巧以及一些强大的开发工具。

希望这一章能帮助你理解软件设计与实现的过程，同时帮助你将所学理论应用到具体的项目中。在接下来的章节中，我们将针对上述内容进行深入探讨，并提供更多具体的示例和指导。

3.1　设　计　原　则

在软件研发过程中，机械地根据需求分析的结果去设计和实现特定功能往往不是最佳选择，我们应当将特定的需求转化为适应性和预见性更高的设计。以一个简单的例子来说，如果用户修改了界面需求，要求将某个按钮的颜色从红色改为绿色，更好的设计思路是让按钮颜色可修改，而不仅仅是简单地改为绿色。在技术层面，这样的设计思路可以更轻松地应对需求的持续变化。在管理层面，这就需要对需求进行有效的跟踪和管理。

整体而言，设计应遵循一定的原则。这些原则作为软件设计过程中的基础准则和指导思想，具有至关重要的作用。以下列举了一些核心的设计原则。

（1）简单性

设计的简单性原则指的是我们应该尽量使设计保持简单，避免不必要的复杂性。复杂性通常会导致出错概率增大，增加理解和维护的难度。常见的一个简单性原则是所谓的 KISS（Keep It Simple, Stupid）原则。例如，在设计一个网站时，基于 KISS 原则，应该选择使用简单的导航菜单，而不是一个充满各种链接和下拉菜单的复杂菜单。简单的设计不仅能够让用户更容易理解和使用网站，同时也便于维护和调试。

（2）模块化

模块化设计是指将一个系统或软件分解成一系列可以独立管理和维护的模块。这种设计方法可以提高代码的可读性、可重用性和可维护性。例如，一个复杂的企业级软件可能会被分解成用户管理、订单管理、库存管理等模块。每个模块负责处理特定的任务，并且独立于其他模块进行开发和维护。

（3）抽象

抽象是隐藏细节，只暴露接口和行为的设计原则。抽象的主要目的是降低复杂性，提高模块的独立性，使设计更加灵活且通用性更强。例如，当我们使用数据库时，我们不需要知道数据库是如何存储和索引数据的，我们只需要知道如何使用数据库管理系统提供的 API 进行查询和修改操作。这就是抽象的一种应用。

（4）鲁棒性

鲁棒性是指一个系统或设计在面对错误和异常情况时，能够保持正常运行的能力。例如，在设计一个在线购物系统时，我们需要考虑各种可能的错误和异常情况，如用户输入无效数据、网络连接中断、支付失败等。对于这些情况，我们需要设计出相应的错误处理机制，如数据验证机制、错误提示机制、重试机制等，以保证系统在面对错误和异常情况时，依然能够正常运行。

（5）灵活性

灵活性原则是指设计应易于修改和扩展。一个设计的灵活性决定了它在未来需求变化时的适应能力。例如，当我们设计一个网站时，我们可能会选择使用一种支持模块化和主题化的内容管理系统，如 WordPress[①]。这样，当网站需要添加新的功能或更改设计时，我们只需要添加或修改相应的模块或主题，而不需要从头开始修改整个网站。

3.2　数据结构与算法的选择

在程序设计中，数据结构与算法是两个不可或缺的部分。它们对于代码的效率和整体结构都有着深远的影响。选择合适的数据结构可以大大提高代码的性能和可读性。算法是实现某一功能或解决某一问题的方法和步骤。选择合适的算法能够确保程序高效、准确地运行。本节将探讨如何根据实际需求选择合适的数据结构和算法，并提供一些常见场景的建议。

3.2.1　常用的数据结构

数据结构是在计算机中存储、组织数据的方式。不同的数据结构为不同的问题提供了不同的解决方法。为了有效地设计和实现程序，程序员需要对数据结构有深入的了解。本小节简要介绍一些常见的数据结构。若想更全面地了解数据结构，请参考本章扩展阅读中的相关书目。

1. 数组

数组作为计算机科学中的基石之一，为编程提供了简单而高效的数据组织方式。在深入了解数组的特性之前，我们先明确它的定义：数组是一系列相同类型数据的集合，存储

---

① WordPress 是一种开源的内容管理系统（CMS），广泛用于创建和管理网站和博客。它提供了高度模块化和可定制的设计选项。访问地址：https://www.wordpress.org/。

在连续的内存位置上。

数组是计算机编程中的基础数据结构，其主要特性是内存分配是连续的。这种特性允许我们通过索引来直接访问其元素，这也是数组具有高效访问速度的主要原因。只要知道数组的起始地址和每个元素所占的内存大小，程序就可以通过简单的计算跳转到任何元素所在的内存位置。

然而，数组也存在局限性，尤其是它的尺寸。一个数组的尺寸在创建时就已经确定，并且在之后的运行过程中不能对其进行动态的扩展或缩减。这就意味着若预先分配的数组空间过大，则会造成内存浪费；反之，如果空间太小，那么当需要存储更多的数据时，我们可能需要重新定义一个更大的数组并将原数组的数据复制过去，这会花费较多的时间。

除了常见的一维数组之外，数组还有更复杂的形式，如多维数组。多维数组，如二维或三维数组，可以被看作数组中的数组。一个典型的例子就是二维数组，它可以被视为一个表格，其中的每一行或每一列都是一个独立的数组。

在实际的编程和数据处理中，数组被广泛使用。它们适用于各种算法（如排序、查找等），是基本的数据存储结构。数组能够提供快速的随机访问，这使得其在需要频繁地访问或修改数据的场景中，成了很好的选择。总之，尽管数组有其局限性，但其简单性和高效性使其成了程序设计中不可或缺的工具。

2. 可变数组

与传统的固定大小的数组相比，可变数组（或称为动态数组）更具灵活性。动态数组允许在运行时添加或删除元素，而不需要预先知道最大元素的数量。

可以动态调整大小是可变数组的核心特性。当一个数组达到其预设的内存容量时，它会自动重新分配一块大小通常是当前内存两倍的新内存，并将原有的数组内容复制到新的位置，以确保添加元素的高效性。

在考虑时间复杂度时，尽管单个添加操作因需要内存重新分配而可能显得稍慢，但在多次操作时间的平摊下，动态数组添加操作的时间复杂度仍是常数级别。这主要是因为随着数组大小的增加，需要重新分配内存的频率会逐渐减少。

与链表相比，动态数组在随机访问数据时具有更好的性能。但是，当进行中间位置的插入和删除操作时，链表可能更为高效。因此，在选择合适的数据结构时，应该深入考虑具体的应用场景。

可变数组因其可动态调整大小的特性而被广泛使用，特别是在元素数量会在运行时发生变化的情境下。例如，Python 的 list 和 Java 的 ArrayList 都是基于动态数组的原理实现的。

总体而言，动态数组既具有数组随机访问速度快的优点，又能动态调整大小，已成为现代编程中非常流行和实用的数据结构。

3. 链表

链表是一种与数组相对的线性数据结构。不同于数组，链表的元素并不一定存储在连续的内存位置中。链表是由一系列被称为节点的单元组成的，其中每一个节点不仅包含一个数据元素，还包含一个指向下一个节点的指针。

链表具有多种基本的类型。其中，单链表的每个节点仅有一个指向下一个节点的指针；

双链表的每个节点都有两个指针，一个指向前一个节点，而另一个则指向下一个节点；循环链表则是一种特殊的链表，其中最后一个节点的指针会指回到头节点，从而形成一个闭环。

链表的主要优势在于其动态的扩展和收缩能力。尤其是在进行添加或删除链表元素的操作时，如果该操作在链表的开头或中间进行，那么这个操作通常可以在常数时间内完成。这是因为在链表中添加和删除元素的操作只需修改链表元素的指针即可。但同时它也存在一些局限性，例如，随机访问的性能通常不如数组，因为访问链表中的某一个元素可能需要从头部开始逐个遍历。

在进行时间复杂度分析时，可以看到搜索链表中的一个元素平均需要的时间复杂度是 $O(n)$，这里的 n 是链表中节点的数量。但是，如果我们知道某一个特定的节点，那么在此节点处进行添加或删除操作只需要 $O(1)$ 的时间。

在实际应用中，链表经常被用于那些需要频繁进行插入和删除操作的场景。例如，它们常被用于实现队列或者用作哈希表中冲突解决的策略。

综上所述，链表在内存使用的灵活性以及插入、删除操作的优化上有着显著的优势，但这也带来了随机访问性能的下降。

4. 哈希表

哈希表也被称为散列表，是一种用于实现关联数组或映射的数据结构，允许通过关键字快速存储和检索值。这种高效的检索是通过使用哈希函数来实现的，该函数将键转换为数组的索引，所需访问的值存储在该索引指向的内存单元中。

哈希表的工作原理相对直接。存储时，键通过哈希函数转化成一个整数，这个整数用作数组的索引；检索时，同样的过程也会应用到键上，以快速对值进行定位。哈希表的核心在于哈希函数的选择，它应能在最大程度上减少不同的键生成相同索引的情况，即"冲突"。

然而，完全避免冲突几乎是不可能的，特别是当关键字的数量超过数组索引时。解决冲突的策略包括开放定址法（在表中寻找新位置）、链地址法（在相同索引处使用链表）以及双重哈希法（引入第二个哈希函数）。这些策略旨在以不同的方式处理冲突，以保证哈希表操作的效率。

哈希表的一大优势是它能够在几乎恒定的时间内完成搜索、插入和删除操作，这对于需要快速进行数据访问的应用来说是非常重要的。然而，这种优势是以牺牲空间和潜在的冲突管理为代价的。此外，一个好的哈希函数对于分散冲突至关重要，一个不合适的哈希函数可能导致性能急剧下降。

在理想情况下，哈希表的各项操作可以达到 $O(1)$ 的时间复杂度，但如果发生大量冲突，性能可能降至 $O(n)$。因此，在设计哈希表时，选择合适的哈希函数和冲突解决策略是确保其性能的关键。

哈希表在程序设计实践中有着广泛的应用，包括用作数据库索引、实现缓存机制以及创建快速查找表。哈希表也常用于构建其他高级数据结构，如集合和字典。总体来说，尽管需要精心设计以避免潜在的陷阱，但是哈希表仍然是一种非常有效和具有多种用途的数据结构。

5. 布隆过滤器

布隆过滤器是一种特殊的、空间高效的概率数据结构，它结合位数组和多个哈希函数来判断一个元素是否在一个集合中。由于特殊的结构和设计，布隆过滤器可以在时间和空间上都具有极高的效率。该数据结构的核心思想是利用哈希函数的确定性和位数组的紧凑性。当我们向布隆过滤器中添加一个元素时，这个元素会被多个哈希函数处理，而每个哈希函数都会为该元素产生一个索引位置。在这些位置上，位数组对应的位都会被置为 1。后续，当我们想查询某个元素是否在集合中时，这个元素会被同样的哈希函数处理，若所有产生的索引位置上的位都为 1，则该元素可能在集合中。但是，如果有任何一个位置的位为 0，那么这个元素一定不在集合中，如图 3.1 所示。

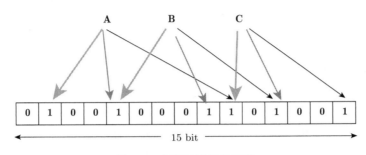

图 3.1　布隆过滤器的原理

布隆过滤器的一个显著的缺点是它的误报。也就是说，它可能会告诉你某个元素在集合中，尽管实际上它并不在。但是，它不会有漏报。也就是说，如果它告诉你某个元素不在集合中，那么该元素一定不在该集合中。这种设计使得布隆过滤器非常适合那些对误报可以接受但对漏报要求严格的场景。

为了调整误报率，我们可以调整位数组的大小或改变哈希函数的数量。其中的关键是在误报率、计算开销和空间使用率之间找到一个平衡点。

布隆过滤器在实际中有广泛应用，适合网络系统、数据库等场景以及各种需要快速判定集合中是否存在某元素的场景，尤其适合那些存储和查询成本昂贵，但可以接受一定误报率的场景。

总体而言，布隆过滤器是一个独特而高效的数据结构，特别适合那些需要快速、空间高效的查询操作，同时能够接受一定误报率的场景。

6. 栈

栈是一种线性数据结构，其特点是只在一端（通常称为"栈顶"）进行操作。这种设计使得元素的进入和退出遵循后进先出（Last In First Out, LIFO）的原则，即最近加入的元素会首先被移除。

栈主要有以下几种基本操作：Push（将元素压入栈顶）、Pop（弹出栈顶元素并返回它）、Peek 或 Top（查看栈顶元素但不移除它）、IsEmpty（检查栈是否为空）以及 Size（返回栈中元素的数量）。

在程序设计实践中，栈有着广泛的应用。例如，当程序执行函数调用时，返回地址会被压入栈中，函数执行完毕后，计算机会弹出该地址并继续执行。此外，栈在算法设计中也很常见，特别是在需要回溯或深度优先搜索的算法中，如深度优先遍历图。检查括号是否正确匹配或计算逆波兰表达式的值等问题，也经常使用栈来解决。

虽然栈是一种强大且常用的数据结构，但也存在一些需要注意的地方。由于栈有大小限制，因此，栈满时再尝试加入元素可能会导致"栈溢出"错误。同时，因为栈设计为只在顶部进行操作，所以想要访问栈中间的元素或对其进行操作可能会变得复杂和低效。

7. 队列

队列是一种线性数据结构，其特点是按照先进先出的原则对元素进行添加和删除。这意味着，与栈不同，队列中的第一个被添加的元素将是第一个被移除的元素。

队列有几种基本操作。其中，"Enqueue"是向队列的末尾添加一个元素的操作；"Dequeue"则是从队列的前端移除一个元素并返回其值的操作；"Front"允许我们查看队列前端的元素但并不移除它；"IsEmpty"则是用于检查队列是否为空的操作；"Size"是返回队列中元素数量的操作。

在程序设计实践中，队列有广泛的应用。例如，在图或树形结构的宽度优先搜索中，队列用于存储待检查的节点，确保按照添加的顺序对节点进行处理。操作系统在任务调度时，常使用队列来管理等待执行的任务或进程。在网络或流媒体应用中，队列可以作为一个缓存机制，确保按照到达的顺序对数据进行处理。而在商业应用中，队列常用于订单的处理，例如，在在线购物或点餐等场景中，确保顾客按照订单到达的顺序得到服务。

除了标准的队列之外，还有一些队列的变种。例如：双端队列允许在前端和后端同时添加和移除元素；优先队列是根据每个元素的优先级进行排序，优先级最高的元素总是首先被移除；而循环队列的目的是当队列满时，下一个元素可以从队列的开始位置重新添加，形成一个循环。

需要注意的是，队列也可能受到存储空间的限制，导致"队列溢出"。此外，队列的操作也会受限，例如，不容易直接访问队列中的中间元素。

8. 树与图

树与图都是计算机科学中非常重要的非线性数据结构，它们为表示对象之间的关系提供了便捷的方法。这两种结构都为多种实际问题提供了高效的解决方案。

树是一个有层次的数据结构，其中的每个元素都被称为节点。除了最顶层的节点（称为根节点）之外，每个节点都有一个父节点，并可能有零个或多个子节点。树有多种类型。例如：二叉树是每个节点最多有两个子节点的树；平衡树（如 AVL 树和红黑树）通过自动更新树的节点位置来维护树的平衡，从而优化搜索节点和插入节点的操作；堆，如最大堆（又称大根堆或大顶堆）和最小堆（又称小根堆或小顶堆），能确保节点的值始终大于或小于其子节点的值；B 树和 B+ 树是在数据库和文件系统中广泛应用的自平衡树结构。树结构在各种算法中都有应用，包括表达式解析、路径查找和数据压缩。

图是一个通用的数据结构，由节点和连接这些节点的边组成。这些边可以是有向的（形成有向图）或无向的（形成无向图）。图的主要类型包括有向图、无向图、加权图、循环图和无环图。图是一个非常强大的工具，常被用于表示和解决计算机网络、社交网络、物流优化等领域中的各种问题。

对于树和图，有许多相关的算法和操作，包括遍历、搜索、插入和删除节点等，特别是对于图，有一些经典算法，如单源最短路径算法 Dijkstra's、最短路径算法 Floyd-Warshall 以及最大流最小割算法。

值得注意的是，尽管树可以被视为图的一种特殊形式，但由于它们具有固定的结构和有限的关系，因此处理树通常比处理图要简单。而在处理图的时候，我们需要关注如何表示它们（例如，使用邻接矩阵或邻接列表），以及如何避免像无限循环这样的潜在问题。

3.2.2 选择合适的数据结构

选择合适的数据结构对于解决特定的问题或优化算法的性能至关重要。每种数据结构都有其独特的性质和应用场景，因此，理解这些性质并根据实际需求进行选择，可以使程序更加高效、易读和易于维护。

1. 明确需求

在开发程序或设计算法时，选择合适的数据结构是很关键的。选择正确的数据结构可以大大提高程序的效率，而错误的选择可能会导致性能瓶颈。因此，在决定使用哪种数据结构之前，必须首先明确程序的具体需求和期望的功能。以下是在选择数据结构时应考虑的一些关键因素。

（1）访问模式

数据的访问模式是一个核心的决策因素。如果你需要随机访问某些元素，那么数组可能更合适。对于顺序访问，链表可能是更好的选择。而如果你的主要操作是插入和删除，那么特定的树结构或哈希表可能更为合适。

（2）数据量

预计的数据大小和数据增长的方式也是关键的因素。当数据量较小时，简单的数据结构（如数组）可能就足够了。但当数据量非常大时，我们可能需要考虑如何有效地存储和访问数据，此时更高级的数据结构（如 B 树或可变数组）可能更合适。

（3）常用的操作

确定程序中最常执行的操作类型是有必要的。如果你的程序主要进行搜索操作，那么可以考虑使用哈希表或平衡搜索树。如果插入和删除操作非常频繁，可变数组或链表可能更合适。由于每种数据结构都有其优点和缺点，因此要根据具体需求来选择。

（4）内存与速度

在某些应用场景中，可能需要权衡内存和速度之间的关系。例如，数组虽然提供了快速的随机访问，但可能会浪费内存，因为它通常需要预分配固定大小的内存空间。又如，链表虽然在插入和删除时非常高效，但它的随机访问速度较慢，并且每个节点都需要额外的内存来存储指针。

除了上述因素之外，还需要考虑数据结构的扩展性、实现的复杂性等其他因素。总之，选择数据结构时需要综合考量，明确自己的需求并根据这些需求选择最适合的数据结构。

2. 了解数据结构的性质

每种数据结构在特定的场景下都有其明显的优势，但同时也伴随一些劣势。了解数据结构的性质，从而正确地选择和使用数据结构可以极大地优化代码的性能。

例如，数组是一种基本的数据结构，它提供了非常快速的随机访问。但是，传统的数组大小是预先定义的，这意味着你不能轻易地改变它的大小。相对地，链表具备动态插入和删除元素的能力，这使其非常适合需要频繁进行插入和删除操作的场景，但与此同时，它丧失了随机访问的能力。哈希表是一个非常有效的数据结构，特别是当你需要快速地进行查找、插入和删除操作时。但是，哈希表可能会使用额外的内存，尤其是在避免冲突和确保性能时。

为了帮助读者更好地理解各种数据结构的性质和适用场景，下面列出了一些常用数据结构的性质和适用场景，见表 3.1。

表 3.1　常用数据结构的性质和适用场景

数据结构	性质	适用场景	Java 示例	Python 示例
数组	固定大小，快速随机访问	当大小已知，需要快速索引时	int[ ]	array.array
可变数组	动态大小，快速随机访问	需要动态调整大小且需要快速索引时	ArrayList	list
链表	动态插入和删除，顺序访问	需要频繁进行插入和删除操作时	LinkedList	collections.deque
哈希表	快速查找、插入和删除	需要快速查找和存储键值对时	HashMap	dict
布隆过滤器	空间效率高，可能出现误报	快速检查给定元素是不是其成员	—	第三方库 (如 pybloom)
栈	后进先出，动态大小	需要后进先出的场景	Stack	list (使用 append 和 pop 方法)
队列	先进先出，动态大小	需要先进先出的场景	Queue	collections.deque
树	分层结构，非线性	需要表示层次结构或快速查找、插入、删除时	—	—
图	节点和边的集合，非线性	需要表示复杂的关系和网络时	—	—

选择适当的数据结构并根据应用的特定需求来使用它，是提高代码性能和代码可维护性的关键。

3. 权衡与决策

选择合适的数据结构是软件设计中的关键任务。正确的选择可以大大提高程序的性能和可维护性。然而，没有一种数据结构能够适用于所有场景。根据具体的需求和场景，可能需要在不同的数据结构之间进行权衡。

（1）内存效率

如果程序对内存需求非常敏感，如在嵌入式系统或移动设备上运行的程序，那么我们在开发时可能会选择更为紧凑的数据结构，如数组或特定配置的哈希表，以减少内存的使用。

（2）性能要求

如果速度是关键，那么必须权衡数据结构的各种操作的性能。例如，数组提供快速的随机访问，但在中间插入或删除元素可能会很慢。而链表则在这方面表现得更好，但随机访问的速度比数组慢。虽然哈希表可能在查找方面表现出色，但在某些情况下，它可能需要额外的内存来处理冲突。

（3）复杂需求

在某些情况下，可能需要选择使用多种数据结构的组合来满足多种需求。例如，为了实现一个具有快速查找、插入和删除功能的缓存策略，可以使用链表和哈希表的组合。

（4）可维护性和复杂性

选择简单且易于理解的数据结构有助于代码的长期维护。过于复杂的数据结构可能会导致错误，并增加代码维护的难度。

选择数据结构时，除了需要考虑其基本性质和特点外，还需要考虑整个系统的需求和限制以及未来可能发生的变化。一种有效的方法是对不同的数据结构进行基准测试，以确定在特定情境下使用哪种数据结构最为有效。

4. 实践与反馈

在软件开发的早期阶段，选择数据结构往往基于对需求的初步理解和对数据结构性质的估计。然而，真正的场景和实际负载可能会与初步的预期有所偏差。因此，选择数据结构并不总是一个一次性的决策。实践中，可能会遇到一些意想不到的挑战，这时需要灵活地看待原先的决策。

随着程序的发展、用户基数的增长和需求的演变，某个特定的数据结构可能不再是最佳选择。例如，原先设计为处理少量数据的数组结构，在数据量激增时可能会遇到性能瓶颈或内存限制的问题。这就体现了性能测试和反馈在软件开发周期中的重要性。通过定期进行性能基准测试，可以及时发现潜在的问题，如响应延迟、内存溢出等。基于这些反馈，开发者可以适时地调整或更换数据结构，以满足新的性能要求。

此外，收集用户的反馈和经验，并了解他们在使用软件过程中遇到的问题和需求，也是选择数据结构的重要依据。用户的实际使用情境和数据模式可能会提供一些关于如何调整和优化数据结构的线索。

总之，数据结构的选择不应被视为固定不变的。在软件开发的生命周期中，持续的实践、测试和反馈是保证数据结构与程序需求相匹配的关键。

3.2.3　常用的算法

算法是解决问题的计算步骤。对于每个问题，通常有多种算法可以解决，但每种算法的效率和适用性都会有所不同。因此，选择合适的算法对于编写高效、可维护的代码至关重要。

1. 排序算法

排序是一种使一系列数据元素按某种特定顺序排列的过程，这种顺序通常是数字或字母的升序或降序。在程序设计实践中，数据排序是常见操作的基础，并且排序算法有很多种，每种都有其特点和适用场景。

（1）冒泡排序

冒泡排序是一种比较基础和简单的排序算法。它的工作原理是反复遍历要排序的列表，比较每对相邻的元素，然后交换它们（如果是错误的顺序）。这种方法的效率较低，特别是对于大型列表，但它很受初学者欢迎，因为它的原理易于理解。

（2）快速排序

快速排序是一种高效、分而治之的算法。首先，选择列表中的一个"基准"元素，其次，将其他所有元素与基准元素进行比较，将它们分为两部分，一部分是小于基准的元素，另一部分是大于基准的元素，最后对这两部分递归地应用同样的排序方法。

（3）归并排序

归并排序也是一种分而治之的算法，是指将要排序的数据分成两部分，对每部分递归地应用归并排序，之后将两部分合并成一个有序的列表。尽管这种算法在每个级别都需要额外的存储空间，但它通常比许多其他排序算法更稳定、更快。

（4）堆排序

堆排序利用了二叉堆（特别是大顶堆）的属性来帮助排序。首先，将输入数据转化为大顶堆形式，其次反复删除堆的最大值（堆的根），最后恢复堆的属性，直到堆为空为止。这种算法相对于其他算法来说比较高效，尤其是对于大量数据而言。

选择排序算法时，不仅要考虑算法的效率和性能，还要考虑实际应用中的特定需求和环境。例如：对于小型列表，插入排序或冒泡排序可能已经足够了；但对于大型数据集，更高效的算法（如快速排序或归并排序）可能更为合适。此外，主流的编程语言会提供常用排序算法的实现。如表 3.2 所示，时间复杂度优越的快速排序在多种编程语言中都有实现，如果没有其他特殊的需求，那么快速排序默认是一个合适的选择。

表 3.2　不同编程语言中的排序算法实现

排序算法	C/C++	Java	Python
冒泡排序	无内置函数，需要手动实现	无内置函数，需要手动实现	无内置函数，需要手动实现
快速排序	std::sort()(C++ STL)	Arrays.sort()	list.sort() 或 sorted()
归并排序	无内置函数，需要手动实现	Arrays.sort()	无内置函数，但可以使用 sorted()
堆排序	std::make_heap() + std::sort_heap()(C++ STL)	无内置函数，需要手动实现	heapq.heapsort()

2. 搜索算法

搜索是程序设计实践中最基本的操作之一，其目标是在给定的数据结构中找到特定的元素。根据数据的性质和搜索需求，有多种搜索算法可供选择。

（1）线性搜索

线性搜索也被称为顺序搜索，它是最简单的搜索算法。这种算法按顺序检查每个元素，直到找到所需的元素或检查完整个列表。尽管这种算法在最坏的情况下可能需要检查所有元素，但它对任何类型的列表都是有效的，无论该列表是否已排序。

（2）二分搜索

二分搜索是一种高效的搜索算法，但前提是列表已经排好序。该算法从中间元素开始，若中间元素正是目标值，则搜索结束。如果目标值大于或小于中间元素，则该算法递归地在相应的一半列表上执行二分搜索。由于每次都去掉一半的搜索区间，该算法大大减少了所需的搜索时间。

（3）哈希搜索

哈希搜索使用哈希表来查找元素。哈希表是一种数据结构，其中每个元素都与一个特定的键相关联。通过使用哈希函数，我们可以快速确定元素在表中的位置。由于这种算法几乎可以立即找到元素，因此在许多应用中都非常有用。

在选择搜索算法时，应考虑数据的大小、是否已排序、搜索频率以及其他实际需求。例如：对于较小或未排序的列表，线性搜索可能是最适合的；对于经常搜索的大型数据集，哈希表可能是最佳选择。如表 3.3 所示，更现代的编程语言（如 Python）对搜索算法具有更广泛的支持。除非有特定的需求（例如在嵌入式设备等资源受限的环境中实现软件程序），否则优先使用编程语言提供的算法实现，而不要自行实现，从而减少 bug 的出现，提高实现效率，降低测试成本。

表 3.3　不同编程语言中的搜索算法实现

搜索算法	C/C++	Java	Python
线性搜索	无内置函数，需要手动实现	无内置函数，需要手动实现	使用 list.index()
二分搜索	std::lower_bound() (C++ STL)	Arrays.binarySearch()	bisect.bisect_left()
哈希搜索	std::unordered_map (C++ STL)	使用 HashMap 或 Hashtable	使用 dict

3. 图算法

图是由节点（或称为顶点）和边组成的数据结构，用于表示对象及其之间的关系。图可能是有向的或无向的，并可能有权重。由于图在社交网络、物流、互联网等方面有广泛应用，因此，图算法在程序设计实践中扮演了重要的角色。

（1）深度优先搜索

深度优先搜索是一种用于遍历图的算法。这种算法会尽可能深地搜索图的分支，直到该分支上没有节点为止，之后进行回溯。它采用递归或栈的方法来实现。

（2）广度优先搜索

与深度优先搜索不同，广度优先搜索按层级访问图的节点。这种算法使用队列来跟踪待访问的节点，因此它能找到从源节点到其他所有节点的最短路径。

（3）最短路径算法

最短路径算法是一种解决加权图中最短路径问题的算法。该算法会为每个节点设置一个距离值，开始时，源节点的距离值为 0，其他所有节点的距离值为无穷大。随后，该算法会不断选择距离值最小的节点，并检查其所有邻居节点，更新它们的距离值。

（4）最小生成树算法

在一个连通的加权图中，最小生成树是一个子图，它包含了图中的所有节点和一部分边，这些边的总权重是最小的。Prim 算法和 Kruskal 算法都是求最小生成树的常用算法。

（5）强连通分量算法

强连通分量是一个最大子图，其中任意两个节点都是相互可达的。Kosaraju 算法是确定有向图中强连通分量的一种算法。

图算法在各种实际应用中都有所使用，包括网络路由、社交网络分析和物流优化等。合适的图算法选择由问题的具体需求以及图的性质来定。表 3.4 给出了 3 种主流编程语言对图算法的默认支持。

表 3.4　不同编程语言中的图算法实现

图算法	C/C++	Java	Python
深度优先搜索	无内置函数，使用递归或 std::stack 实现	无内置函数，使用递归或 Stack 实现	递归或把 list 作为栈
广度优先搜索	无内置函数，使用 std::queue	无内置函数，使用 Queue	使用 collections.deque 作为队列
最短路径算法	使用 boost 中的 dijkstra_shortest_paths	无内置函数，自行实现或使用第三方库	使用 networkx.dijkstra_path
最小生成树算法	使用 boost 中的 kruskal_minimum_spanning_tree 或 boost 中的 prim_minimum_spanning_tree	无内置函数，自行实现或使用第三方库	使用 networkx 中的 minimum_spanning_tree
强连通分量算法	使用 boost 中的 strong_components	无内置函数，自行实现或使用第三方库	使用 networkx 中的 strongly_connected_components

4. 优化算法

优化算法旨在找到一个问题的最佳解决方案，通常涉及最大化或最小化某个目标函数。通过不同的搜索和计算策略，这种算法在可能的解决方案空间中寻找最优或接近最优的解决方案。

（1）梯度下降

梯度下降是一个迭代算法，用于寻找函数的局部最小值。该算法通过计算函数的梯度并按负梯度方向更新参数，逐步找到最小值。

（2）遗传算法

遗传算法是一个模仿自然选择的算法。它使用一种启发式搜索，通过组合、变异和选择操作来优化问题。

（3）模拟退火

模拟退火是一种概率技术，用于寻找全局最优解。它允许比当前解更差的解，从而避免局部最优解。

（4）粒子群优化

粒子群优化是一种启发式优化技术，来源于鸟群或鱼群的社交行为。通过模拟鸟或鱼的搜索行为，该算法在解空间中寻找最优解。

（5）蚁群优化

蚁群优化是一个启发式算法。该算法通过模拟蚂蚁的路径选择和信息素的沉积来寻找最优路径或解决方案。

优化算法在众多领域（如工程设计、金融建模等）中都有广泛应用。正确选择和应用优化算法可以显著提高解决问题的效率和增强解决问题的效果。主流编程语言一般有对应的实现库，部分优化算法库如表 3.5 所示。

表 3.5　不同编程语言的优化算法实现库对比

优化算法	C++	Java	Python
梯度下降	Shark (shark::GradientDescent)	Apache Commons Math	Scipy (scipy.optimize.minimize)
遗传算法	EO	Jenetics	DEAP
模拟退火	Shark (shark::SimulatedAnnealing)	Apache Commons Math	Scipy (scipy.optimize.basinhopping)
粒子群优化	Shark (shark::PSO)	Opt4J(需要额外配置)	PySwarms
蚁群优化	无特定库，但有独立实现的代码	Opt4J(需要额外配置)	python-aco

5. 动态规划算法

动态规划是一种通过将大问题分解为小问题并将小问题的解存储在表中，从而避免重复计算的算法。这种算法通常用于优化递归算法，当子问题重复时，递归算法会浪费大量的时间来重新计算这些子问题的解。通过动态规划，可以将这些子问题的解存储在表中并重复使用，从而提高效率。

（1）斐波那契数列

斐波那契数列的每个数字都是前两个数字的和，考虑斐波那契数列的计算问题。尽管这个问题可以用递归算法来解决，但是使用动态规划算法可以避免大量的重复计算，从而大大加快计算速度。

（2）背包问题

给定一组物品，每个物品都有各自的重量和价值，如何选择物品以最大化背包的价值，同时确保总重量不超过背包的容量，是一个优化问题，可以使用动态规划算法来解决。

（3）最长公共子序列

给定两个序列，找到两者之间的最长公共子序列。此问题可以通过比较两个序列并使用动态规划的表来解决。

（4）硬币改变问题

给定不同面值的硬币和一个总金额，计算使总金额最少的硬币数量。通过考虑每个硬币和每个硬币的金额，可以使用动态规划算法找到最优解。

（5）编辑距离

给定两个字符串，计算将一个字符串转换为另一个字符串所需的最少操作数（插入、删除或替换）。通过比较两个字符串的每个字符并存储解决子问题的结果，可以使用动态规划算法来解决此问题。

动态规划通常需要深入的思考和精确的问题建模，然而，一旦得到正确的应用，它便可以显著提高算法的运行效率。动态规划在不同编程语言中的实现如表 3.6 所示。

表 3.6 动态规划在不同编程语言中的实现

问题	C++	Java	Python
斐波那契数列	通过数组或 std::vector 存储	使用数组	使用列表
背包问题	使用二维 std::vector	使用二维数组	使用二维列表
最长公共子序列	使用二维 std::vector	使用二维数组	使用二维列表
硬币改变问题	使用数组或 std::vector 存储	使用数组	使用列表
编辑距离	使用二维 std::vector	使用二维数组	使用二维列表

3.2.4 算法复杂度

复杂度分析是评估算法效率的基础工具。它提供了一个框架，用于量化算法在最坏情况、平均情况或最佳情况下的性能。了解和优化算法的复杂度对于编写高效代码十分重要。

1. 时间复杂度与空间复杂度

时间复杂度是一个评估算法执行速度的度量。它描述了算法运行时间是如何随着输入数据的增长而变化的。这不是对实际的执行时间，而是对运行时间增长速度的一种估计。时间复杂度通常使用大 O 符号表示，它忽略了常数、低次幂和所有非最高次项。这是因为当输入数据足够大时，其他部分相对于最高次项的影响可以被忽略。例如，线性搜索是一个简单的搜索算法，它从列表的第一个元素开始，逐个检查是否有与目标匹配的元素。在最坏的情况下，它可能需要检查整个列表，因此它的时间复杂度为 $O(n)$。

与时间复杂度类似，空间复杂度评估的是算法在处理数据时需要使用的存储空间的数量。这里的存储空间不仅包括输入和输出数据的存储空间，还包括算法在运行过程中所使用的额外空间。同样，空间复杂度也使用大 O 符号来表示。

一个算法可能会使用数组、链表、栈、队列或其他数据结构来存储数据。使用这些数据结构的目的是帮助算法达到其目标，但这也意味着它可能会消耗一些额外的内存。

考虑斐波那契数列的计算问题，如果我们使用迭代方法计算，那么不需要为每一项都分配新的空间，只需要用两个变量来存储前两个数并计算下一个数。因此，迭代计算斐波那契数列的空间复杂度为 $O(1)$，这意味着所需的额外空间与输入数据的大小无关，始终是一个固定的量。

了解算法的空间复杂度和时间复杂度对于选择最适合特定任务的算法是至关重要的。在某些情况下，一个快速但占用较多内存的算法可能更合适；而在其他情况下，一个占用较少内存但运行时间较长的算法可能更合适。

2. 常见的复杂度类别

记住复杂度类别有利于选择合适的算法。以下是一些常见的复杂度类别，按从低到高的顺序排列。

（1）常数时间 $-O(1)$：无论输入数据有多大，算法所需的时间都是恒定的。例如，访问数组的某个元素或哈希表中的元素。应用场景：哈希表的元素访问。

（2）对数时间 $-O(\log n)$：每次迭代后，输入数据都会减少到原来的一半。典型的例子是二分搜索。应用场景：高效的搜索操作，如在有序数组中查找元素。

（3）线性时间 $-O(n)$：执行时间与输入数据的大小成正比。例如，简单搜索算法。应用场景：遍历数据，如数组的线性遍历。

（4）线性对数时间 - $O(n \log n)$：该复杂度常出现在那些将输入分割为较小部分，并独立处理每部分的算法中，如快速排序和归并排序。应用场景：大量数据的排序，如数据库记录排序。

（5）平方时间 $-O(n^2)$：每次迭代都需要对所有输入进行操作。常见的例子是冒泡排序、插入排序和选择排序。应用场景：规模较小的数据排序或双重循环中的操作。

（6）指数时间 $-O(2^n)$：该复杂度类别中算法的执行时间会随输入数据的增加而急剧增加。这种算法常用于某些组合问题，如旅行商问题。应用场景：某些复杂的组合优化问题。

（7）阶乘时间 $-O(n!)$：这是最慢的复杂度类别，用于描述那些需要尝试所有可能组合的算法，如旅行商问题的暴力解法。应用场景：小规模的组合问题，如求解所有可能的排列。

每个复杂度类别都有其特定的应用场景和相关的算法。在选择算法时，理解其复杂度可以帮助我们预测算法的性能，并根据实际需要进行选择。

3. 实际性能与理论复杂度

值得注意的是，复杂度分析只是一个理论工具，它可能无法完全反映算法实际的性能。有时，一个理论上比较慢的算法在实际应用中可能比较快，因为它更适合特定的硬件或场景。因此，在优化代码时，实际测试和性能分析也是必不可少的。

以下是理论复杂度与实际性能之间可能存在的一些差异以及产生这些差异的原因。

（1）常数因子

在大 O 表示法中，常数因子通常会被忽略。然而，这些常数因子在实际执行时可能会产生明显的性能差异。例如，两个算法的时间复杂度均为 $O(n)$，但其中一个可能在实际应用中运行得更快，因为其常数因子较小。

（2）硬件优化

现代计算机通常具有缓存、流水线和其他硬件优化。这些硬件优化可能使某些算法的实际性能优于其理论复杂度。

（3）数据分布

算法的实际性能可能会受到输入数据的分布的影响。例如，快速排序的时间复杂度在某些情况下可能接近 $O(n^2)$，但在实际应用中，通常更接近 $O(n \log n)$。

（4）其他系统开销

在对理论复杂度进行分析时，可能不会考虑内存分配、系统调用或程序与操作系统交互的其他开销，但这些开销可能在实际执行时对性能产生显著的影响。

（5）实际使用场景

算法的理论复杂度通常基于最坏情况或平均情况的分析。但在实际应用中，算法可能常常面对最好的情况或某些特定的情况，从而导致实际性能与理论复杂度不符。

总体来说，虽然复杂度是评估算法性能的有用工具，但是它只提供了性能的一个理论参考值。因此，在决定使用哪种算法时，应结合实际情况。

3.2.5　算法选择的策略

算法和数据结构是紧密相关的两个概念，它们共同构成了解决计算问题的基础。算法可以被看作解决特定问题的步骤和策略，而数据结构则是用于存储和组织数据的方式。它们之间的关系如此紧密，以至于在很多时候，当你确定使用某一种数据结构后，对应的算法策略也将随之确定。

事实上，选择合适的数据结构往往是优化算法性能的关键。例如，对于搜索操作，如果数据存储在数组中，那么我们可能需要进行线性搜索；而如果数据存储在二叉搜索树中，那么搜索时间将会大幅缩短。因此，对基本的数据结构和算法有深入的理解和应用经验，对于程序设计人员来说是不可或缺的。

然而，只知道各种数据结构和算法是不够的，更重要的是能够针对具体问题，选择最合适的数据结构和算法。这样不仅可以提高解决问题的效率，还能确保代码的简洁性和可维护性。选择不当可能会导致程序运行效率低下，或者在处理大数据时出现错误。

此外，随着计算机技术的快速发展，新的数据结构和算法不断涌现，以满足新的计算需求。这要求计算机专业人员具备持续学习的能力，并对现有的知识进行不断的更新。

综上所述，算法和数据结构是程序设计实践中不可分割的两个概念。深入了解它们之间的关系，能够为软件研发提供强大的支撑。当我们面对一个问题时，不仅要思考如何解决它，还要思考如何选择最合适的数据结构和算法来解决它，从而达到最好的计算效果。

3.3　设　计　模　式

设计模式是在软件设计中反复出现的通用的解决方案，它解决了在特定上下文中常见的设计问题。设计模式可以帮助我们编写可重用、可理解和可维护的代码。以下是一些常见的设计模式。

1. 单例模式

单例模式是一种确保某个类只有一个实例，并且提供一个全局访问点的设计模式。它用于那些需要频繁创建和销毁的对象。通过单例模式，不仅可以提升系统性能，还可以避免对资源的多重占用（如文件句柄）。单例模式适用于线程池、缓存、对话框、注册表、日志等对象。

我们应当注意懒加载[①]和线程安全问题。同时，由于单例模式在系统中的对象只有一个，因此在行为上它具有共享性，我们应当注意共享性带来的依赖问题。

代码 3.1 是一个 Python 的单例模式示例。

---

① 懒加载（Lazy Loading）是一种编程技术，指的是延迟对象的加载，直到真正需要它的时候。这种技术可以提升程序的性能，减少程序启动时的初始化时间，特别是对于资源密集型的应用或者处理大数据的场景。举个例子，假设你有一个包含数百万条数据的大数组。如果程序一开始就加载所有的数据，那么可能会消耗大量的内存和加载时间。但是，如果我们采用懒加载，那么数据就只在真正需要使用的时候才会被加载，这样可以显著地提高程序的启动速度。

代码 3.1　Python 单例模式

```
1  class ScriptParserSingleton:
2      _instance = None
3
4      def __new__(cls, *args, **kwargs):
5          if not cls._instance:
6              cls._instance = super(ScriptParserSingleton, cls).
                   __new__(cls, *args, **kwargs)
7              # 在这里初始化任何必要的属性
8          return cls._instance
9
10     def parse_script(self, script):
11         # 解析脚本的逻辑
12         return f"解析脚本: {script}"
13
14 # 使用
15 parser1 = ScriptParserSingleton()
16 parser2 = ScriptParserSingleton()
17
18 print(parser1 is parser2) # 输出: True
19 result = parser1.parse_script("客服脚本示例")
20 print(result) # 输出解析结果
```

在代码 3.1 中，ScriptParserSingleton 类是单例的实现。它确保了只有一个脚本解析器实例被创建。通过重写 __new__ 方法，类在被实例化时检查是否已经存在一个实例。如果不存在，则创建一个新的实例；如果已存在，则返回这个已有的实例。parse_script 方法是一个示例方法，用于展示如何在单例中实现实际的功能，如解析客服脚本。通过比较 parser1 和 parser2，可以证明两个变量引用的是同一个对象实例。这种方式在脚本解析器需要全局访问且状态统一时非常有用，能够确保整个系统中所有对脚本的解析都通过这个唯一的解析器进行。

2. 工厂模式

工厂模式是一种创建型设计模式，它提供了一个接口用于创建对象，但将决定实例化哪个类的任务交给子类。工厂模式主要是为了解决直接在客户端代码中使用 new 操作符实例化对象引发的问题，如耦合度高、无法控制创建对象的数量和创建过程等。工厂模式适用于那些不能明确指定类的情况，例如，需要动态地决定应该实例化哪个类，或者希望客户端代码与具体类的实例化过程解耦。

工厂模式的主要问题是每次需要增加一个产品时，都需要增加一个具体类和对象实现工厂，这会使得系统中类的个数成倍增加。

代码 3.2 是一个 Python 的工厂模式示例。

代码 3.2 Python 工厂模式

```
1   class VoiceBot:
2       def __init__(self, name):
3           self._name = name
4
5       def respond(self):
6           return "您好, 这里是语音客服机器人 " + self._name + ", 请
                问有什么可以帮助您的? "
7
8   class TextBot:
9       def __init__(self, name):
10          self._name = name
11
12      def respond(self):
13          return "您好, 这里是文本客服机器人 " + self._name + ", 请
                输入您的问题。"
14
15  def get_customer_service_bot(bot_type="voice"):
16      bots = dict(voice=VoiceBot("语音机器人1号"), text=TextBot("
            文本机器人1号"))
17      return bots[bot_type]
```

　　工厂模式通过定义一个创建对象的接口(在代码 3.2 中是 get_customer_service_bot 函数)来创建对象,但让子类决定要实例化的类是哪一个。这种模式允许类的实例化延迟到其子类。在代码 3.2 中: VoiceBot 和 TextBot 类表示不同类型的客服机器人,其中 VoiceBot 类提供语音响应, 而 TextBot 类提供文本响应; get_customer_service_bot 函数是一个工厂方法,根据传入的参数创建并返回不同类型的客服机器人实例。

3. 策略模式

　　策略模式是一种行为设计模式,它定义了一系列算法,并将每个算法封装在一个具有共同接口的独立的类中,使得它们可以相互替换。策略模式让算法的变化独立于它的使用者。策略模式主要适用于在软件系统中,某些类的行为或算法经常发生改变,或者存在多种行为或算法的情况。

　　如果一个系统的策略多于四个,那么需要考虑使用混合模式来解决策略类膨胀和内部状态复杂的问题。

　　例如,在电信公司客服机器人的设计中,我们可能会使用策略模式来处理不同类型的客户查询。我们可以首先定义一个处理策略接口,然后为每种查询类型提供一个实现这个接口的处理策略类。

　　代码 3.3 是上述设计的一个简单示例(Python)。

代码 3.3　电信公司客服机器人设计简单示例

```python
from abc import ABC, abstractmethod

# 处理策略接口
class QueryHandler(ABC):
    @abstractmethod
    def handle_query(self, query):
        pass

# 处理账户查询的策略
class AccountQueryHandler(QueryHandler):
    def handle_query(self, query):
        # 在这里处理账户查询
        return "这是账户查询的结果"

# 处理网络问题查询的策略
class NetworkQueryHandler(QueryHandler):
    def handle_query(self, query):
        # 在这里处理网络问题查询
        return "这是网络问题查询的结果"

# 客户查询处理器，使用策略模式
class CustomerQueryProcessor:
    def __init__(self):
        # 初始化时，创建策略对象
        self.handlers = {
            QueryType.ACCOUNT: AccountQueryHandler(),
            QueryType.NETWORK: NetworkQueryHandler()
        }

    def handle_query(self, query):
        handler = self.handlers.get(query.type)
        if handler:
            return handler.handle_query(query)
        else:
            return "对不起，我无法处理这种类型的查询"
```

4. 观察者模式

观察者模式是一种行为设计模式，它定义了一种一对多的依赖关系，让多个观察者对象同时监听某一个主题对象，这个主题对象在状态发生改变时，会通知所有观察者对象，使它们能够自动更新自己。观察者模式用于解决如何维护和通知依赖关系的问题，而无须关心观察者对象在何处。

注意：避免循环引用；若存在多个变化，则需要引入中介者模式[①]。

代码 3.4 是一个基于 Python 实现的观察者模式示例。

代码 3.4　基于 Python 实现的观察者模式示例

```python
class TelecomSubject:
    def __init__(self):
        self._observers = []
        self._service_status = "正常"

    def attach(self, observer):
        if observer not in self._observers:
            self._observers.append(observer)

    def detach(self, observer):
        try:
            self._observers.remove(observer)
        except ValueError:
            pass

    def notify(self):
        for observer in self._observers:
            observer.update(self)

    @property
    def service_status(self):
        return self._service_status

    @service_status.setter
    def service_status(self, status):
```

---

① 中介者模式（Mediator Pattern）是一种行为设计模式，它通过引入一个中介对象来封装一系列对象之间的交互，使得对象之间不需要显式地相互引用，从而降低它们之间的耦合度。在一个复杂的系统中，如果对象直接交互，随着系统的扩展，对象间的链接将会复杂化。中介者模式就是为了解决这种问题，通过一个中介者对象，其他所有的相关对象都通过这个中介者对象来通信，而不是相互引用。当一个对象发生改变时，只需要通知中介者对象即可，之后中介者对象会进行必要的处理与协调。这样做的好处是实现了对象之间的解耦，提高了对象的复用性，但是也带来了中介者对象过于复杂的问题。因此，使用中介者模式需要权衡利弊。

```
26          self._service_status = status
27          self.notify()
28
29  class Observer:
30      def update(self, subject):
31          pass
32
33  class NetworkStatusDisplay(Observer):
34      def update(self, subject):
35          print(f"网络状态更新: {subject.service_status}")
36
37  class CustomerServiceBot(Observer):
38      def update(self, subject):
39          if subject.service_status != "正常":
40              print(f"客服机器人激活, 当前网络状态: {subject.
                    service_status}")
41
42  # 使用
43  telecom_service = TelecomSubject()
44  network_display = NetworkStatusDisplay()
45  customer_service_bot = CustomerServiceBot()
46
47  telecom_service.attach(network_display)
48  telecom_service.attach(customer_service_bot)
49
50  # 状态变化
51  telecom_service.service_status = "维护中"
```

在代码 3.4 中，TelecomSubject 是通知变化的主体，它用于维护网络服务状态，并在状态改变时通知所有观察者。NetworkStatusDisplay 和 CustomerServiceBot 是观察者，它们通过实现 update 方法响应状态变化。当 TelecomSubject 的 service_status 发生变化时，它会调用 notify 方法，通知所有观察者。NetworkStatusDisplay 用于显示最新的网络状态。CustomerServiceBot 在网络服务状态不正常时被激活，以提供客户支持或信息。观察者模式使得电信服务系统在状态变化时可以灵活地通知所有相关的观察者，而无需每个观察者都密切关注系统的每一个状态变化。

3.4 实 现 技 术

在实现阶段，编程语言和工具的选择可能会影响编程效率和代码质量。例如，对于电信公司客服机器人的项目，我们可能会选择使用 Java、Python 或 C++ 等语言，而最终选择哪种语言，需要根据这些语言的特性和适用场景而定。此外，在编程过程中，采用一系列基础技巧和最佳实践能提高代码质量。首先，复用与重构是两个不可或缺的概念。复用避免了复制粘贴同一代码片段的做法，有助于提高代码质量和减少错误。重构则允许对已有代码进行细致的修改和优化，不仅提高了代码的性能和可读性，优化了其结构，还能保持其功能不变。其次，持续集成通过自动化的构建和测试流程，帮助我们更早地发现和修复潜在的问题，从而提高开发效率。最后，测试驱动开发，即先编写测试再编写满足测试要求的代码，能够使我们持续关注代码，同时让代码更加可靠。将这些技巧和最佳实践综合应用在编程工作中，能大大提高开发效率和代码质量。

3.4.1　代码复用

代码复用是一种减少冗余、提高代码质量的策略。如果你发现自己正在编写的代码与之前的相似，那么这可能是一个信号，说明你需要一个复用的函数或者类。复用不仅可以减少错误（因为你不需要在多个地方修复同样的问题），而且可以使你的代码更简洁，更易于理解和维护。

在 Python 中，可以通过以下几种方法进行代码复用：使用函数或者方法；使用类和对象；使用模块和包。下面我们将详细讨论这些方法。

1. 函数和方法

函数是 Python 中最基本的复用机制。当你发现自己正在编写的代码与之前的相同或者相似时，可以考虑将这些代码提取到一个函数中。之后，你可以在需要的地方调用这个函数，而不是复制和粘贴代码。

以下是一个简单的 Python 函数的例子。

代码 3.5　Python 函数示例

```python
def add(a: int, b: int) -> int:
    """将两个整数相加并返回结果。"""
    return a + b

# 现在我们可以复用 "add" 函数
print(add(1, 2)) # 输出: 3
print(add(4, 5)) # 输出: 9
```

在代码 3.5 中，我们定义了一个"add"函数，它可以接受两个整数作为输入，并返回它们的和。之后，我们可以在任何需要的地方复用这个函数，而不是编写重复的代码。

方法是定义在类中的函数，也可以用于代码复用。方法可以访问和操作类的实例，这使得我们可以将方法与特定对象相关的行为封装在一起。

以下是一个 Python 类和方法的例子。

代码 3.6　Python 类和方法的示例

```
1  class Rectangle:
2      def __init__(self, width: int, height: int):
3          self.width = width
4          self.height = height
5
6      def area(self) -> int:
7          """计算矩形的面积。"""
8          return self.width * self.height
9
10 # 现在我们可以复用 "area" 方法
11 rect = Rectangle(3, 4)
12 print(rect.area()) # 输出: 12
```

在代码 3.6 中，我们定义了一个"Rectangle"类以及一个"area"方法。这个方法计算并返回矩形的面积。之后，我们可以创建"Rectangle"的实例，并复用"area"方法，而不是重复编写计算面积的代码。

2. 类和对象

类和对象是面向对象编程中的核心概念，它们提供了强大的代码复用机制。类定义了一种数据类型，包括这种类型的数据可以做什么（通过方法）以及它的状态（通过属性）。对象则是类的实例，具有类定义的所有方法和属性。

使用类和对象，我们可以首先将复杂的行为封装在一个单独的实体中，然后在需要的地方创建并使用这个实体的实例。这不仅可以减少代码冗余，还可以提高代码的可读性和结构性。

我们已经在代码 3.6 中看到了类和对象的使用方法。在代码 3.6 中，"Rectangle"类封装了矩形的宽度和高度（通过属性）以及计算面积的行为（通过"area"方法）。之后，我们可以创建"Rectangle"的实例，并复用这些属性和方法。

3. 模块和包

在更大的程序中，我们可以使用模块和包来组织和复用代码。以 Python 语言为例，模块是一个包含 Python 代码的文件，而包是一个包含多个模块的目录。

使用模块和包可以使代码更易于理解和维护，因为它们允许我们将代码分解成小的、独立的部分。此外，它们还提供了命名空间，这意味着我们可以在不同的模块中使用相同的函数或者类名，而不会发生冲突。

以下是一个 Python 模块的例子。

代码 3.7　Python 模块示例

```
1  # 这是mymodule.py
2
3  def greet(name: str) -> None:
```

```
4        """打印问候消息。"""
5        print(f"你好，{name}！")
```

现在我们可以从另一个文件中导入并复用 "greet" 函数。

代码 3.8 Python 模块引用示例

```
1    import mymodule
2
3    mymodule.greet("张三") # 输出：你好，张三！
```

在代码 3.7 和代码 3.8 组成的例子中，我们在 "mymodule.py" 文件中定义了一个 "greet" 函数。之后，我们可以在另一个文件中使用 import 导入 "mymodule" 模块[①]，并复用 "greet" 函数。

包的使用与模块类似，只是它允许我们将相关的模块组织在一起。例如，我们可以创建一个 "shapes" 包，其中包含 "rectangle.py" 和 "circle.py" 两个模块，这两个模块分别定义了 "Rectangle" 和 "Circle" 类。

3.4.2 代码重构

代码重构是对已有代码进行修改和改进的过程，目的是提高代码性能、可读性或者优化代码结构，但不改变代码的外在行为。重构是一种持续的活动，应当成为每个开发者的日常习惯。

在很多情况下，我们都需要代码重构。例如：当你发现代码重复时，这是一个提取函数或者类的信号；当你发现一个函数或者类变得过于复杂时，这是一个分解函数或者类的信号；随着需求的变化，你可能需要修改代码的结构，以适应新的需求。

在进行重构时，应当遵循一些原则和最佳实践。首先，应当尽可能保持代码的行为不变。这可以通过测试来保障。其次，应当一次只进行小的修改，并且经常进行提交。这不仅可以使重构过程更容易管理，还可以减少错误。最后，应当保持代码的整洁和有序。这包括遵循一致的编码风格、使用有意义的命名以及提供充分的文档。

在 Python 中，可以使用多种工具来进行重构，例如 IDE（如 PyCharm[②] 或 Visual Studio Code[③]）和 linter（如 Pylint 或 Flake8[④]）。

下面我们将给出一些常见的重构技巧。

---

① Python 寻找 import 模块的顺序为：首先检查内置模块，然后搜索当前目录、PYTHONPATH 环境变量、标准库目录以及通过包管理器安装的 site-packages 目录。我们还可通过 sys.path 列表动态添加搜索路径。如果未找到模块，程序将抛出 ModuleNotFoundError。

② PyCharm 是由 JetBrains 开发的一个强大的 Python 集成开发环境。它提供了诸如代码补全、调试、测试等多种功能。访问地址：https://www.jetbrains.com/pycharm/。

③ Visual Studio Code（通常简称为 VS Code）是由 Microsoft 开发的免费代码编辑器，支持多种编程语言及其扩展。访问地址：https://code.visualstudio.com/。

④ Flake8 是一个流行的 Python linter，集成了 PEP 8 样式检查、PyFlakes 静态代码分析以及 McCabe 的循环复杂度检查。访问地址：https://flake8.pycqa.org/。

1. 提取函数或方法

提取函数或方法是一种常见的重构技巧,用于处理代码中的重复问题。当你发现两处或更多的代码有相同或类似的部分时,可以考虑将这些代码提取到一个单独的函数或方法中。

以下是一个 Python 代码重构的例子。

代码 3.9　**Python 提取函数示例(重构前)**

```
1  def print_report(data):
2      # 打印表头
3      print("ID, 姓名, 成绩")
4      print("-" * 20)
5
6      # 打印数据
7      for row in data:
8          print(f"{row['id']}, {row['name']}, {row['score']}")
9
10 def print_invoice(data):
11     # 打印表头
12     print("ID, 姓名, 数量")
13     print("-" * 20)
14
15     # 打印数据
16     for row in data:
17         print(f"{row['id']}, {row['name']}, {row['amount']}")
```

在代码 3.9 中,print_report 和 print_invoice 函数有相同的代码结构:首先打印表头,然后遍历数据并打印每一行。这是一个提取函数的信号。下面是重构后的代码。

代码 3.10　**Python 提取函数示例(重构后)**

```
1  def print_table(header: str, data, format_row):
2      # 打印表头
3      print(header)
4      print("-" * len(header))
5
6      # 打印数据
7      for row in data:
8          print(format_row(row))
9
10 def print_report(data):
11     print_table("ID, 姓名, 成绩", data, lambda row:
               f"{row['id']}, {row['name']}, {row['score']}")
```

```
12
13  def print_invoice(data):
14      print_table("ID, 姓名, 数量", data, lambda row:
                f"{row['id']}, {row['name']}, {row['amount']}")
```

在代码 3.10 中，我们提取了一个新的 print_table 函数，它接受表头、数据和一个用于格式化每一行的函数。之后，我们在 print_report 和 print_invoice 函数中复用这个print_table 函数。这样，我们就减少了重复的代码，并提高了代码的可读性和可维护性。

2. 分解函数或类

分解函数或类也是一种常见的重构技巧，用于处理过于复杂的函数或类。如果你发现一个函数或类有太多的职责或太多的代码，可以考虑将其分解成几个更小的、更具体的函数或类。

以下是一个 Python 代码重构的例子。

代码 3.11　Python 分解函数示例（重构前）

```
1   def process_data(data):
2       # 步骤1：过滤数据
3       data = [d for d in data if d['amount'] > 0]
4
5       # 步骤2：排序数据
6       data.sort(key=lambda d: d['amount'])
7
8       # 步骤3：打印数据
9       for d in data:
10          print(f"{d['id']}: {d['amount']}")
11
12  process_data([
13      {'id': 'A', 'amount': 100},
14      {'id': 'B', 'amount': -50},
15      {'id': 'C', 'amount': 200},
16  ])
```

在代码 3.11 中，process_data 函数有三个职责：过滤数据、排序数据和打印数据。这是一个分解函数的信号。下面是重构后的代码。

代码 3.12　Python 分解函数示例（重构后）

```
1   def filter_data(data):
2       return [d for d in data if d['amount'] > 0]
3
```

```
4   def sort_data(data):
5       data.sort(key=lambda d: d['amount'])
6
7   def print_data(data):
8       for d in data:
9           print(f"{d['id']}: {d['amount']}")
10
11  def process_data(data):
12      data = filter_data(data)
13      sort_data(data)
14      print_data(data)
15
16  process_data([
17      {'id': 'A', 'amount': 100},
18      {'id': 'B', 'amount': -50},
19      {'id': 'C', 'amount': 200},
20  ])
```

在代码 3.12 中，我们将 process_data 函数分解为 filter_data、sort_data 和 print_data 三个函数，每个函数只有一个职责。之后，在 process_data 函数中，我们调用这三个函数来完成原来的任务。这样，我们提高了代码的可读性和可维护性，并使得每个函数更易于测试和复用。

类的分解和函数的分解类似。如果一个类有太多的职责或太多的代码，我们可以将其分解成几个更小的、更具体的类。每个类都应该有一个明确的职责，并且只做与这个职责相关的事情。

3. 改变函数或类的接口

有时，我们可能需要改变函数或类的接口，以使其更易于理解和使用。这可能涉及改变函数的参数、改变函数的返回值或者改变类的方法和属性。

以下是一个 Python 代码重构的例子。

代码 3.13　Python 改变函数接口示例（重构前）

```
1   def process_data(data, filter_threshold, sort_key):
2       # 步骤1: 过滤数据
3       data = [d for d in data if d[sort_key] > filter_threshold]
4
5       # 步骤2: 排序数据
6       data.sort(key=lambda d: d[sort_key])
7
8       # 步骤3: 打印数据
```

```
9    for d in data:
10        print(f"{d['id']}: {d[sort_key]}")
11
12  process_data([
13      {'id': 'A', 'amount': 100},
14      {'id': 'B', 'amount': -50},
15      {'id': 'C', 'amount': 200},
16  ], 0, 'amount')
```

在代码 3.13 中，process_data 函数有三个参数：data、filter_threshold 和 sort_key。然而，使用这些参数的目的和使用这些参数的方式可能不够明确，特别是对于那些不熟悉这个函数的人来说。这是一个改变函数接口的信号。下面是重构后的代码。

代码 3.14 Python 改变函数接口示例（重构后）

```
1   class DataProcessor:
2       def __init__(self, filter_threshold, sort_key):
3           self.filter_threshold = filter_threshold
4           self.sort_key = sort_key
5
6       def process_data(self, data):
7           # 步骤1: 过滤数据
8           data = [d for d in data if d[self.sort_key] > self.
                filter_threshold]
9
10          # 步骤2: 排序数据
11          data.sort(key=lambda d: d[self.sort_key])
12
13          # 步骤3: 打印数据
14          for d in data:
15              print(f"{d['id']}: {d[self.sort_key]}")
16
17  processor = DataProcessor(0, 'amount')
18  processor.process_data([
19      {'id': 'A', 'amount': 100},
20      {'id': 'B', 'amount': -50},
21      {'id': 'C', 'amount': 200},
22  ])
```

在代码 3.14 中，我们创建了一个新的 DataProcessor 类，其构造函数接受 filter_threshold 和 sort_key 参数。之后，我们将 process_data 函数变为这个类的方法，它只接受 data 参数。这样，我们就改变了函数的接口，使其更易于理解和使用。

总体来说，复用和重构是两种提高代码质量的重要手段。复用可以帮助我们减少冗余、提高效率，而重构可以帮助我们提高代码的性能、可读性和优化代码的结构。在日常的开发中，我们应当充分利用函数、类、模块、包等工具来实现代码的复用，并应当时常进行重构，以保持代码的健康和活力。

3.4.3　持续集成

持续集成（Continuous Integration，CI）是一种软件开发实践，开发人员定期将他们的代码更改合并到共享存储库中。每次代码合并时，CI 都会自动创建并测试系统，从而帮助开发人员及早发现并解决问题。CI 可以帮助开发团队及早发现和修复缺陷、节省时间、降低成本，并最终提高项目的质量。

1. CI 的主要步骤

在持续集成的过程中，遵循一系列精心设计的步骤非常重要。这些步骤共同构成了一个全面的流程，用以确保代码的质量和项目的健康状况。下面列举了一些持续集成中的主要步骤。

（1）代码获取：开发人员从主分支（或主干）中获取最新的代码。

（2）本地开发与测试：开发人员在本地环境中对代码进行更改和测试，以确保更改不会引入新的错误。

（3）代码提交：开发人员将经过验证的代码更改提交到主分支。

（4）触发构建：持续集成服务器检测到代码已经提交，并从主分支获取最新的代码。

（5）自动构建与测试：持续集成服务器构建系统并运行一系列自动化测试，以验证代码的质量。

（6）反馈循环：持续集成服务器将构建和测试的结果提供给开发人员。如果有任何问题，开发人员需要尽快修复。

（7）代码部署：一旦构建和测试成功，持续集成服务器便将代码部署到生产环境。这通常是通过持续部署（Continuous Deployment）的方式进行的。

总体而言，上述步骤形成了一个连贯的流程，它不仅能及早地揭露问题，还能确保代码质量达到预定标准。上述步骤相互依赖、相互补充，共同构成了持续集成这一有效的软件开发实践。通过严格遵循上述步骤，开发团队能够更高效地协作、更迅速地迭代和更新代码以及及时发布软件。

2. CI 的工具

有很多工具专门为持续集成设计，其中包括 Jenkins、Travis CI、CircleCI、GitLab CI 和 Bamboo 等。每种工具都有其自身的特点和优势，因此选择哪一种工具往往取决于多个因素。

（1）Jenkins

Jenkins 是一种开源的持续集成的工具，具有极高的灵活性和插件生态系统。它支持多种编程语言和平台，可以与各种版本控制系统和构建工具进行集成。

（2）Travis CI

Travis CI 提供云端的持续集成服务，特别适合与 GitHub 仓库进行集成。它支持多种编程语言，包括 Ruby、Python、Java 等，并且提供多种预构建的环境。

（3）CircleCI

CircleCI 是一个云端的持续集成解决方案，提供了 Docker 支持和自定义工作流功能。它的目的是快速、高效地构建和测试代码。

（4）GitLab CI

GitLab CI 是 GitLab 平台内置的持续集成的工具，特点是能够与 GitLab 仓库进行深度集成。它允许用户定义复杂的构建和测试流程，同时也支持多种语言和框架。

（5）Bamboo

Bamboo 是 Atlassian 公司推出的持续集成和持续部署的工具，与 Jira、Bitbucket 等其他 Atlassian 产品有良好的集成。

在选择持续集成的工具时，我们需要考虑多个因素，如支持的编程语言、操作系统的兼容性、构建和测试的灵活性，以及是否需要与特定的代码存储平台（如 GitHub 或 GitLab）进行集成。此外，成本也是一个需要重点考虑的因素，尤其是在需要额外购买插件或增加更多构建代理时。因此，仔细比较不同工具的特点和优势，从而选择最符合项目需求和预算的持续集成的工具是非常重要的。

3. CI 的使用方法

持续集成不仅是一种工具或技术，更是一种软件开发的实践。下面通过一个简单示例来详细介绍 CI 的使用方法。

（1）环境准备：在开始使用 Jenkins 之前，确保有一个可靠的版本控制系统（如 Git）、一个良好的测试覆盖率以及一个可以自动化构建的系统（如 Maven 或 Gradle）。

（2）安装和配置 Jenkins：下载 Jenkins 的安装包并进行安装，安装完成后，通过 Web 浏览器访问 Jenkins 控制面板，并进行基础配置。这里你需要安装一些必要的插件，如 Git 插件和构建插件。其中 Git 插件用于代码版本控制，构建插件（如 Maven 或 Gradle 插件）用于自动化构建。

（3）创建 Jenkins 作业：在 Jenkins 控制面板中创建一个新的 Jenkins 作业。在这一步，你需要配置 Jenkins 作业，以获取源代码。通常，这意味着你需要提供代码库（如 Git 仓库）的 URL 地址以及可能的凭证信息。

（4）配置构建触发器：在 Jenkins 作业的设置中，你可以配置各种构建触发器。最常见的触发方式是在每次提交代码后自动触发构建。这样可以确保及时捕捉代码中的任何问题。

（5）配置构建步骤：在这一步中，你需要定义具体的构建任务，包括代码编译、单元测试运行、代码静态分析等。你可以使用各种脚本和工具来自定义构建流程。

（6）运行 Jenkins 作业并分析结果：保存配置后，你可以手动触发 Jenkins 作业或等待自动触发的 Jenkins 作业。构建完成后，Jenkins 会提供详细的构建结果和测试报告，以便你对代码质量进行评估。

鉴于本书的主要内容是程序设计实践的通用理念和方法，此处没有详细讲解 CI 的使用方法，想深入了解的读者请参考 CI 工具的使用手册。总体而言，在开始使用持续集成之前，重要的是确保有一个强健的开发基础设施，包括版本控制、测试覆盖和自动化构建。只有在这些基础准备就绪后，持续集成才能发挥其应有的效果。

3.4.4　生产力工具

合适的工具能显著提高你的生产力。例如，一个好的文本编辑器或集成开发环境可以提供语法高亮、代码补全和自动重构等功能，使你更专注于编码。版本控制工具（如 Git）可以帮助你管理代码版本和进行多人协作开发。构建工具（如 Maven、Gradle 或 Make）可以帮助你自动化编译和测试的过程。

1. 集成开发环境

集成开发环境（Integrated Development Environment，IDE）为程序员提供了编程所需的一整套工具。一个好的 IDE 可以大大提高开发者的生产力，它通常包括文本编辑器、编译器/解释器以及调试工具。

以下介绍 IDE 的相关内容。

（1）代码编辑

IDE 的核心组件是源代码编辑器，它支持语法高亮、代码折叠、自动缩进等功能，能够帮助开发者更方便地阅读和编写代码。虽然这些功能在一定程度上减轻了程序员在维持良好代码结构上的负担（如自动缩进），但是保持好的代码风格仍然主要依赖程序员的自身素质（如命名和注释）。

（2）自动补全

自动补全或代码提示功能可以在开发者输入代码时提供建议，从而减少输入错误和提高编程速度。基于人工智能的代码补全技术在 2021 年之后得到了快速发展，如 Copilot[①]。

（3）自动重构

重构功能可以帮助开发者改进既有代码，如改变变量名称、提取公用方法以及其他重组和优化代码的操作。

（4）调试

大部分 IDE 都提供了强大的调试工具，支持设置断点、单步执行、查看变量值等，能够帮助开发者找出和修复代码错误。

（5）集成构建工具

许多 IDE 都集成了构建工具，如 Maven、Gradle 和 Make，能够自动化编译、测试、部署等任务，节省开发者的时间。

常见的 IDE 包括 Eclipse、IntelliJ IDEA、Visual Studio、PyCharm、Xcode 等，它们各有特色，开发者可根据具体的编程语言和个人喜好进行选择。

---

① Copilot 是一款由 GitHub 与 OpenAI 合作开发的人工智能编程辅助工具。它能够通过学习大量公开的代码库来提供代码建议，从而帮助开发者提高编程效率。Copilot 的核心功能之一是代码补全，它能够根据开发者已输入的代码上下文，智能地推荐完整的代码行或函数。这项功能覆盖了多种编程语言和框架，不仅能够加快编程速度，还能帮助开发者学习新的编码模式和实践。Copilot 适用于各种编程任务，无论是在快速编写代码草稿方面，还是在查找特定的代码实现方法方面，它都能提供有效的帮助。

2. 版本控制工具

版本控制工具是一种用于管理代码版本和实现协同工作的工具。使用版本控制工具可以记录每次修改的内容，从而实现回溯、分支和合并等操作。

（1）记录修改和追踪：版本控制工具会记录并保存代码库每次修改的具体内容，以便追踪每个版本的差异和历史。

（2）版本回溯：如果发现了问题，可以回溯到早期的版本，找出问题并进行修复。

（3）分支管理：可以创建独立的分支进行开发，对每个分支进行修改都不会影响其他分支，便于进行并行的开发和测试。

（4）版本合并：在分支开发完成后，可以将分支的修改合并到主分支，如果有冲突，版本控制工具会提供解决冲突的支持。

（5）协同开发：通过版本控制工具，可以实现多人在同一个代码库上协作开发、共享修改和解决冲突。

最常用的版本控制工具是 Git，它是一个分布式版本控制系统，适合多人协作开发。除此之外，还有 Mercurial 等其他版本控制工具。

3. 构建工具

构建工具是一种用于自动化编译和测试过程的工具。使用构建工具可以简化和标准化软件的构建过程、提高效率、减少错误。

以下是构建工具的一些主要功能。

（1）自动化编译：构建工具可以自动化编译过程，将源代码转化为可执行程序或库。

（2）自动化依赖管理：构建工具通常支持自动管理和下载依赖库，这减轻了开发者手动管理依赖库的负担。

（3）自动化测试：构建工具可以在构建过程中自动运行测试，帮助开发者发现和修复问题。

（4）自动化部署：一些构建工具还支持自动化部署，能够将构建的结果自动部署到生产环境或其他环境。

常用的构建工具有很多种，例如，Java 常用的构建工具有 Maven 和 Gradle，C/C++ 常用的构建工具有 Make 和 CMake，JavaScript 常用的构建工具有 npm 和 webpack。选择哪种构建工具取决于你使用的编程语言和项目需求。

3.5 案例：电信客服机器人的设计与实现

在第 2 章的案例中，我们给出了电信客服机器人的需求。在本章的案例中，我们将继续讨论如何设计电信客服机器人。

3.5.1 方案选择与设计

设计电信客服机器人软件系统的核心目标是提供快速、准确、自动化的电话服务响应，以确保用户的问题得到妥善处理。在这里，我们考虑了如下几个可能的实现方案。

1. 方案一：直接使用编程语言实现

方案一是最容易想到也是最直接的解决方案。该方案依赖于使用高级编程语言直接实现客服自动应答逻辑。这对于大部分程序员而言并不是一件难事。根据不同的问题和场景，程序员需要编写和维护各种特定的代码逻辑。然而，这种方案有以下几个缺点。

（1）需要进行定制化编程

电信行业的业务内容及用户问题是多样化的。程序员可能需要根据具体场景对每个问题的应答逻辑进行定制化编程。这意味着程序员必须为各种可能的问题手动编写代码，而不能依赖某种通用的模板或框架。每当有新的问题或需求时，程序员都需要重新设计和编写代码，这不仅会导致工作量大，而且会导致效率低下。

（2）需要持续维护

随着电信行业服务内容和技术的不断发展，用户的需求和问题也随之发生了变化。这就要求我们的问答系统必须紧跟这些变化。当直接使用编程语言实现时，任何微小的业务变更或技术升级都可能使我们对现有的代码进行修改、测试和部署，这无疑会带来巨大的维护成本和时间成本。

（3）灵活性受限

当我们使用传统的编程语言来实现应答逻辑时，代码的结构和逻辑很可能会变得僵化。这是因为传统的编程方法很难预测和覆盖所有可能的用户问题和场景，某些非常规或罕见的问题可能会被遗漏。而当这些问题真的出现时，系统可能无法提供正确或满足用户需求的答案。此外，如果想要引入新的技术或策略（例如，利用大模型等人工智能技术提高部分问题的回答质量），在已有代码的基础上进行修改将会非常困难和耗时。

综上所述，直接使用已有编程语言来实现应答逻辑可能会遇到各种挑战和困难，我们需要寻找更加灵活和高效的实现方法。

2. 方案二：通过客服逻辑脚本与解释器实现

在现代的客服环境中，为了应对各种多变的客户需求和提供个性化的服务体验，我们需要更加灵活的、动态的应答逻辑。方案一无法满足这些需求。为此，我们提出使用客服逻辑脚本与解释器相结合的方法。该方案的核心思想是将具体的应答逻辑和流程抽象为简单的脚本，并通过专门设计的解释器来执行这些脚本，从而达到动态应答的效果。其优势如下。

（1）灵活性较强

方案二避免了深入的编程和代码编写，允许非技术人员或客服专家直接通过脚本定义和调整应答逻辑。这样，业务人员可以根据实际情况快速制定或调整策略，而无须等待程序员进行编码和部署。

（2）适应性较强

由于脚本语言的简洁性，业务人员可以快速地应对市场变化、新产品的推出或其他紧急情况，并及时更新应答内容和策略。

（3）可扩展性强

随着业务的发展，程序可能需要引入更为复杂的处理逻辑、新的数据源或第三方服务。脚本语言和解释器的架构使得整合这些新元素变得相对容易，无须进行大规模的代码重写。

（4）能够降低发生错误的风险

业务逻辑被明确地表示为脚本，而未混杂在复杂的代码中，这不仅降低了错误发生的风险，还使得问题的定位和修复更为迅速。

（5）能够实现统一的管理和监控

所有的应答逻辑都被组织在脚本中，这为统一的管理和监控工作提供了便利，能够让脚本的使用者轻松追踪和分析各种客户服务交互。

3. 方案三：基于大语言模型实现

随着人工智能技术的发展，尤其是大语言模型在自然语言处理领域中的快速发展，我们提出了一种新的电信客服机器人构建方案。该方案旨在利用大语言模型来实现更自然、更有效的客户服务交互。该方案实现的客服机器人软件系统的特点如下。

（1）理解能力强

利用大语言模型强大的文本理解和生成能力，客服机器人能够更准确地理解客户的问题，并提供相关的、准确的回答。

（2）能够实现个性化交互

通过分析客户的历史交互数据，客服机器人可以提供更加个性化的服务，如推荐适合的套餐、处理常见的问题等。

（3）能够准确响应

相较于传统的基于规则的系统，基于语言模型的客服机器人能够更准确地生成回应，提高客户满意度。

（4）持续学习

通过不断学习最新的客户交互数据，客服机器人可以不断优化其回答策略和知识库，以应对不断变化的客户需求和市场环境。

（5）易于维护和升级

由于程序的核心功能依赖于大语言模型，因此系统的维护和升级更加简单、高效，程序能够快速适应新的业务需求。

在设计解决方案时，建议综合考虑成本、效果及发展前景等多个维度，构思并提出多套方案以供深入讨论和全面比较。这样能尽量避免草率应对问题或简单依赖以往经验的倾向。需要强调的是，一旦选定方案并开始实施，后期再转向其他方案将会面临非常高的成本和巨大的风险。

下面比较目前的三个备选方案。方案一存在明显的不足，因此不建议采纳。方案三采用了前沿技术，有可能使性能显著提升。然而，如果开发团队缺乏相关经验，该方案可能导致开发进度不确定和重大的项目风险。因此，经过综合评估，方案二是一个相对稳健的选择。值得一提的是，方案二的产品还具备与基于方案三的产品集成的能力。这意味着，当方案二的产品在某些特定领域（如基于用户画像的个性化服务）的效果不够理想时，可以借助方案三的产品进行增强，从而在确保实现整体系统功能的同时，稳步提升系统性能。

如图 3.2 所示，方案二的结构清晰，旨在实现一个高度模块化和灵活的客服机器人软件系统。这个系统不仅满足了用户的高要求，还为未来的扩展和优化提供了强大的支撑。因此，我们采用方案二作为电信客服机器人的主要设计方案。

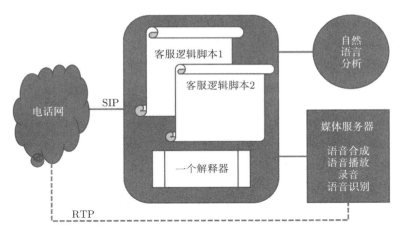

图 3.2　电信客服机器人设计方案二示意图

3.5.2　客服逻辑脚本设计

为了使客服机器人能够有效地响应各种用户请求，我们首先基于实际的客服业务流程，设计了一种简洁的脚本语言来描述应答逻辑。代码 3.15 展示了这种脚本语言的一个例子，这个例子涵盖了常见的业务场景（如询问需求、收集反馈、查询账单等）。

代码 3.15　客服逻辑脚本示例

```
1  Step welcome
2    Speak $name + "您好，请问有什么可以帮您?"
3    Listen 5, 20
4    Branch "投诉", complainProc
5    Branch "账单", billProc
6    Silence silence
7    Default defaultProc
8  Step complainProc
9    Speak "您的意见是我们改进工作的动力，请问您还有什么补充?"
10   Listen 5, 50
11   Default thanks
12 Step thanks
13   Speak "感谢您的来电，再见"
14   Exit
15 Step billProc
16   Speak "您的本月账单是" + $amount + "元，感谢您的来电，再见"
17   Exit
```

```
18  Step silenceProc
19    Speak "听不清，请您大声一点可以吗"
20    Branch "投诉", complainProc
21    Branch "账单", billProc
22    Silence silenceProc
23    Default defaultProc
24  Step defaultProc
25    ...
```

以下是示例中包含的脚本中的语义动作。

（1）Step: 完整地表示一个步骤的所有行为。

（2）Speak: 计算表达式"您的本月账单是" + $amount + "元，感谢您的来电，再见"的结果，形成一段文字。调用媒体服务器进行语音合成和语音播放。

（3）Listen: 调用媒体服务器对客户说的话录音，并进行语音识别。客服机器人系统通过将语音识别的结果发送给"自然语言分析服务"来分析客户通过语音表达的意愿。

（4）Branch: 对客户的意愿进行分支处理，不同的意愿跳转到不同的 Step。

（5）Silence: 如果用户不说话，应该跳转到哪个 Step。

（6）Default: 如果客户的意愿没有匹配的应答，应该跳转到哪个 Step。

（7）Exit: 结束对话。

上述示例脚本表示了一个典型的客服对话流程：从欢迎用户开始，根据用户的回应选择不同的应答路径，最终达到满足用户需求或结束对话的目的。这段代码共包含五个具体的 Step，即五个包含行为的步骤，实现了客服机器人的基本应答功能。首先由入口进入 Step welcome 询问需求，然后根据获取的信息进行状态转换。程序的执行流程如图 3.3 所示。

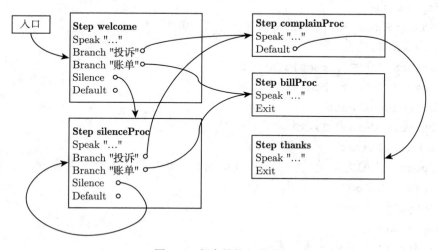

图 3.3 程序的执行流程

3.5.3　语法树的解析与实现

为了解释和执行上述脚本，我们需要将其结构化，将语义动作和参数组成一个语法树。语法树的树形数据结构有助于程序员理解和跟踪对话流程，以及使用程序进行任何必要的逻辑处理。图 3.4 为代码 3.15 中的脚本所对应的语法树结构。

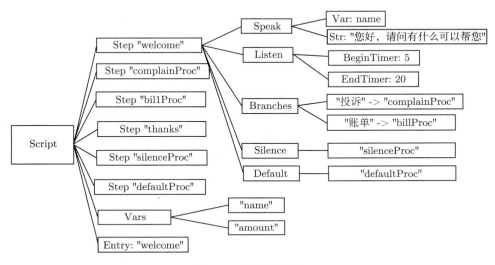

图 3.4　语法树结构

语法树的根节点是 Script，它代表整个对话脚本。在这个根节点下，有多个步骤（Step），每个步骤都代表对话流程中的一个阶段。

（1）welcome: 表示欢迎环节，机器人对用户进行问候。

（2）complainProc: 用于处理用户投诉的步骤。

（3）billProc: 如果用户询问账单，将进入此步骤。

（4）thanks: 用户表示感谢时的步骤。

（5）silenceProc: 如果检测到用户没有回应，将进入此步骤。

（6）defaultProc: 默认步骤，当没有特定操作时执行。

welcome 步骤包含以下关键组件。

（1）Speak: 机器人发出的语音信息，例如："您好，请问有什么可以帮您。"

（2）Listen: 机器人开始监听用户回复的阶段，这里设定了一个开始计时（BeginTimer: 5）和结束计时（EndTimer: 20），限定了监听的时间范围。

（3）Branches: 根据用户的回复，将客户意愿分到不同的处理步骤。例如，关键词"投诉"将触发 complainProc 步骤，关键词"账单"则触发 billProc 步骤。

（4）Silence: 如果在设定时间内没有检测到用户回复，则触发 silenceProc 步骤。

（5）Default: 如果没有符合任何分支条件的用户回复，则执行 defaultProc 步骤。

此外，语法树还包括变量（Vars），如"name"和"amount"，这些变量可能用于存储用户提供的信息。整个对话流程的入口点是 welcome 步骤，这是对话开始时机器人首先需要执行的步骤。此语法树能够确保对话机器人根据不同的用户输入执行正确的动作。

　　为了有效地存储和处理上述语法树,我们设计了一个专门的数据结构,如图 3.5 所示。该结构以节点为单位,允许我们轻松地访问、搜索和修改树中的内容,从而进行对话流程管理和逻辑处理。

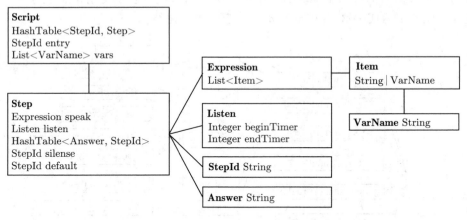

图 3.5　语法树的数据结构

　　(1) Script:顶层数据结构,包含整个对话脚本的映射。

　　① HashTable<StepId,Step>:映射步骤标识符到步骤对象的哈希表。

　　② StepId entry:对话脚本入口点的步骤标识符。

　　③ List<VarName> vars:脚本中使用的所有变量名称的列表。

　　(2) Step:代表对话中的一个单独的步骤。

　　① Expression speak:机器人要说的话的表达式。

　　② Listen listen:包含计时器,定义监听用户回复的时间范围。

　　③ HashTable<Answer,StepId>:用户回答到下一步骤标识符的映射。

　　④ StepId silence:用户沉默时转到的步骤标识符。

　　⑤ StepId default:无匹配回答时转到的默认步骤标识符。

　　(3) Expression:构成 speak 部分的表达式,由项的列表组成。

List<Item>:可以是字符串或变量名的列表。

　　(4) Listen:定义机器人监听用户回答的方式。

　　① Integer beginTimer:开始监听的时间。

　　② Integer endTimer:结束监听的时间。

　　(5) Item:表达式的基本单元,可以是字符串或变量名。

　　(6) VarName:变量的名称,用于数据存储和引用。

　　(7) StepId:步骤的唯一标识符。

　　(8) Answer:用户的回答,用于决定下一步骤。

　　以上结构化表示方法能够清晰地展现服务机器人对话管理系统的每一步骤的动作、决策点以及可能的分支路径,提供流畅的对话体验和逻辑处理能力。

　　通过结合逻辑脚本和相应的语法树,我们能够为客服机器人提供一种灵活而强大的方式来定义、修改和执行复杂的对话流程,从而满足不断变化的业务需求。

3.5.4　语法树解析器的实现

为了将客服逻辑脚本文本有效地转换为语法树的数据结构，我们需要实现一个解析器（Parser），它负责进行语法解析。

解析器的核心步骤如下。

（1）使用 ParseFile 方法从脚本文件中提取各行。

（2）利用 ParseLine 方法解析每一行的词法元素，也称为 token，如标识符、字符串和整数。

（3）根据每行的首个 Token，调用对应的处理函数，如 ProcessStep、ProcessSpeak、ProcessBranch 等。

（4）通过执行这些处理函数来构建语法树数据结构。

代码 3.16 是解析器的伪代码。

代码 3.16　解释器的伪代码示例

```
1   ParseFile(fileName):
2         打开文件
3         读取文件的每一行line:
4               line.trim()删除行首空白
5               忽略空行
6               忽略'#'开头的注释行
7               ParseLine(line)处理一行
8         关闭文件
9   ParseLine(line):
10        读取一行中空白分割的每一个token:
11              遇到'#'开头的token则处理结束（忽略行尾注释）
12              获得标识符，字符串或者操作符等token
13              将token加入List中
14        ProcessTokens(token[])
15  ProcessTokens(token[]):
16        对List中的每一个token进行处理
17        根据token[0]分情况处理:
18              Step: ProcessStep(token[1])
19              Speak: ProcessSpeak(token+1)
20              Listen: ProcessListen (token[1], token[2])
21              Branch: ProcessBranch(token[1], token[2])
22              Silence: ProcessSilence(token[1])
23              Default: ProcessDefault (token[1])
24              Exit: ProcessExit ()
25              如果不是上述token则报错
```

```
26  ProcessStep(stepId):
27        Script创建一个新的Step，标识为stepId
28        设置当前Step为新创建的Step
29        如果这是第一个Step，则设置当前Step为Script的mainStep
30  ProcessSpeak(token[]):
31        token[]是一个表达式，每个token可能是字符串、变量或者'+'
32        ProcessExpression(token[])得到Expression
33        将Speak以及对应的表达式存入当前的Step
34  ProcessExpression(token[]):
35        忽略加号，将其他token追加到Expression中的List<Item>
36        将变量名存入Script的List<VarName>中
37  ProcessListen(startTimer, stopTimer):
38        构造Listen(startTimer, stopTimer)存入当前Step
39  ProcessBranch(answer, nextStepId):
40        将answer和nextStepId插入当前Step的HashTable
41  ProcessSilence(nextStepId):
42        将当前Step的silence变量设置成nextStepId中的值
43  ProcessDefault(nextStepId):
44        将当前Step的default变量设置成nextStepId中的值
45  ProcessExit():
46        将当前Step设置为终结Step
```

3.5.5 脚本解释器的实现

接下来，通过解释器（Interpreter）对经过构建的语法树数据结构进行解释和执行，从而实现客户输入意愿并显示 Speak 内容。

解释器的伪代码实现如代码 3.17 所示。

代码 3.17 解释器的伪代码实现

```
1   初始化：获取脚本语法树，建立执行环境，设定当前Step为entryStep。
2   循环执行当前Step：
3         执行Speak（进行语音合成和语音播放）
4         若为终结步骤，结束循环并断开通话
5         执行Listen（录音、识别和理解）
6         确定下一StepId：
7               用户沉默时，获取Silence的StepId
8               依据用户意图，在HashTable中查找StepId
9               未找到时，获取Default的StepId
10        更新当前Step为新的StepId
```

为本地测试而简化的解释器伪代码如代码 3.18 所示。

代码 3.18　简化的解释器伪代码

```
1  初始化：获取脚本语法树，建立执行环境，设定当前Step为entryStep。
2  循环执行当前Step：
3        执行Speak（输出至标准输出）
4        若为终结步骤，结束循环
5        执行Listen（从标准输入读入用户意愿）
6        确定下一StepId同上
7        更新当前Step同上
```

解释器的执行环境如图 3.6 所示。该环境是解释和执行客服机器人对话脚本的基础，其结构和组件对于实现对话管理至关重要。

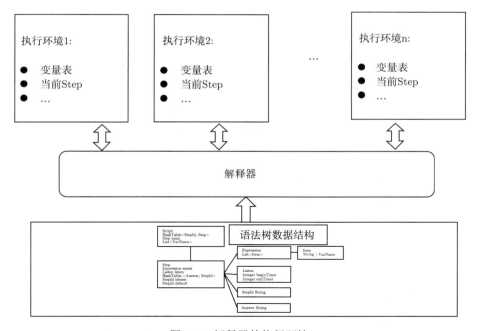

图 3.6　解释器的执行环境

解释器的执行环境主要由以下几个核心组件构成。

（1）场景实例

各个场景实例包含了特定对话场景的脚本和步骤，可能对应不同的服务场景或用户交互模式。

（2）解释器

解释器是核心处理单元，负责读取场景实例的输入、执行脚本中定义的步骤，以及根据脚本逻辑调用适当的场景实例。

（3）语法树数据结构

在解释器的底部显示的是详细的语法树数据结构，这是脚本执行的基础。

① Script：顶层节点，包含所有对话步骤的映射和变量列表。

② Step：定义了单个对话步骤的结构，包括发言内容、监听配置以及答案处理。

③ Expression 和 Item：用于生成机器人发言的动态表达式和构成元素。

④ Listen：包含监听用户回答的开始和结束计时器。

⑤ StepId 和 Answer：定义了根据用户回答进行的步骤跳转逻辑。

在运行时，解释器将从 Script 中定义的入口点 entry 开始执行，并在每个 Step 中执行以下动作。

① 通过 Expression 生成并播放机器人的发言。

② 启动 Listen 组件监听用户的回答，并在设定的时间内等待用户回应。

③ 根据用户的回答或沉默时间是否超过预定值，通过 Step 中定义的映射表转到下一个步骤。

若用户回答与预设的 Answer 匹配，则转到对应的 StepId；若用户沉默或回答无匹配，则分别转到 silence 或 default 指定的步骤。

上述执行环境为服务机器人提供了一个结构化的对话管理系统，允许设计师根据具体需求制定对话流程，同时保持了高度的灵活性和扩展性。

当多用户与机器人交互时，每个用户都需要一个独立的解释器线程。考虑以下资源。

① 脚本文件：单一实例，所有用户共享相同的脚本。

② 语法树：单一实例，由一个解析器生成，供多线程使用。

③ 变量表：每个用户一份，因为不同的用户具有不同的信息，如姓名、账单等。

④ 当前状态（如当前 step）：每个用户一份。用户的交互速度和顺序会有所不同。

总之，上述这些每个用户一份的数据，也就是每次执行时解释器都需要的新实例数据，我们称其为解释器的环境变量，这些数据需要单独的数据结构进行存储。

本 章 小 结

本章我们重点探讨了程序设计与实现的关键环节和考虑因素。第一，我们讲述了设计原则（包括简单性、模块化、抽象、鲁棒性和灵活性等），强调了在理解用户需求的基础上进行有预见性的设计的重要性。第二，我们介绍了常用的数据结构和算法以及设计时的选择策略。第三，我们探讨了常见的设计模式，这些模式是在解决设计问题时反复出现的经典方法，能够帮助我们编写可重用、可理解和可维护的代码。第四，我们介绍了实现阶段的一些技巧和工具，包括代码重用、代码重构、持续集成，并推荐了一些生产力工具，如 IDE 和版本控制工具。这些技巧和工具能在实际的编程实践中提高我们的编码效率和代码质量。第五，我们以电信公司客服机器人为例，演示了如何进行方案选择和关键模块设计。总体而言，设计和实现是软件开发中的关键步骤。对需求的正确理解、良好的设计原则和模式以及有效的技巧和工具，都将对最终的软件产品产生重要影响。

扩 展 阅 读

若想更深入地理解设计原则、设计模式和实现技术等内容，建议阅读以下资料。

- 《算法导论》（第 3 版），[美] Thomas H. Cormen 等著，殷建平等译，机械工业出版社，2012 年 12 月：这本书是数据结构和算法领域的权威著作，系统地介绍了各种算法的设计与分析。从基础的排序和查找算法到高级的图论和数论算法，这本书给出了详尽的解释和伪代码。

- 《数据结构与算法分析：C 语言描述》（第 2 版），Mark Allen Weiss 著，冯舜玺译，机械工业出版社，2019 年 4 月：这本书深入地介绍了数据结构和算法，易于理解。本书通过实际的 C 代码示例，详细地解释了各种数据结构（如链表、树、图）和算法的工作原理。

- 《设计模式：可复用面向对象软件的基础》，[美] Erich Gamma 等著，李英军等译，机械工业出版社，2019 年 5 月：这本书是设计模式领域的经典之作，深入讲解了常用的设计模式。

- 《程序员思维修炼》（修订版），[美] Andy Hunt 著，崔康译，人民邮电出版社，2023 年 7 月：本书不仅介绍了编程技巧，还深入探讨了如何提高程序员的整体生产力。

习 题 3

1. 为何需求分析对于设计阶段至关重要？
2. 描述你理解的"模块化"设计原则，并解释它为何有助于软件开发。
3. 解释策略模式，并用一种编程语言给出一个简单的策略模式实现的例子。
4. 阐述观察者设计模式，并给出一种可能的使用场景。
5. 简述代码重用的重要性，以及实现代码重用的常见方法。
6. 什么是版本控制工具？它在软件开发中有什么作用？
7. 如果你正在设计一个图书馆管理系统，你会使用哪种设计模式？为什么？
8. 解释什么是持续集成，并描述它在软件研发过程中的优势。
9. 如何才能确保在设计阶段满足用户需求？请给出具体步骤。
10. 什么是工厂模式？请用一种编程语言给出一个简单的工厂模式实现的例子。
11. 简述单例模式的实现原理，以及它可能的使用场景。
12. 简述 IDE（集成开发环境）的功能，以及它在软件开发中的作用。
13. 试着实现本章案例中电信客服机器人的语法树解析器和脚本解释器。

第 4 章　用户界面设计

在确定软件的基本功能和架构之后，下一步便是构建它的用户界面。用户界面是用户与软件之间交互的桥梁。一个出色的界面不仅能够提高用户的满意度，更能提高软件的易用性、可访问性等。

本章内容安排如下。第一，我们探讨用户体验设计的重要性，并分析为什么需要关心用户的感受，以及如何通过深入研究用户的需求和期望来创建出令用户满意的界面。第二，我们会介绍界面的布局和样式，并讨论如何有效地组织信息、选择颜色和字体，以及如何确保界面在不同设备上都能良好地展现。第三，我们将讨论响应和交互的设计，并解释如何让用户每次都能得到即时且明确的反馈，以及如何创建流畅、直观的交互过程。第四，考虑到全球化的趋势，我们会探讨多语言支持的重要性，并讨论如何确保软件为来自不同文化背景和具有不同语言习惯的用户提供同样出色的体验。第五，我们讨论命令行界面的优点和缺点以及图形用户界面的开发方式。

希望这一章能够帮助你理解构建高质量用户界面的重要性，并掌握相关的设计和实践方法。

4.1　用户界面概述

在软件领域，"Interface"通常被译为"界面"或"接口"，具体翻译取决于其上下文。本书遵循惯例，定义人与机器之间的交互方式为"用户界面"，而程序与程序之间的交互方式为"程序接口"。

从软件开发的视角来看，用户界面可以细分为以下几类。

① CLI (Command Line Interface)：命令行界面，能够使用户通过键入命令与计算机交互。

② GUI (Graphical User Interface)：图形用户界面，允许用户通过图形、图标和窗口与计算机互动，包括鼠标、键盘、触摸屏等多种交互方式。

③ VUI (Voice User Interface)：语音用户界面，依赖于语音识别技术，可以让用户用语音与计算机或其他设备交互。

④ NUI (Natural User Interface)：自然用户界面，通过摄像头等设备捕捉用户的手势、面部表情（如眨眼）等自然动作来实现人机交互。

⑤ TUI (Tangible User Interface)：实体用户界面，基于与实体物件的物理交互，如将物体放在某个位置以触发某个软件操作。

⑥ BUI (Brain-Computer Interface)：脑机界面（也有文献译为"脑机接口"），尽管这是一个研究领域，但它预示了人们能够直接通过脑电波与计算机交互的可能性。

如图 4.1 所示，不同界面对机器和人的友好程度不同。越是先进的界面，对人越友好，但是对机器越不友好，反之亦然。本章将重点探讨广泛应用于各类程序的 GUI 和 CLI。对于其他界面类型，感兴趣的读者可以参考相关书籍。

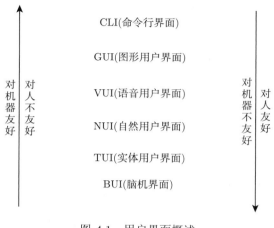

图 4.1　用户界面概述

4.2　用户体验设计

在这一节，我们将探讨用户体验设计（User Experience Design, UX Design）的基本概念和原则。用户体验设计关注的是用户在使用产品或服务过程中的感受，包括用户的行为、情绪和态度等方面。用户体验设计的目标是提供满足用户需求、易于使用、具有吸引力的用户体验。

4.2.1　理解用户需求

用户体验设计的第一步是理解用户需求。通过调查和观察，我们可以发现用户的需求，理解他们的工作流程，了解他们遇到的问题。需求分析的一般方法请参考第 2 章。本节主要讨论如何从用户界面的设计实现出发，完成用户需求分析。理解用户需求是用户体验设计的关键步骤，它涉及获取、分析和解释用户需求的方法和工具。这种理解有助于我们更好地确定设计决策和创建能够满足用户需求的解决方案。假设我们正在设计一个电信公司的客服聊天机器人的用户界面，下面介绍我们深入了解用户需求的几种主要方法。

1. 访谈

访谈是一种直接从用户那里获取信息的方法，它可以帮助我们深入理解用户是如何与用户界面互动的，以及他们对界面的期望和需求。在访谈中，我们应该鼓励用户分享他们使用过的其他电信服务的用户界面的经验，并应该与用户探讨他们在互动中遇到的问题、他们希望使用的功能以及他们对界面的优化建议。

我们可以通过如下步骤进行用户访谈。

（1）设定访谈目标和问题

明确想要从访谈中获得什么样的信息（关于用户界面）。设计一份访谈提纲，列出你希望通过访谈了解的与用户界面相关的问题，以确保访谈的方向是正确的。

（2）选择访谈对象

尽可能选择具有代表性的用户进行访谈，他们可以代表不同的用户群体。举例如下。

① 电信服务的长期用户：他们对服务的细微变化可能更为敏感；

② 新用户：他们的新视角可以帮助我们发现一些长期用户可能会忽视的问题；

③ 年轻用户或学生：他们可能更熟悉和依赖技术，并且对用户界面有更高的期望；

④ 老年用户：他们可能需要更简单、直观的界面；

⑤ 企业或商业用户：他们的使用场景和需求可能与一般消费者有所不同。

（3）进行访谈

在访谈过程中，保持开放和倾听的态度，鼓励用户分享他们与用户界面互动的经验，避免对他们的回答做出评判。

（4）分析访谈结果

记录访谈结果并进行分析，寻找用户对用户界面的期望、需求，以及行为模式的共同点和差异点。

访谈可以帮助我们获得对用户与用户界面互动的深入了解，通过访谈获得的信息可以指导我们做出界面设计决策。

此外，虽然很多客服机器人主要通过文本或语音与用户交互，但是图形用户界面为机器人提供了一种更丰富和更直观的交互方式。以下是使用图形用户界面的一些潜在优势和应用场景。

① 可视化选择：图形用户界面可以为用户提供多个可视化选项（如按钮），能够使用户快速选择常见问题或服务选项，而不是手动输入或说出他们的需求。

② 提升用户体验：图像、动画和其他视觉效果可以使机器人的回应更加有吸引力、更直观。

③ 集成其他功能：通过图形用户界面，机器人可以集成视频播放、地图导航、文件上传等功能。

④ 导航更容易：通过图形用户界面，用户可以更方便地浏览服务菜单、常见问题解答等。

⑤ 多模态交互：结合文本、语音和图形，可以实现多模态的交互方式，例如，用户可以说出问题，机器人则可以通过图形用户界面展示答案。

⑥ 嵌入其他平台：具有图形用户界面的机器人可以更容易地嵌入到网站、应用程序或其他数字平台上，为用户提供统一和连贯的体验。

然而，设计图形用户界面不仅需要考虑用户的实际需求，还要考虑界面的直观性、可用性以及与其他界面元素的协调性。此外，考虑到不同的用户群体（如老年用户或视力受损的用户），设计界面时还应该考虑可访问性问题。

2. 问卷

问卷是一种可以快速收集大量用户对用户界面的反馈的方法。我们可以通过调查问卷了解用户在使用用户界面时的体验、喜好、期望，以及他们对当前界面的满意度。

在设计调查问卷时，我们需要注意以下几点。

（1）确保问题明确

确保每个问题都针对用户界面的特定方面，并且易于理解。避免问题中包含复杂的术语，确保所有用户都能够理解。

（2）问题的数量不宜过多

避免问卷过长。过多的问题可能导致用户感到厌烦，从而放弃填写问卷。

（3）包括开放式和封闭式问题

封闭式问题（如选择题）可以提供结构化的数据，便于界面常见问题和需求的分析。开放式问题则可以捕捉用户对界面的具体建议和详细反馈。

图 4.2 是一个电信客服机器人的用户界面调查问卷示例。

```
1. 在使用我们的客服聊天机器人界面时，你遇到过哪些困惑或问题？
   _____

2. 你希望我们的客服聊天机器人界面提供哪些功能？
   a. 清晰的提示
   b. 简洁的界面设计
   c. 多语言支持
   d. 其他，请说明：_____

3. 在界面设计上，你认为哪些元素对于提升你的使用体验最为关键？
   _____

4. 如果有机会改进我们的客服聊天机器人界面，你会有什么建议？
   _____

5. 你多久使用一次我们的客服聊天机器人？
   a. 每天
   b. 每周
   c. 每月
   d. 较少或从未

6. 你对我们当前提供的客服聊天机器人界面的满意度如何？
   a. 非常满意
   b. 满意
   c. 一般
   d. 不满意
   e. 非常不满意
```

图 4.2　电信客服机器人的用户界面调查问卷示例

3. 现场调查

通过观察用户在真实环境中是如何使用服务的，我们可以了解他们的行为、习惯、问题和需求。例如，我们可以观察他们如何与现有的客服互动，以及他们在互动过程中遇到了哪些问题和挑战。另外，我们还可以分析用户在社交媒体、评论网站、论坛上的反馈，了解他们对现有服务的看法。通过这种方式，我们可以了解到可能被忽视的用户需求和问题。

在上述过程中，我们可能会发现用户真正的需求并不总是他们所说的那样。例如，用户可能会说他们希望有更多的功能，但实际上他们可能只是需要更好的用户体验。

通过以上方式，我们可以得到一个用户需求的清单。这将帮助我们定义聊天机器人的功能和行为，从而满足用户的需求。这也将帮助我们在设计过程中以用户为中心，从而提供满足用户需求的产品。

4. 用户故事

用户故事和人物角色是了解用户需求和行为的重要工具。通过创建用户故事和人物角色，我们可以从用户的角度思考问题，更好地理解用户，从而创建出符合用户需求的产品。

用户故事是描述软件系统用户界面需求的简洁且具有启发性的方法。它通常从用户的角度出发，定义他们在界面中的行为和期望。典型的用户故事包括三个要素：角色（谁）、功能（想要做什么）和原因（为什么）。例如，对于一个软件管理系统，用户故事可能是这样的："作为一个项目经理，我希望通过直观的仪表盘查看项目进度，以便及时调整资源和任务安排。"

创建用户故事的步骤如下。

① 确定用户角色：深入了解目标用户，以及他们在软件系统中扮演的角色和特定需求。

② 确定界面功能：明确用户期望界面提供哪些具体功能或操作。

③ 确定用户想要上述功能的原因：弄清楚为什么这些功能对用户来说是重要的，以及它们如何帮助用户更高效、便捷地完成任务。

人物角色是一个虚构的、具有特定属性和行为的用户模型，专门用于表示特定的用户群体，可以帮助设计者更好地理解软件系统的目标用户以及他们对用户界面的需求和期望。

创建针对软件系统用户界面的人物角色的步骤如下。

① 收集用户界面需求信息：通过调查问卷、用户访谈、界面测试等方式，深入了解用户如何与现有或预期的软件界面互动，以及他们在互动中遇到的挑战和需求。

② 分析用户界面信息：根据用户的互动习惯、任务频率、技能水平等因素，找出用户的共性和特性，并根据他们的界面使用模式对其进行分组。

③ 创建人物角色：针对每一组用户界面使用模式创建一个人物角色，描述其基本属性（如年龄、技能水平、任务目标等）、界面使用习惯、面临的挑战以及对新界面的期望和需求。

通过上述方式，设计团队可以有针对性地进行软件的用户界面设计，确保界面能够满足不同用户群体的需求。例如：我们可以创建一个"忙碌的用户"角色（他经常在外面，需要在移动设备上查看账单）；也可以创建一个"老年用户"角色（他对新技术不熟悉，需要简单、易用的界面）。

用户故事和人物角色可以帮助我们更深入地理解用户在使用软件系统时的需求和期望。在设计软件的用户界面时，我们应始终参考这些用户故事和人物角色，以确保界面设计能够真正满足目标用户的实际需求和使用场景。

4.2.2　用户界面原型设计和测试

用户界面原型设计是在软件研发过程的早期创建界面的初步版本，旨在展示和验证界面设计思路、收集用户反馈，并据此进行优化。通过对用户界面原型进行测试，我们可以深入了解用户与界面的交互方式，发现设计中可能存在的不足，并根据用户的使用习惯和反馈进行迭代。用户界面原型的形式可以从简单的线框图或界面草图发展到具有部分交互功能的模拟应用。

1. 原型设计

原型设计主要包含以下步骤。

① 定义要解决的问题：明确设计的目标和需要满足的用户需求。

② 设计草图：通过草图，快速描绘出产品的基本架构和主要功能。例如，在设计文本版（区别于语音版）的电信客服机器人时，草图可能包括聊天界面、消息布局、菜单选项等。

③ 创建互动原型：使用设计工具（如 Sketch、Figma 等）创建可以进行基本交互的原型。例如，设计一个可以接收和回复用户消息的聊天机器人原型。

当谈到原型设计和 UI 设计工具时，Sketch 和 Figma 是两个颇受欢迎的选项。以下是对这两款工具的简要介绍及其优缺点的比较。

Sketch 是一款在苹果 MacOS 系统上运行的矢量设计工具。它提供了丰富的功能和插件，可以帮助设计师高效地完成设计工作。

Sketch 的优点如下。

① 专为设计而生：Sketch 的所有功能都以设计需求为中心，这使得其界面非常简洁，操作也更直观。

② 插件数量庞大：Sketch 的插件数量庞大，可以帮助设计师完成各种专业任务，如创建用户流程图、自动生成设计规格等。

③ 支持本地文件存储：Sketch 支持在本地保存和编辑设计文件，这对于需要在无网络环境下工作的设计师非常有用。

Sketch 的缺点如下。

① 只支持 MacOS：Sketch 只支持 MacOs，这意味着 Windows 和 Linux 用户无法使用 Sketch。

② 协作功能有限：相比 Figma，Sketch 的实时协作功能较弱。虽然可以通过 Sketch Cloud 进行分享和反馈，但无法实现多人同时在线编辑。

Figma 是一款基于云的设计工具，支持多人实时协作。无论是创建快速草图，还是设计详细的交互原型，Figma 都能应对。

Figma 的优点如下。

① 跨平台支持：作为一款基于 Web 的应用，Figma 支持 MacOS、Windows 和 Linux 等操作系统。

② 协作功能强大：Figma 支持多人实时协作和编辑，能使得团队协作变得更加简单、高效。

③ 一站式工作流：Figma 不仅支持设计和原型制作，还提供了设计检查和用户测试等功能，覆盖了整个设计流程。

Figma 的缺点如下。

① 依赖网络：因为 Figma 是基于云的，所以在网络不好或没有网络的情况下，它的工作效率可能会受到影响。

② 插件数量较少：相比 Sketch，Figma 的插件数量较少，一些专业任务可能需要设计师自己手动完成。

以上就是 Sketch 和 Figma 的相关介绍和比较。两者都是非常出色的设计工具，选择哪一款取决于你的需求和偏好。如果你是 MacOS 用户，且需要完成大量的专业设计任务，Sketch 可能会是一个好的选择；而如果你需要在不同的设备和操作系统上工作，或者需要与团队进行实时协作，那么 Figma 可能更适合你。

2. 原型测试

原型设计完成后，需要通过用户测试来收集反馈，并据此进行改进。原型测试的步骤如下。

① 制订测试计划：确定测试的目标、参与者和时间等。

② 进行测试：邀请用户参与测试，观察他们与原型交互的过程，并收集反馈。例如，观察用户如何使用电信客服机器人查询账单、反馈问题等。

③ 分析反馈并改进：整理收集到的反馈，找出原型的问题和改进的方向，之后根据这些反馈修改原型。

原型设计和测试是设计过程中的重要环节，可以帮助我们在投入大量开发资源之前，验证设计的有效性，发现和修复问题，从而提高产品的质量和用户满意度。

4.2.3　用户体验度量

我们需要通过度量用户体验来了解我们的设计是否达到了预期的效果。用户满意度调查、使用情况分析和其他度量方法可以帮助我们了解用户的感受。用户体验设计是一个持续的过程，需要我们不断地理解用户、测试设计，并根据反馈进行调整。度量用户体验是评估产品或服务是否满足用户需求的重要方式。这可以通过定性度量和定量度量两种方法来实现。

1. 定性度量

定性度量通常涉及对用户行为和感知的深入理解，通常包含一些非数值型的数据，如用户的感受、态度和意见等。这可以通过访谈、观察、用户测试等方法得到。

访谈是一种获取用户深入见解的常见方法。设计师可以通过一对一或小组访谈的方式，询问用户对产品或服务的感受和体验，从而获取有价值的反馈。访谈可以是结构化的，也可以是半结构化的或者非结构化的，这取决于用户体验研究的目标。

观察用户如何使用产品或服务也是一种有价值的定性度量方法。通过观察，设计师可以了解用户的行为模式、遇到的问题以及解决这些问题的方法。观察可以在实验室环境中进行，也可以在用户的自然环境中进行。

用户测试是评估产品或服务的常见方法。在用户测试中，用户会被要求完成一些任务，而设计师则会观察并记录他们的行为和反馈。用户测试可以提供关于产品或服务可用性的实际数据。

2. 定量度量

定量度量通常涉及可数量化的数据，这些数据可以用于统计分析。定量度量可以帮助我们更好地理解用户行为，如用户在网页上花费的时间、点击的次数等。定量度量结果可以通过各种工具（如分析软件）和方法（如 A/B 测试和满意度调查等）得到。

分析软件可以提供大量的定量数据，如访问者数量、页面浏览次数、跳出率、转化率等。这些数据可以帮助我们理解用户的行为和需求。

A/B 测试是一种常见的定量度量方法。在 A/B 测试中，设计师首先会创建两个或多个不同的版本（比如一个控制版本和一个变体版本），然后比较哪个版本更受用户欢迎。这可以帮助我们更好地判断哪些设计元素对用户体验有影响。

满意度调查通常用于收集用户对产品或服务的满意度信息。这些调查可以包含一些定量问题，如"你对我们的服务满意吗？"或者"你会把我们的产品推荐给朋友或同事吗？"。这些定量问题的回答数据可以用来度量用户体验。

4.3　界面布局和样式

界面布局和样式是用户界面设计的核心部分，它决定了用户如何看到和理解界面，以及如何与界面进行交互。

4.3.1　布局设计

布局设计是将界面元素组织在屏幕上的过程。它是用户界面设计的重要组成部分，决定了界面元素在屏幕上的位置和排列方式。良好的布局可以帮助用户理解界面的结构、找到需要的信息，也可以指导他们的行为。在设计布局时，我们应该考虑视觉层次、对齐和间距等因素。

1. 网格布局

网格布局是一种流行的布局设计方法，它将界面划分为一系列的列和行，形成一个网格。每一个界面元素都被放置在这个网格的一个或多个单元格中。网格布局使设计变得整齐、有序，并且易于理解。

在网页设计中，我们常常使用"网格系统"（Grid System）来设计和排版页面。网格系统是一种布局方法，它把页面分割为一系列的列，我们可以将内容放入这些列中。

在许多网格系统中，列数都是固定的，如 12 列或 16 列，这是由设计者或框架设定的。列可以精确地控制元素在页面上的位置和宽度。例如，一个元素可以跨越全部 12 列（全宽），或只占 6 列（半宽）。

至于行数，它常常是动态的，由内容的多少和页面的长度而定。例如，一个文本段落可能占据多行，图片和标题可能只占一行。在某些设计框架中，如 CSS Grid 布局，我们也可以定义明确的行数。但在许多情况下，行数是由内容的长度和高度决定的，而不是预先设定的。

假设我们有一个典型的网页，它可能包含以下部分。

（1）顶部导航栏

顶部导航栏通常是网页的顶部元素，包含了网站的主要链接，如主页、产品、服务、关于我们等。顶部导航栏为用户提供了快速浏览整个网站的途径，使得访问者可以方便地切换到不同的页面或网站部分。

（2）主要内容区

主要内容区是网页的中心部分，展示了网页的核心内容，如文章、图片、视频等。对于大多数用户来说，这一区域是他们最关注的，因为它包含了他们要访问的主要内容。

（3）侧边栏

侧边栏通常位于网页的左侧或右侧，它可以是一个可伸缩的菜单项，特别适用于响应式设计和移动界面（用于手机等移动设备）。展开时，它可能包含一系列的导航链接，如相关文章、广告、最新新闻或其他推荐内容。在桌面版本的网站上，侧边栏可能始终可见并展示辅助或补充内容。而在移动设备上，为了更好地利用有限的屏幕空间，它可能是隐藏的，只有在用户触发某个按钮或手势时才会展开。无论侧边栏的形式如何，主要目的都是为用户提供更多的相关信息，引导他们进一步探索网站。

（4）底部页脚

底部页脚位于网页的最底部，通常包含了一些法律信息、版权声明、联系方式和其他重要链接。它为用户提供了一个查找网站基本信息的地方，如隐私政策、使用条款或"关于我们"的页面链接。

在一个 12 列的网格布局系统中，我们可能这样设计：

- 顶部导航栏跨越所有 12 列，因为它通常会在页面的全宽度上展开；
- 侧边栏占据左边的 2 列，显示相关信息或者链接；
- 主要内容区占据右边的 10 列，给予用户详细的信息；
- 底部页脚和顶部导航栏一样，跨越所有 12 列。

图 4.3 给出了一个网络布局的例子。图中的四个矩形代表网页的四个主要部分：顶部导航栏、主要内容区、侧边栏和底部页脚。每个部分所占的列数都已用文字注明。

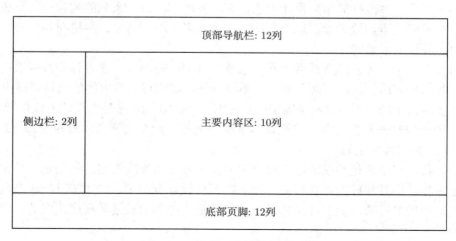

图 4.3　一个基础的网格布局示例

上述网格布局只是一个简单的例子，实际的布局可能会根据内容的需求和目标用户群体的特征进行调整。在实际的软件开发实践中，程序员一般使用成熟的前端框架完成界面布局（而不是直接编辑 HTML 文件或 CSS 文件）。Bootstrap 是一个流行的前端框架，它提供了一个灵活的、响应式的网格系统。通过使用 Bootstrap，开发者可以很容易地创建适应各种不同大小的屏幕的界面。然而，理解布局的基本概念依然是重要的。因为它可以使你更合理、更有效地使用前端框架等界面工具。

2. F 布局和 Z 布局

F 布局和 Z 布局是两种常见的布局模式，它们描述了用户的视线在屏幕上的移动路径。F 布局适用于文本内容较多的页面，如新闻页面；而 Z 布局则常被用在文本内容较少、视觉冲击力强的页面，如营销页面。

F 布局是一种针对用户的视线行为设计的网页布局。研究发现，用户在浏览网页时，他们的视线往往先扫视屏幕的左上角，然后横向移动到右侧，再回到左侧，并向下移动。这种行为形成了一个类似于字母"F"的模式，因此被称为 F 布局。

在 F 布局中，最重要的内容应该放在视线最先扫到的地方（即左上角），次重要的内容应该放在第一横行或者左侧的垂直列，其余的内容可以填充在右侧和下方的区域。

图 4.4 是一个简单的 F 布局的例子。在图 4.4 中，头部导航栏位于顶部，侧边栏位于左侧，主内容区占据了右侧和下方的大部分区域。这样的布局能够使用户快速获取和理解网页的主要内容。

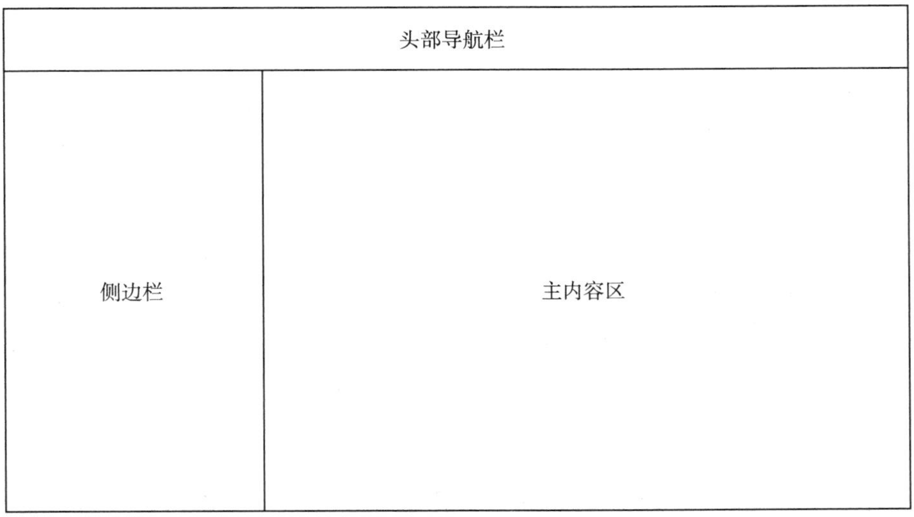

图 4.4　简单的 F 布局

Z 布局是一种基于用户的视线行为设计的网页布局。用户在浏览某些网页时，他们的视线通常从左上角开始，横向移动到右上角，然后沿对角线向左下角移动，最后再横向移动到右下角。这种视线路径形成了一个"Z"形的模式，因此被称为 Z 布局。

在 Z 布局中，最重要的内容应放在视线最先扫到的地方（即左上角），次重要的内容应放在右上角。对角线方向可以放置引导用户视线的元素，如图片或者亮色块。右下角可以放置一些按钮，如"购买"和"了解更多"。

图 4.5 是一个简单的 Z 布局的例子。在图 4.5 中，"Logo"位于左上角，"导航条"位于右上角，"视觉元素"位于中间对角线区域，"购买"位于右下角。这种布局适合需要视觉冲击力的页面，如营销页面、登录页面等。

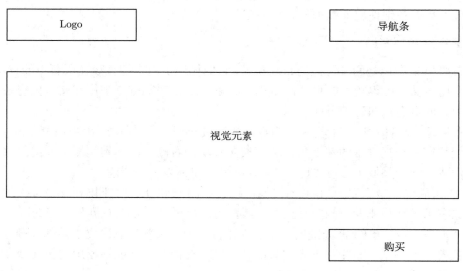

图 4.5　简单的 Z 布局

3. 白空间

白空间也称为负空间，是界面布局中所剩下的未被元素或内容填充的部分。尽管被称为"白"空间，但它并不一定是白色的，这个名字只代表这部分空间未被占据。白空间在界面设计中有着重要的作用。

（1）增强可读性

当文本、按钮和其他界面元素之间有足够的空间时，用户更容易阅读和理解内容。白空间可以防止界面过于拥挤，有助于提升用户的阅读体验和提高内容的可接受度。以一篇在线文章为例。如果段落之间、标题和文本之间以及文本与图片之间的间距都适当，读者会发现这篇文章更加容易阅读和理解。相反，如果所有内容都紧密堆叠在一起，读者可能会觉得眼花缭乱并快速离开。

（2）突出重要内容

通过围绕某个元素留出更多的白空间，设计师可以让这个元素在页面上更为突出，从而引导用户注意到这一部分。假设要在一个购物网站的主页突出某特价商品，在这个特价商品周围留出更多的白空间会使其更加引人注目，从而提高点击率。

（3）创建层次结构

白空间可以帮助设计师创建清晰的层次结构，确保用户按照预期的顺序和优先级浏览内容。在一个新闻应用中，头条新闻可能会比其他新闻占据更大的空间，并具有更大的标题和图片。通过使用白空间分隔各个新闻项目，用户可以轻松区分主要新闻和次要新闻，从而快速获取他们最关心的信息。

（4）平衡与和谐

适量的白空间可以为界面带来平衡感，使其看起来更加和谐、统一。这不仅能使得设计更具吸引力，同时也能为用户提供一种更加愉悦的使用体验。以一个摄影作品的在线展览为例。如果每张图片之间都有统一和适当的间隔，那么整体页面会看起来更有组织性、更和谐。这使得访客可以集中地欣赏每一张图片，而不是被混乱的布局分散注意力。

（5）引导用户行为

通过巧妙地利用白空间，设计师可以引导用户的视线和点击行为，从而有效地驱动他们进行预期的操作，如单击按钮、填写表单等。假设想在一个注册页面上鼓励用户完成注册，通过在"提交"按钮周围留出足够的白空间，就会自然地将用户的视线吸引到这个按钮上，从而增大他们点击并完成注册的可能性。

如图 4.6 所示，在左侧的设计中，文本和按钮之间几乎没有白空间，界面显得很拥挤，这可能导致用户难以阅读和理解内容。而右侧的设计充分使用了白空间，不仅使界面看起来更加清晰和整洁，而且有助于引导用户的视线，更好地突出内容和交互元素，从而提升用户的阅读和使用体验。使用适当的白空间是界面设计中的关键，可以提高内容的可读性和增强界面的聚焦效果。

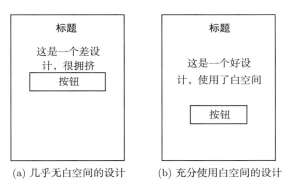

(a) 几乎无白空间的设计　　　(b) 充分使用白空间的设计

图 4.6　有无白空间的效果对比

总之，白空间不应被视为浪费或空白，它是一个有力的设计工具，有助于创建一个既美观又具有强大功能的界面，以便用户更高效、更舒适地使用。正确地利用白空间是高品质界面设计的关键之一。

4. 响应式布局

响应式布局是一种设计方法，能够使得界面适应不同的设备和不同大小的屏幕。通过使用响应式布局，我们可以确保产品在各种设备上都能提供良好的用户体验。

响应式布局的核心思想是首先通过媒体查询（Media Query）检测屏幕尺寸、分辨率和其他特性，然后根据这些特性动态调整布局和样式。这样，无论用户使用的是桌面电脑、手机还是平板，都可以得到不错的显示效果。

响应式布局的主要特点如下。

① 界面元素的宽度和位置通常是相对于其容器或屏幕的百分比，而不是固定的像素值。这样，当屏幕大小变化时，界面元素也会随之变化。

② 与网格布局类似，在响应式布局下，图像和媒体内容也应该是灵活的，可以根据屏幕尺寸自动缩放或重定位。

③ 通过 CSS 的媒体查询功能，我们可以为不同尺寸的屏幕和设备定义不同的样式规则。

实践建议如下。

① 首先，从小屏幕开始设计，然后，逐步添加适用于大屏幕的布局和样式。这称为"移动优先"策略，该策略有助于确保用户在所有设备上都有良好的体验。

② 简洁的设计更容易适应各种大小的屏幕，要避免使用太多复杂的元素和动画，否则可能会使响应式设计变得更加复杂。

③ 确保在各种设备和各种不同尺寸的屏幕上进行测试，以确保响应式布局达到预期效果。

总之，响应式布局不仅是一种技术，更是一种思维方式。它鼓励设计师和开发者从用户的角度出发，考虑他们在不同设备和环境下的需求和体验，从而创建真正的跨设备、跨平台的解决方案。

以上是布局设计的一些基本方法。通过使用这些方法，我们可以创建直观、易用的界面，以满足用户的需求。

4.3.2　样式设计

样式是构成用户界面的重要元素，涉及颜色、字体、图像等视觉元素。样式设计不仅是为了美观，更是为了反映产品的品牌和个性。接下来，我们探讨如何做好样式设计。

1. 颜色设计

颜色在设计中不仅具有审美价值，更对用户情绪和决策有着深远的影响。在选择颜色时，我们必须深思熟虑，特别是考虑颜色与品牌标识符相匹配的问题，确保文字与背景间的对比度足以让内容易于阅读，并为色盲用户提供不会令他们困惑的颜色组合。颜色设计并不是要简单地挑选吸引人的颜色，而是要综合考虑客户品牌的可识别性、用户体验的舒适性和色盲/色弱者的无障碍性。正确地使用颜色不仅可以提高产品的可用性，还能增强其吸引力，为用户带来愉悦的体验。

1）颜色心理学

颜色作为我们所感知的视觉元素，远远超越了单纯的视觉识别。事实上，颜色往往带有深刻的情感、心理和文化含义。颜色背后的寓意对人们的感知和反应起到了决定性的作用。

（1）红色

红色是一种非常引人注目的颜色，通常与活力、激情、爱情和警告相关联。在商业中，红色经常用于促销和折扣，因为它可以激发人们的购买欲望。同时，由于其醒目的特性，红色常被用于警告和禁止的标志。

（2）蓝色

蓝色能带给人一种宁静平和的感觉，通常代表着平稳、可靠和信任。许多公司和品牌都选择蓝色作为他们品牌标识符的主要颜色，因为它传达了专业和诚信的形象。

（3）绿色

当我们想到绿色时，首先想到的可能是树木和草地。它与自然、宁静、健康和放松有关。在商业中，绿色经常与生态友好和可持续发展相关联。

（4）黄色

黄色是一种明亮、引人注目的颜色，代表乐观、幸福、希望和警示。尽管它可以传达温暖和欢乐，但过多的黄色可能会令人不安，因此使用需要适度。

对颜色心理学进行深入了解和研究不仅可以帮助设计师做出明智的设计决策，还能确保所选颜色能够准确地传达期望的信息和情感。文化背景不同的用户对颜色的感知也可能存在差异，因此在跨文化设计中，考虑和理解这些差异也是至关重要的。

2）颜色的一致性和调和

颜色的选择和应用在用户界面设计中占据了至关重要的位置。恰当地使用颜色不仅可以增强设计的吸引力，还能为用户提供一个统一、和谐的体验。一致性是设计中的关键元素，它能够帮助用户建立对品牌或产品的认知和信任。

为了实现这一目标，设计师应当在整个界面中维持颜色的一致性。这并不意味着只能使用单一颜色，而是要避免过度、随意地使用大量不同的颜色。选择一个主颜色作为整体设计的基调是一种常见的做法，这可以为用户提供一个明确的视觉焦点。在此基础上，再添加 1~2 种互补色，既可以增加设计的活力，又不失一致性。图 4.7 给出了主颜色和互补色的示例。

主颜色——宁静的蓝色　　　互补色——橙色　　　互补色——金色

彩图4.7

图 4.7　主颜色与互补色示例

除了要正确选择颜色之外，还要学会如何使用它们。通过对色调、饱和度和亮度进行细微调整，设计师可以在不改变主色调的前提下，使设计更有深度和层次感。例如，浅色背景上的深色文字可以增强可读性，而饱和度较低的颜色可以为界面带来一种柔和、放松的感觉，见图 4.8。

深色文字

主颜色　　　　　　　　　　　饱和度低的颜色

彩图4.8

图 4.8　颜色对比和饱和度示例

总体来说，颜色的一致性和调和对于创建一个专业、吸引人且用户友好的界面至关重要。正确的颜色选择和应用不仅可以吸引用户的注意力，还能增强整体的设计感。

3）颜色工具和资源

设计师在选择颜色时，除了可以凭借个人经验和直觉之外，还可以借助许多在线工具和资源。这些工具和资源分为不同的类别，以满足不同的设计需求。

（1）颜色搭配工具

颜色搭配工具能够自动为设计师提供和谐的颜色组合，使整个设计在视觉上更加统一和协调。例如，Adobe Color①能够提供色轮和预设的颜色方案，而 Colormind②则能够根据用户的输入生成动态的颜色组合。

（2）颜色心理学知识

了解颜色与人类情感和决策的关系是设计师的重要技能。通过学习颜色心理学知识，设计师可以根据目标受众的文化背景和心理特点，选择更具吸引力的颜色。

（3）无障碍颜色检查工具

在设计过程中，考虑色盲用户和其他视觉障碍用户是非常重要的。无障碍颜色检查工具（如 Color Safe③）不仅可以帮助设计师确保文本和背景之间有足够的对比度，还可以提供色盲友好的颜色建议，确保设计对所有用户都是友好的。

综上所述，通过结合个人经验和利用现有的在线工具和资源，设计师可以更加高效地完成颜色设计工作。

2. 字体设计

字体在界面设计中扮演着重要的角色。它不仅是文字的外在表现，更深层次地，还可以强调内容的重要性、传达品牌信息、引导用户的注意力。在选择和使用字体时，以下几点尤为重要。

（1）可读性

字体要清晰易读。这不仅能提高用户的舒适度，还能确保信息被准确无误地传达。过于繁复或艺术化的字体的可读性可能会比较低，尤其是在小尺寸显示时。

（2）一致性

在整个应用或网站中保持字体风格一致，可以提升用户的整体体验，使内容看起来更加有条理、更加专业。不同的字体应该有各自明确的用途，如标题、正文或引用。

（3）字重与风格

字重（如常规、粗体）和风格（如斜体）可以用来强调文本的重要性或区分不同类型的内容。适当使用字重和风格变种可以使内容层次分明，但过度使用可能会使页面看起来比较杂乱。

（4）字体间距和行高

适当的字母间距和行高可以大大提高文本的可读性。过窄的间距或过低的行高可能会使文本看起来比较拥挤，而过宽的间距或过高的行高可能会使文本看起来比较分散。

（5）字体家族和备用字体

---

① Adobe Color 是由 Adobe Systems 提供的一个色轮和配色工具，能够帮助设计师进行颜色选择和搭配。详情请见网址 https://color.adobe.com/。

② Colormind 是一个自动生成颜色配方的工具，通过结合深度学习技术来帮助设计师和艺术家寻找和谐的颜色组合。详情请见网址 http://colormind.io/。

③ Color Safe 是一个帮助设计师选择无障碍颜色组合的工具，专为那些希望其设计对所有用户（包括色盲用户）都友好的人们设计。详情请见网址 http://colorsafe.co/。

要尽可能选择支持多种语言和字符集的字体。此外，还要为字体提供备用字体，以确保在某些环境下，当首选字体无法加载时，内容仍然可以正常显示。

选择字体时，除了应考虑以上因素之外，还应考虑品牌形象、目标受众和内容的性质。正确的字体可以准确传达信息，提升用户体验，并为品牌建立独特的识别度。

3. 图像设计

在数字界面中，使用图像不仅是为了美观，更重要的是它们有助于传达信息、提升用户体验、为内容增添情感色彩。但同样，不恰当的图像设计可能会导致用户分心，甚至误导用户。为了确保图像能够有效地支持内容和界面设计，建议遵从以下几点要求。

（1）大小和分辨率适当

选择大小和分辨率合适的图像很重要。过大的图像可能导致加载时间过长，而分辨率过低的图像可能看起来比较模糊。注意，要确保图像在各种设备和各种不同尺寸的屏幕上都能清晰、准确地展现。

（2）与内容相关

图像应当与界面的内容和目的紧密相关。合适的图像可以帮助用户更好地理解内容，提供上下文，或者引导用户的注意力。

（3）避免装饰过多

虽然图像可以为界面增添美感，但过度或不相关的装饰可能会让界面显得杂乱，甚至分散用户的注意力。图像应该为设计服务，而不是与之竞争。

（4）加载时间不宜过长

对图像进行优化，确保它们的文件大小适中，以减少加载时间，特别是在移动设备或网络连接较慢的环境中。

（5）考虑文化和情感因素

图像带有文化和情感的寓意，因此，在为不同的目标受众设计时，应该深入了解他们的背景和偏好，以确保图像与目标受众相匹配。

总体来说，图像设计应该始终聚焦于提升用户体验、准确传达信息，并在视觉上与整体的设计方向保持一致。使用恰当的图像可以增加设计的价值，但需要在使用图像时持续考虑选择该图像的意图和由此带来的影响。

4.3.3　界面设计原则

在界面设计中，有一些基本的原则可以指导我们设计更加人性化、高效和易于使用的界面。以下列举了几个关键的界面设计原则。

1. 一致性

一致性是界面设计中的核心原则，旨在为用户提供一致的、可预测的体验。当一个应用或网站在其各个部分保持一致时，用户可以更容易地学习和使用，从而提高效率并降低出错的可能性。一致性可以分为几个子类。

① 操作一致性：当用户在应用的不同部分执行相同的操作时，这些操作应该产生相同或相似的结果。例如，如果在一个页面上点击标题可以展开详细内容，那么在其他页面上

也应该是如此。

② 视觉一致性：设计中的颜色、字体、图标和布局应在整个界面中保持一致。这不仅可以提高品牌的识别度，还可以帮助用户更快地识别和理解界面元素。

③ 功能一致性：如果多个页面有相似的功能，那么这些功能的工作方式应该是一致的。例如，所有的搜索框都应该支持相同的搜索语法和操作。

④ 外部一致性：应用或网站应与其所在的平台或环境中其他应用的行为和外观保持一致。例如，一个鸿蒙应用应该遵循鸿蒙的设计指南，以确保用户在不同的鸿蒙应用之间有一致的体验。

总之，遵循一致性原则可以减轻用户的心理负担，使他们更容易理解和使用应用。同时，它也为设计师提供了一个明确的框架，使设计过程更为简洁，且目的性更强。在设计中考虑一致性有助于创建一个统一、有序和用户友好的界面。

2. 反馈

反馈是界面设计中体现人机交互效果的关键元素，它能确保用户明白自己的操作是否达到了预期的效果。正确的反馈不仅可以增强用户的信心，还可以帮助他们更有效地使用应用或网站。以下是关于提供有效反馈的几个指导原则。

① 即时反馈：用户的任何操作，无论是点击、滑动还是输入，都应得到及时的响应。这可以是按钮颜色的变化、动画切换、声音提示或其他形式的视觉或听觉反馈。例如，当用户提交表单时，系统可以显示一个加载指示器，让用户知道他们的请求正在被处理。

② 错误反馈：当用户的操作没有达到预期结果时，系统应该提供清晰、明确的错误信息。这些信息应该简洁、友好并包含修正错误的建议。例如，密码错误时，系统可以提示"密码不正确，请重试"。

③ 成功反馈：当用户成功完成一个任务或操作时，应该明确地告诉他们。这可以通过显示消息、图标的方式来实现。例如，文件上传成功后，系统可以显示一个勾选图标和"上传成功"的消息。

④ 进度反馈：对于需要较长时间来完成的任务，如文件上传或大数据处理，系统应提供进度指示，让用户知道操作进行到了哪一步，还需多长时间完成。

⑤ 确认反馈：在用户进行可能有严重后果的操作（如删除文件）之前，系统应询问用户是否确定要继续，以防意外操作的发生。

确保提供恰当和及时的反馈是创建用户友好界面的关键。通过正确地指导和告知用户，可以帮助他们更自信地进行操作，从而减少错误，并提高整体的用户满意度。

3. 简单性

简单性是界面设计的核心原则之一，目的是减轻用户的认知负担，让界面直观易懂。为了达到这一目标，设计者需要遵循以下几点。

① 减少步骤：在设计流程和操作时，尽量减少用户完成任务所需的步骤，让用户可以更加迅速和高效地完成目标操作。

② 使用简单的语言：在按钮、链接或导航标签上使用简单明了的语言，避免使用大多数用户都难以理解的专业术语或不常见的词汇。

③ 保持布局直观：保持界面元素的逻辑布局，确保相关的信息和控件彼此接近，分隔开非相关的内容。

④ 提供默认选项：在可能的情况下，为用户提供默认或推荐的选择，这样用户可以在不进行太多思考的情况下继续操作。

⑤ 避免不必要的功能：只添加对大多数用户都真正有用的功能，避免界面因太多不常用的功能而变得复杂。

遵循以上几点，我们不仅可以为用户提供高效、轻松和愉快的使用体验，还可以提高应用或网站的整体用户满意度。

4. 用户控制

用户在与界面互动时，应始终感觉到自己控制着情境。这种控制感不仅可以提升用户体验，还能增强他们的信心和提高他们的满意度。

① 允许撤销和重做：每个人都可能犯错误或者改变主意，因此，允许用户撤销他们之前的操作或重做某个步骤是十分重要的。这为用户提供了一个安全网，让他们知道自己可以轻松纠正错误。

② 给予选择权：不应让用户感到被束缚或被迫遵循某种特定路径，给予他们选择权，让他们决定如何进行，这样可以提高他们的参与感和满足感。

③ 避免过度引导：虽然引导用户很重要，但是过度的引导或过于明显的提示可能会让用户感到被限制。设计时，要找到一个平衡点，既要确保用户得到足够的指导，又要保证用户拥有足够的空间。

总之，尊重用户的主动权和自主权是关键。他们不应只是被动地接受界面提供的内容和引导，而是应该有足够的空间进行探索和决策。

4.3.4　响应式设计

在当今的多设备环境中，设计一个界面不只是为了一种特定尺寸的屏幕或设备。随着智能手机、平板电脑、台式机以及各种尺寸的显示器的普及，响应式设计已经成为前端设计的核心要素。响应式设计的目标是确保网站和应用在所有设备上都提供优质的用户体验。

1. 流体网格

流体网格的设计方法采用相对单位（如百分比），而不是固定单位（如像素）来定义页面元素的大小。这种方法确保了当屏幕尺寸变化时，能对元素的大小和位置进行适当的调整，从而保持页面的整体布局和视觉效果。

设计师可以使用流体网格创建自适应的网页布局，无论用户正在使用的是桌面、平板还是手机，都能保证内容的完整性和可读性。例如，一个三列的网页布局在桌面上可以完全显示，但在手机上，它可能会变成单列布局，以确保内容不被挤压或裁剪。

在流体网格中，图片的尺寸和位置都是可调的。这确保了图片可以在不失真的情况下适应不同尺寸的屏幕。利用 CSS 的特性，如 "max-width: 100%"，可以使图片保持其原始比例，同时确保它们不超出其容器的宽度。

除了百分比之外，还可以使用其他相对单位（如 "em" 或 "rem"）来定义元素的大小和间距。这些单位与用户的文本大小设置相关，可使设计更具可访问性。

通常，可以将流体网格与媒体查询结合起来使用，以便根据设备的特性（如宽度、高度或分辨率）使用不同的样式。这进一步增强了页面的响应性和灵活性。

总之，流体网格为响应式设计提供了坚实的基础，能够确保网页在各种设备和不同尺寸的屏幕上都提供一致的用户体验。

2. 媒体查询

媒体查询是 CSS3 中的一个重要功能，允许设计师为不同尺寸的屏幕、不同方向（横屏或竖屏）或其他显示条件（如分辨率或颜色能力）的设备设置特定的 CSS 样式。这些 CSS 样式是响应式设计的核心组件，能够确保网站或应用在各种设备上都提供良好的用户体验。

断点是媒体查询中定义的屏幕尺寸，当屏幕宽度达到这个尺寸时，CSS3 会应用一套新的样式规则。例如，你可以首先为小于 600 px 的屏幕定义一个断点，然后为其设置特定的样式。选择断点时，应该基于内容而不是特定的设备尺寸，从而确保网站和应用在所有情况下都能提供良好的用户体验。

响应式设计的目的是为各种设备提供最佳的视觉效果，而不只是针对当前流行的特定设备。因此，在使用媒体查询时，设计师应该考虑多种可能的屏幕尺寸、分辨率和方向，而不只是针对特定的品牌或型号。

媒体查询不仅可以用在布局发生变化时，还可以用在颜色、字体、边距等样式属性发生变化时。这意味着你可以根据用户的设备或环境为他们提供最佳的视觉体验。

你既可以使用单独的媒体查询，也可以使用组合的媒体查询，以便为不同尺寸的屏幕设置多重样式。例如，你可以为小屏幕和高分辨率的设备设置一个组合的媒体查询，确保提供清晰的图像和文本。

总体来说，媒体查询为设计师提供了一个强大的工具，可以确保他们的设计在各种屏幕和设备条件下都正常工作，从而为用户提供一致且高质量的体验。

3. 灵活的媒体

在响应式设计中，确保所有元素都适应不同的屏幕尺寸十分重要。这不仅包括文本内容，还包括其他媒体内容，如图片、视频、图表和其他视觉元素。这些内容必须能够根据用户的设备自动调整，以提供最佳的用户体验。

（1）图片

为确保图片在各种设备上都能快速地加载且清晰地显示，可能需要根据不同的屏幕尺寸和分辨率提供不同版本的图片。此外，可以考虑使用懒加载技术，让图片只在用户滚动鼠标时才加载，从而提高页面加载速度。

（2）嵌入内容

对于视频、地图或其他第三方嵌入内容，不仅要确保它们在不同的设备上正常显示，还要确保用户与它们的交互是流畅的。可以考虑使用自适应的嵌入代码，确保内容能够根据容器大小自动调整。

（3）矢量图形

相比传统的位图，矢量图形（如 SVG 格式的图形文件）在缩放时不会失真，非常适合响应式设计。矢量图形文件通常占有较小的磁盘空间和内存空间，并且其在界面上显示的大小可以随着屏幕尺寸的变化而自动改变。

（4）响应式视频

与图片一样，响应式视频也应该能够根据屏幕尺寸调整自身大小。响应式视频应该适应各种屏幕宽度的视频播放器，并确保在移动设备上也能提供流畅的播放体验。

（5）带宽

在移动设备上，尤其是在数据流量受限的环境中，加载大的文件可能会导致额外的费用和长时间的加载延迟。通过优化媒体内容，我们可以减少不必要的带宽消耗，从而确保在所有网络环境下都能提供良好的用户体验。

灵活的媒体确保了无论用户使用何种设备或多大尺寸的屏幕，都能获得最佳的交互体验。

总之，响应式设计确保了在多种设备和多种尺寸的屏幕上，用户都能获得一致且高质量的体验。设计师和开发者需要密切合作，确保内容、布局和样式都能适应多变的环境。

设计界面布局和样式是一个需要技术知识和艺术灵感的过程，我们应该根据用户需求和上下文进行设计，并不断进行迭代和改进。

4.4　响应和交互

响应和交互设计是用户界面设计的重要组成部分。良好的响应和交互设计能够使用户更好地理解界面，更高效地完成任务。

4.4.1　交互设计

交互设计关注用户如何与界面交互，以及界面如何响应用户的操作。交互设计应该能使用户直观地理解如何使用界面，帮助用户预测界面的反应。

界面元素（如按钮、链接和滑块）应清晰明确，以便用户理解。

① 布局要符合习惯：根据不同地域的文化和习惯，放置常用的界面元素，例如，在某些国家，导航通常位于顶部或左侧。

② 使用明确的标签：按钮或链接的文本应准确描述其功能，避免使用模糊的术语。

通过一些方法引导用户完成任务。

① 步骤指示：对于复杂的任务，提供分步指示，帮助用户逐步完成。

② 进度指示：当需要一段时间来完成任务时，显示进度条或其他形式的进度指示。

当用户与界面互动时，应提供明确的反馈，如按钮点击效果或滑动响应。

① 即时反馈：例如，当用户填写表单时，可以实时验证输入并提供反馈。

② 情境反馈：根据用户的操作提供相应的反馈，例如，在音乐播放器中单击"播放"按钮后，该按钮变为"暂停"。

交互设计的目标是创建一个用户友好的界面，使用户不加思考地完成他们的任务。这通常需要迭代和测试，以确保设计满足用户的期望和需求。

4.4.2　界面反馈

界面反馈是界面响应用户操作的方式。界面反馈应该及时、清晰、有意义，并能够帮助用户理解他们的操作是否成功以及界面的当前状态。

用户的每一个操作（无论多么小）都应该得到某种形式的反馈，以便用户确认系统已经识别了该操作。

① 加载指示器：当内容或功能需要时间加载时，应使用加载动画或进度条来告知用户。

② 确认操作：例如，当用户删除一个项目时，应使用简短的弹出消息告知用户操作成功。

不同的反馈类型可以帮助用户更好地理解系统的响应。

① 颜色反馈：例如，当一个选项被选择时，可以通过将其背景色调暗来指示其已处于选中状态。

② 动画反馈：轻微的动画（如按钮微微移动）可以帮助用户确认按钮已被按下。

③ 声音反馈：在某些设备或应用（如手机或游戏）中，可以用声音来确认某些操作，但应提供关闭声音的选项，以免打扰用户。

设计者要确保用户随时了解系统或应用的当前状态。

① 图标指示：例如，当一个应用正在后台运行时，顶部栏可以显示一个小图标。

② 文字提示：例如，当电池电量低时，不仅可以显示电池图标，还可以显示"电池电量低，请充电"的文字提示。

③ 推送通知：对于重要的状态更改或警告，可以使用推送通知来确保用户获得信息。

为用户提供明确、及时的界面反馈是提升用户体验的关键。确保用户始终了解他们的操作效果以及系统的响应和状态，可以大大增强用户的信心和提高用户的满意度。

4.4.3　错误处理

错误处理是设计中的重要部分。当用户操作错误或系统出现问题时，程序应该提供清晰、明确的错误信息，并指导用户解决问题。

为用户提供有关错误的详细信息时，要避免使用过于专业的术语。

① 具体描述：例如，应具体描述为"密码至少需要 8 个字符，包含一个大写字母和一个数字"，而不应简单地说"密码错误"。

② 提供建议：如果可能，应提供具体步骤来纠正错误，如"请检查您的网络连接，并尝试再次刷新页面"。

对用户的错误表示宽容，并允许他们轻松纠正错误。

① 允许撤销和重做：例如，文本编辑器应提供"撤销"和"重做"功能，以便用户可以撤销或重复他们的操作。

② 自动保存：在某些情境下，如文档编辑，自动定期保存用户操作的结果可以避免应用崩溃或其他错误导致的数据丢失。

设计师要尽可能通过设计预防错误的发生。

① 验证输入：使用前端验证确保用户输入格式的正确性，例如，验证电子邮件地址是否包含"@"符号。

② 提供建议：例如，当用户在搜索框中输入时，提供搜索建议可以帮助他们更快地找到需要寻找的内容。

③ 提供默认设置：为某些复杂的选项提供默认设置，但允许用户根据需要进行更改。

正确的错误处理不仅能帮助用户识别并解决问题，还可以提高他们对产品的信任度和满意度。设计师应该考虑所有可能的错误情境，并确保为用户提供有助于他们完成任务的工具和信息。

4.4.4　动画和过渡

动画和过渡可以使界面更生动、更有趣，也可以提供有用的视觉反馈。但是，我们应该谨慎地使用动画和过渡，以确保其能够提升用户体验，而不会干扰用户。

动画不应该仅为了视觉效果而存在，还应为用户交互提供意义。

① 强调关键内容：例如，当新消息到达时，轻微的震动或颜色变化可以引起用户的注意。

② 提示状态变化：例如，加载旋转标志可以表示数据正在被获取。

③ 引导和教学：动画可以引导新用户了解如何使用应用或特定功能。

动画要微妙，使用的时候要有节制，以确保用户的主要焦点始终在内容和任务上。

① 控制时间：动画的持续时间要短，以避免不必要的等待。

② 选择性使用：不是每个动作都需要动画。例如，频繁的日常任务可能不需要太多的视觉反馈。

③ 提供关闭动画的选项：在某些情况下，为用户提供关闭动画的选项是明智的，尤其是那些可能导致晕动症的动画。

对动画进行优化可以确保它们在所有设备上都能流畅地运行。

① 资源管理：确保动画不会消耗过多的处理器或内存资源。

② 跨平台一致性：测试动画在不同设备和浏览器上的表现，以确保用户体验的一致性。

③ 考虑网络条件：对于需要从网络加载的动画（如 GIF），要确保其文件大小适中，以便在低速网络上也能快速加载。

总体来说，动画和过渡是增强用户体验的强大工具，但需要在恰当的时机和场景中使用它们，以确保效益最大化。

通过良好的响应和交互设计，我们可以提高用户的满意度和参与度、提升用户体验。

4.5　多语言支持

随着全球化的推进，多语言支持已成为软件和应用不可或缺的特性。在设计用户界面时，我们需考虑如何满足来自不同地区和具有不同语言的用户的需求，为他们提供无障碍的使用体验。

4.5.1　国际化和本地化

国际化（通常简称为 i18n，表示"i"和"n"之间有 18 个字符）和本地化（通常简称为 l10n，表示"l"和"n"之间有 10 个字符）是为全球市场准备产品的两个关键步骤。国际化能够确保产品的设计和代码基础结构支持多语言和多个不同的地区，而本地化则是基于这个结构针对特定市场进行的适应工作。

（1）提前规划

国际化是一个持续的过程，而不是一个一次性的任务。在项目初期就考虑这一点可以使后续的本地化工作更加简单和高效。例如，某些功能在特定地区可能会受到法律或文化的限制。

（2）使用资源文件

我们可以使用资源文件管理所有与语言和地区相关的信息，如文本、图片和日期格式。这样，当需要针对新的语言或地区进行本地化时，只需添加或修改相应的资源文件，而无须更改代码。

（3）避免硬编码

将界面文本、错误消息、日志信息等直接硬编码在代码中是一种常见的错误。这样做将使本地化工作变得复杂并且容易出错。使用变量和资源文件可以确保代码的整洁和可维护性。

（4）考虑多种情境

文化背景不同的用户可能对颜色、图标、图片和一些习惯性操作有不同的理解和感受。在进行本地化时，除了文字翻译外，还需考虑这些方面的差异。

（5）本地化测试

完成本地化后，应进行全面的测试，以确保产品在目标市场中的表现与预期一致。测试时，应考虑语言、文化和习惯等因素。

（6）利用社区的力量

我们可以考虑利用社区的力量进行本地化，尤其是在对偏远地区的支持方面，社区成员往往比专业译者更了解当地的语言、文化和习惯。

总体来说，良好的国际化和本地化策略不仅可以拓宽产品的市场，还可以提高用户的满意度和忠诚度。

4.5.2　字符编码

字符编码是指将字符集中的字符映射到数字的系统。正确的字符编码能够确保各种文本在各种语言和地区设置下都正确显示，而不会产生乱码。

UTF-8 是 Unicode 的一种实现方式，具有很高的兼容性和很广的覆盖面。它支持多种语言和脚本，可以无缝地处理任何语言的字符。由于其变长特性，UTF-8 在表示常见字符时较为高效。

乱码往往是字符编码不匹配造成的。为确保文本在所有环境下都能正确显示，开发者应始终在应用、数据库和文档中使用统一的编码。另外，开发者还要避免在不支持某种编码的系统或平台上强行使用该编码。

在文件和网页的头部，应明确声明所使用的字符编码。例如，在 HTML 文档中使用 meta 标签来声明 UTF-8 编码。

我们可以使用字符检测工具确认文本的编码，并在必要时进行转码。这种工具可以自动识别或推断文本的编码，帮助开发者确保文本正确显示。

在进行数据传输或存储时，要确保目标系统或平台支持源数据的编码。例如，当将数据从一个数据库迁移到另一个数据库时，要注意二者的字符编码设置。

在某些情境下，如在 XML 或 JSON 中，需要对某些字符进行转义，以避免解析错误。

理解并正确使用字符编码是全球化和本地化策略的基础，可以确保信息在跨平台、跨语言环境中的一致性和正确性。

4.5.3　文本方向和排版

文本方向和排版是多语言界面设计中的重要组成部分。对于语言和文化背景不同的用户，他们拥有不同的书写、阅读和视觉习惯。为了提供真正的全球化用户体验，设计者需要深入考虑和理解这些差异。

（1）自适应布局

对于支持从右到左（如阿拉伯语、希伯来语）和从左到右（如英语、汉语）的文本方向的语言，界面应该具备自动翻转的能力。这包括文本、图标、导航元素等的位置和方向。

（2）字体选择

选择的字体应该支持目标语言的所有字符和标点符号。此外，某些语言还有特定的字形需求，如阿拉伯语的连字符。我们要确保字体在各种语言环境下均具有优良的可读性和美观性。

（3）空间分配

由于不同语言间的文本长度差异，界面元素（如按钮和标签）应具有动态调整大小的能力。某些语言可能需要更多的空间来清晰地传达信息。

（4）垂直文本布局

对于某些语言（如日语和中文），我们可能使用垂直排版（如古籍阅读、书法练习等应用软件）。设计时，我们应确保界面能够适应这种垂直文本布局。

（5）行高和行距

不同的语言和脚本可能需要不同的行高和行距来确保良好的可读性。例如，泰语和某些印第安语言可能需要更大的行距来容纳上下标。

（6）文化和习惯

除了纯文本布局之外，还应考虑不同文化背景的人对于颜色、图像和符号的解读和偏好。我们要确保设计在所有目标市场中都符合当地的文化和习惯。

综上所述，为了创建一个真正全球化的界面，设计者需要进行深入的研究，确保考虑到各种语言和文化的特点。

4.5.4　日期和时间的格式

日期和时间是我们日常生活中不可或缺的一部分，它们在全球各地都有各自的表示方式。为了真正使产品全球化，设计者应该考虑并尊重各种日期和时间格式的差异。

① 用户应该能够轻松选择和更改日期和时间的格式。例如，某些用户可能更喜欢"日–月–年"的格式，而有些用户则可能习惯使用"月–日–年"的格式。

②　对于许多在线服务和应用程序，时区是一个需要重点考虑的因素。设计者应确保用户可以选择合适的时区，并为他们提供清晰的时区转换功能。

③　不同国家对日历系统和工作周的定义不同，设计者应考虑这一点。例如，大多数国家都将星期一视为一周的开始，而在中东地区的某些国家，星期五和星期六是周休假日。此外，设计者有时还要考虑阴历。

④　全球各地的节假日有所不同，应用程序开发者应考虑到这一点，并使应用程序在适当的情况下提醒用户。

⑤　除了日期和时间之外，数字的表示也会受到不同地区的文化的影响。例如，某些地区使用逗号来表示千位分隔符，而其他地区则使用点来表示千位分隔符。

⑥　在某些情境中，自动适应用户的地理位置并显示相应的日期、时间和数字格式可能是个好方法，但要确保用户可以手动更改这些设置。

总体而言，对日期和时间格式提供全面支持不仅有助于提升用户体验，还表现了对全球用户的理解和尊重。

综上所述，为了实现真正的全球化，除了需要考虑语言翻译问题之外，还需深入考虑多地区的文化和习惯。通过考虑多语言支持，我们可以提高产品的普适性和可用性，让更多的用户使用我们的产品。

4.6　命令行界面

4.6.1　定义

命令行界面 (Command Line Interface, CLI) 是一种基于文本的用户与计算机交互的界面。与 GUI 不同，CLI 不依赖于视觉表示，而完全基于文本。在 CLI 中，用户通过键盘输入特定的命令，这些命令代表了不同的操作或指令。计算机将解析这些命令，并执行相应的任务，之后通过文本的形式给予用户反馈。

CLI 通常是黑色或白色的背景，上面显示了白色或其他颜色的文本，如图 4.9 所示。尽管 CLI 可能看起来更为原始，但它给予了高级用户和管理员很大的操作空间和控制权。这是因为它允许用户直接与系统进行交互，而无须通过 GUI。

此外，CLI 也常常被用作编程和脚本编写的工具，因为它允许用户快速地执行和测试新的代码片段。对于许多任务，CLI 提供了一种比 GUI 更快速和直接的方法。

4.6.2　发展历史

在 GUI 之前，CLI 是用户与计算机交互的主要方式。早期的计算机系统由于硬件的限制和高成本的图形处理技术，其用户界面都是基于文本的。这使得 CLI 被广泛使用。

20 世纪 50 年代至 60 年代，早期的计算机（如 ENIAC 和 UNIVAC 等）主要依赖打孔卡片或类似的方法输入指令。随着技术的发展，终端机开始出现，它允许用户通过直接键入命令与计算机交互。

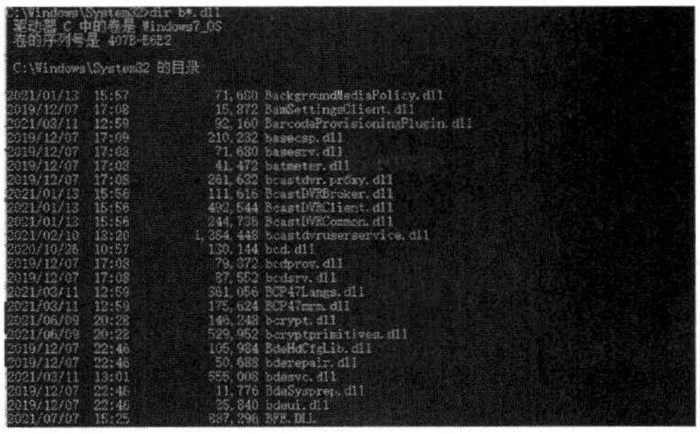

(a) Windows 命令提示符 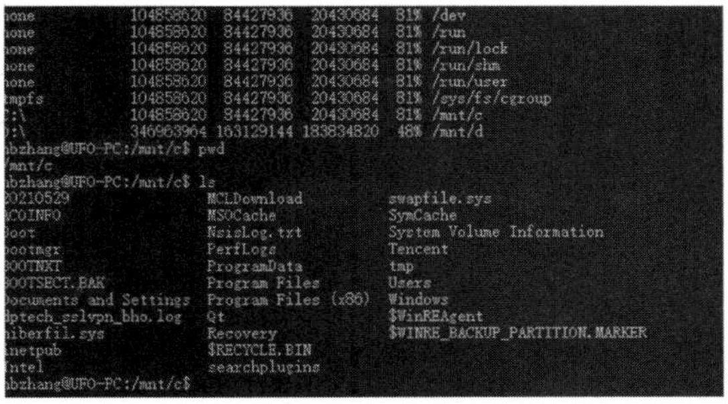　　　　　　　　　　(b) Linux Bash 终端界面

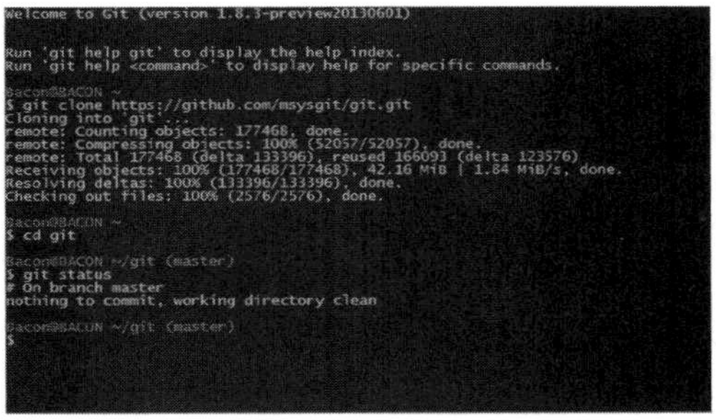

(c) Git 命令行终端界面 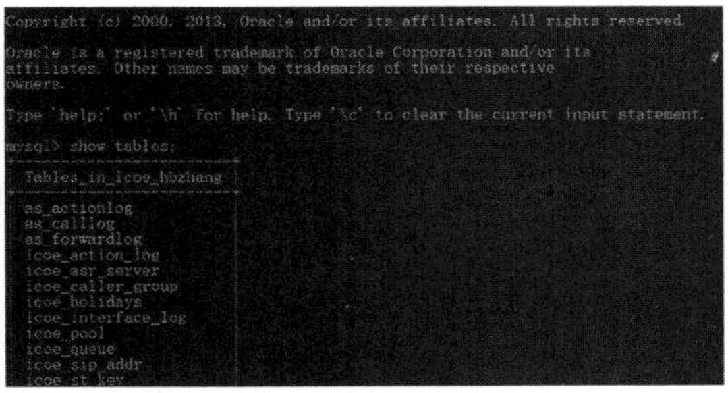　　　　　　　　　　(d) MySQL 命令行终端界面

图 4.9　CLI 示例

20 世纪 70 年代，UNIX 操作系统的出现为 CLI 设置了新的标准。由于其稳定性和强大的命令行工具，UNIX 迅速受到了学术界和工业界的欢迎。它的很多功能和命令在今天仍然被广泛使用。

20 世纪 80 年代，随着个人电脑的普及，CLI（如 MS-DOS）开始进入家庭。然而，随着 Apple Macintosh 和 Microsoft Windows 的推出，GUI 开始获得更多的关注，逐渐取代 CLI 成为主流。

虽然 GUI 在桌面计算领域占据主导地位，但是 CLI 并没有消失，尤其是在服务器管理、软件开发和系统维护等领域，CLI 仍然是不可或缺的工具。随着云计算、容器化和 DevOps 的兴起，CLI 再次获得了开发者和系统管理员的青睐。

尽管如此，CLI 与 GUI 并不是相互排斥的。在现代操作系统中，两者往往共存，为用户提供多样化的交互方式。

4.6.3　优点和缺点

CLI 的优点主要体现在三个方面。首先，CLI 的灵活性和强大性不容忽视。它提供了高度自定义和精确控制的可能性，用户可以通过组合不同命令和参数来执行复杂任务，这在 GUI 中可能是难以实现或无法实现的。其次，CLI 在资源消耗方面有着明显的优势。相比 GUI，CLI 通常需要的系统资源（如 CPU 和内存）更少，这使其非常适合资源有限的环境，如老旧的硬件或者服务器上。最后，CLI 极大地方便了脚本化和自动化的流程。用户可以将常用的命令序列保存成脚本。这种脚本不仅便于快速执行命令，还可以轻松地与其他工具和系统集成在一起，从而完成更复杂的任务。

然而，CLI 也有其不可忽视的缺点。首先，它的学习曲线相对较陡。对于初学者而言，CLI 可能难以理解和使用，尤其是与直观的 GUI 相比，它需要用户投入更多的时间和精力来学习。其次，CLI 在直观性方面有所欠缺，它通常缺少图形化的提示和反馈，要求用户必须精确地知晓需要输入的命令和参数，这对于初学者来说是一大挑战。最后，用户使用 CLI 往往需要记忆大量的命令和参数。虽然用户可以通过帮助文档或在线搜索来查找命令，但在日常使用中，能够记住常用的命令和参数显然更加高效。

4.6.4　应用场景

CLI 在许多领域都有应用，如服务器管理、数据处理等，其中与程序设计实践相关的场景如下。

① 服务器管理和维护：在无 GUI 的 Linux 系统中，CLI 适用于轻量级的服务器管理和维护任务。

② DevOps 和持续集成/持续部署：CLI 工具（如 Docker、Kubernetes 和 Terraform）在自动化构建、测试和部署应用程序中起关键作用。

③ 版本控制：版本控制系统（如 Git）常通过 CLI 来执行复杂的版本管理操作。

④ 文本处理和数据分析：CLI 工具（如 awk、sed、grep 和 cut）适用于复杂的文本处理任务，Python 和 R 等数据分析工具也提供 CLI。

⑤ 系统编程和脚本编写：系统管理员和开发人员能够利用 CLI 编写和执行脚本、自动化日常任务。

⑥ 数据库的查询和管理：MySQL 和 PostgreSQL 等数据库系统能够提供 CLI，用于数据库的查询和管理。

⑦ 软件包的安装、更新和管理：在多种操作系统中，CLI 可用于软件包的安装、更新和管理。例如，在 Debian 和 Ubuntu 中，用户在 CLI 中使用 APT 命令完成软件包的管理、安装、更新等操作；而在 RedHat 和 CentOS 中，相似的任务则由用户在 CLI 中使用 YUM 命令完成。

⑧ 高性能计算和远程访问：通过 SSH 等 CLI 工具，用户可以远程访问服务器和高性能计算集群，并将 CLI 作为主要的交互界面。

⑨ 嵌入式系统和物联网：因资源限制，许多嵌入式系统和 IoT 设备都把 CLI 作为主用户交互界面。

4.6.5　典型应用

1. 配置文件

配置文件在软件工程中扮演着关键的角色，它允许程序在不修改代码的情况下适应不同的环境和需求。合理地规划配置项，不仅可以提高程序的灵活性和可维护性，还可以提升用户体验。

图 4.10(a) 是 MySQL 数据库管理系统的配置文件片段。我们可以看到 max_connections、default-character-set 和 thread_concurrency 等配置项。通过 CLI，管理员可以迅速定位到这些配置项，并进行修改，以优化服务器性能或进行故障排除。此外，CLI 的文本输出也使得搜索和审查配置变得简单，这是因为管理员可以使用像 grep 这样的工具来过滤输出或定位特定的配置项。图 4.10(b) 展示了 Linux 系统中的/etc/passwd 文件，这是一个用于存储用户账户信息的文本文件。通过使用 CLI，管理员能够通过轻松地编辑这个文件来添加、删除或修改用户账户信息。利用 vi、nano 或 sed 等 CLI 工具，管理员可以快速地定位并编辑文件中的特定行，这为用户账户管理提供了一种高效、直接的方法。此外，由于这个文件是纯文本格式，管理员可以使用 grep 等命令搜索特定的用户信息，这在 GUI 中可能更加困难或缓慢。CLI 允许通过编写脚本来自动化常见的管理任务，这在处理大量用户数据或进行批量更新时显得尤为有用。

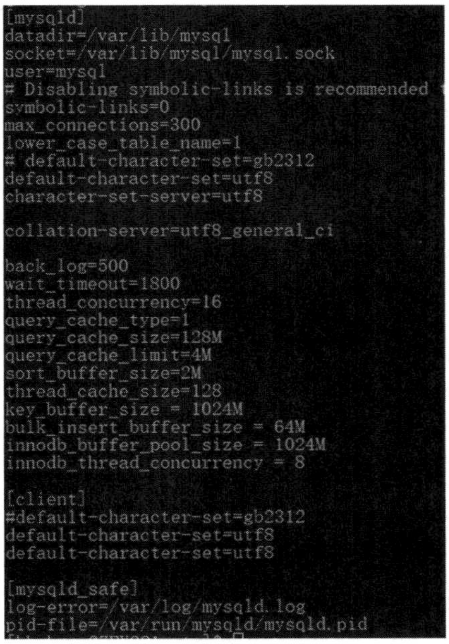

```
[mysqld]
datadir=/var/lib/mysql
socket=/var/lib/mysql/mysql.sock
user=mysql
# Disabling symbolic-links is recommended t
symbolic-links=0
max_connections=300
lower_case_table_name=1
# default-character-set=gb2312
default-character-set=utf8
character-set-server=utf8

collation-server=utf8_general_ci

back_log=500
wait_timeout=1800
thread_concurrency=16
query_cache_type=1
query_cache_size=128M
query_cache_limit=4M
sort_buffer_size=2M
thread_cache_size=128
key_buffer_size = 1024M
bulk_insert_buffer_size = 64M
innodb_buffer_pool_size = 1024M
innodb_thread_concurrency = 8

[client]
#default-character-set=gb2312
default-character-set=utf8
default-character-set=utf8

[mysqld_safe]
log-error=/var/log/mysqld.log
pid-file=/var/run/mysqld/mysqld.pid
```

(a) MySQL 配置文件

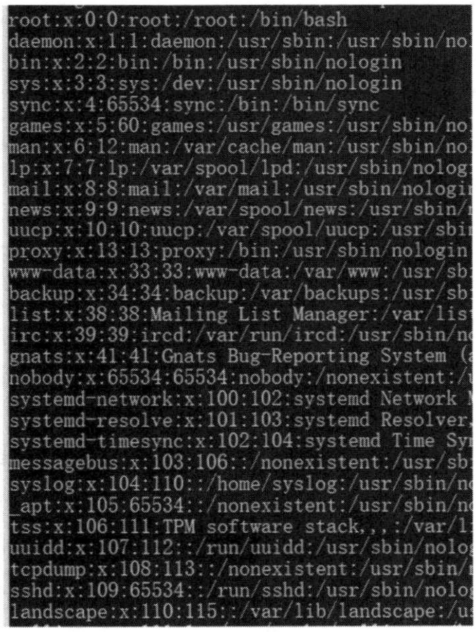

```
root:x:0:0:root:/root:/bin/bash
daemon:x:1:1:daemon:/usr/sbin:/usr/sbin/no
bin:x:2:2:bin:/bin:/usr/sbin/nologin
sys:x:3:3:sys:/dev:/usr/sbin/nologin
sync:x:4:65534:sync:/bin:/bin/sync
games:x:5:60:games:/usr/games:/usr/sbin/no
man:x:6:12:man:/var/cache/man:/usr/sbin/no
lp:x:7:7:lp:/var/spool/lpd:/usr/sbin/nolog
mail:x:8:8:mail:/var/mail:/usr/sbin/nologi
news:x:9:9:news:/var/spool/news:/usr/sbin/
uucp:x:10:10:uucp:/var/spool/uucp:/usr/sbi
proxy:x:13:13:proxy:/bin:/usr/sbin/nologin
www-data:x:33:33:www-data:/var/www:/usr/sb
backup:x:34:34:backup:/var/backups:/usr/sb
list:x:38:38:Mailing List Manager:/var/lis
irc:x:39:39:ircd:/var/run/ircd:/usr/sbin/n
gnats:x:41:41:Gnats Bug-Reporting System (
nobody:x:65534:65534:nobody:/nonexistent:/
systemd-network:x:100:102:systemd Network
systemd-resolve:x:101:103:systemd Resolver,
systemd-timesync:x:102:104:systemd Time Sy
messagebus:x:103:106::/nonexistent:/usr/sb
syslog:x:104:110::/home/syslog:/usr/sbin/n
_apt:x:105:65534::/nonexistent:/usr/sbin/n
tss:x:106:111:TPM software stack,,,:/var/l
uuidd:x:107:112::/run/uuidd:/usr/sbin/nolo
tcpdump:x:108:113::/nonexistent:/usr/sbin/
sshd:x:109:65534::/run/sshd:/usr/sbin/nolo
landscape:x:110:115::/var/lib/landscape:/u
```

(b) Linux 配置文件

图 4.10　命令行配置文件

在规划配置项时一般选择如下数据。

（1）网络环境变化数据

网络参数（如 IP 地址和端口号）经常随着部署环境的改变而变化。因此，这些参数适合被放在配置文件中，以便快速适应新环境。

（2）主机资源变化数据

由于不同的服务器具有不同的性能，因此可能需要调整资源使用配置，比如线程池大小和消息队列的限制，这样可以确保程序在不同的硬件配置上高效运行。

（3）用户偏好数据

不同的用户可能有不同的偏好设置，例如，使用不同的字符编码和语言。通过配置文件来调整这些设置，可以极大地提高软件的用户友好度和可访问性。

配置项的更改可能需要重启程序才能生效，尤其是那些涉及核心功能和性能的配置。然而，对于一些不那么关键的配置，可以通过命令行工具实现在线修改和实时生效，而无须重启程序。这种实时性的配置更改机制对于需要长时间运行的系统至关重要。

选择正确的配置文件格式对于确保配置的易用性和程序的可维护性非常重要。

（1）统一格式

对于使用多个配置文件的程序，应保持格式一致。在项目开始时要选择一个合适的格式，并在整个项目周期内坚持使用。

（2）常用的配置文件格式

① INI 格式：它以简单的节（Section）和键值对（Key-Value Pairs）结构来组织信息，易于阅读和编辑。

② XML 格式：这是一种标记语言，能够描述数据的结构，适合复杂的配置数据。

③ JSON 格式：以数据对象的方式呈现配置信息，易于用户阅读和机器解析，特别适用于 Web 应用程序。

（3）注释

配置文件应允许添加注释，这对于解释配置项的目的、使用方法和修改记录至关重要。注释能够提高配置文件的可读性和可维护性。

2. 错误诊断

CLI 在错误诊断和问题解决方面具有不可替代的优势，特别是在软件开发和系统管理中。CLI 在错误输出方面具有以下几个优点。

① 提供即时、明确的错误信息，帮助开发人员快速定位问题所在。例如，当编译器遇到语法错误时，CLI 能够精确地指出问题所在的文件和行号，见代码 4.1。

② 报告网络错误时，CLI 不仅能指出错误，还可能给出原因或解决方案，见代码 4.2。

③ 版本控制工具（如 git）在检测到命令使用错误时，CLI 不仅能指出错误，还能提供相似命令的建议，这有助于用户快速找到正确的命令选项，见代码 4.3。

CLI 的上述优点在 GUI 中没那么明显，因为 GUI 隐藏了一些底层的细节。CLI 的直接性和透明性使其成为解决问题的首选工具。另外，CLI 输出很容易被重定向到文件中，用于日志记录和后续的问题分析。在系统管理中，可以通过脚本自动化收集错误日志，并将其整合到集中的监控系统中，这对于维护大型或分布式系统尤为重要。

在如下的三个例子中，CLI 展示了其在错误诊断和用户反馈方面的强大优势。

① 在编译 C 程序的过程中，cc 编译器准确地指出了源文件 a.c 中第 5 行缺失分号的错误，见代码 4.1。这样的输出能够帮助开发者快速定位并解决语法错误。

代码 4.1　cc 编译器输出的错误信息

```
1  $ cc a.c
2  a.c: 在函数 'main' 中:
3  a.c:5: 错误: expected ';' before '}' token
```

② 当 SSH 连接失败时，CLI 清晰地报告无法找到到达指定主机端口的路由，见代码 4.2。这类信息对网络配置检查和故障排除至关重要。

代码 4.2　SSH 连接失败输出的错误信息

```
1  $ ssh test @ 172.16.1.226
2  ssh: connect to host 172.16.1.226 port 22: No route to host
```

③ 在使用 git 时，如果发生命令输入错误，CLI 不仅能指出问题，还可能提供正确的命令选项，见代码 4.3。这种智能提示对于指导用户改正命令非常有帮助。

代码 4.3　git 命令使用错误时输出的错误信息

```
1  $ git commi
2  git: 'commi' is not a git command. See 'git --help'.
3
4  The most similar commands are
5        commit
6        column
7        config
```

综上，CLI 在提供具体、明确的错误信息以及解决问题方面有明显优势，这也使其成为开发者和系统管理员处理错误和解决问题时的有力工具。

3. 日志输出

日志是了解程序以往运行状况的主要参考，也是排错的主要依据。CLI 在日志输出管理方面的优势主要体现在其简洁性和灵活性上。CLI 提供了一系列强大的工具，如 grep、awk、tail 和 less，这些工具使得实时监控、搜索和过滤日志信息变得既高效又直观。例如，通过 CLI，系统管理员可以快速执行命令 tail -f /var/log/mysql/error.log，以实时观察 MySQL 数据库服务器的日志输出。如图 4.11 所示，日志详细记录了服务器状态，包括 InnoDB 缓冲池的初始化和服务器准备就绪的信号等，每一条记录都有精确的时间戳。当需要针对特定问题进行排查时，CLI 允许管理员通过过滤和搜索相关的日志条目来快速定位问题，具有很高的日志处理效率和很强的日志操控能力，尤其适用于需要细粒度监控的环境。

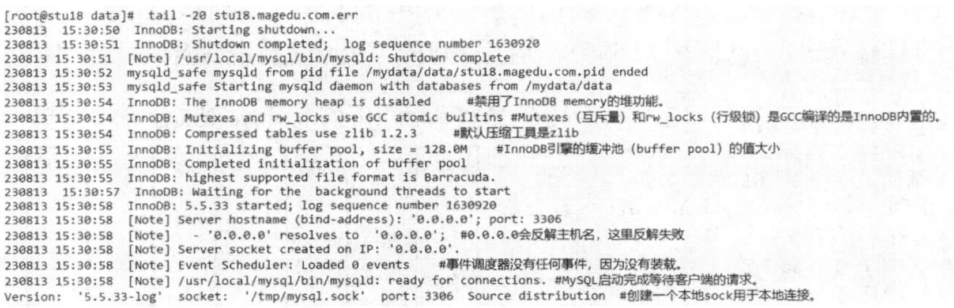

图 4.11　MySQL 日志

日志文件作为系统运行的重要记录，应当详尽地记录下面几类信息。

（1）错误信息

系统在遇到错误时，不仅应在标准输出或前端页面显示错误信息，还应将错误信息写入日志文件，以便后续的问题追踪和分析。

（2）重要的程序运行信息

关键的系统运行（如程序的启动与关闭）、重要的通信链路的连接与断开以及重要模块的加载与卸载等方面的信息，都应被记录在日志中。

（3）可控的详细信息

业务运行的详细信息、模块间的接口交互信息等内容繁杂，需要有开关来进行分级控制。例如，通过命令行接口可实现不同级别日志的开启与关闭，如数据库 SQL 语句日志、HTTP 接口消息日志等。

制定日志标准时，需要满足以下要求。

① 日志记录应当详略得当，语言应简练而准确，格式应简约，避免过于复杂。

② 每一行日志都应包含时间戳（精确到 ms 或 μs）以及发生事件的模块标识。

③ 对于每个事件，都应当提供一个简要的说明以及详细的事件参数列表。

④ 应当控制日志文件的大小，防止其变得过大，影响阅读、搜索和下载。可以根据程序的特点设定日志文件的分割，例如，每天、每周或每月分割一个日志文件，并实施自动的备份与删除机制，确保日志不会占用过多的存储空间。

4.7　GUI 开发方式

图 4.12 展示了从低级到高级的不同的 GUI 开发技术及其抽象级别。最底层是直接利用操作系统原生 API 的技术，如 MFC 和 GTK，这些技术允许开发者通过直接与操作系统接口进行对话来构建 GUI。更高级的技术是进一步封装了操作系统 API 的库，如 BCB、Qt、Swing 和 Unity 3D，这些库简化了 GUI 开发的复杂性。在更高的抽象层次上，有使用领域特定语言（Domain Specific Language，DSL）和解释器的技术，如 QML/Qt 和 XAML/WPF，它们通过标记语言描述界面，并在运行时渲染界面。而 Electron 等框架结合了 HTML、CSS、JS 与浏览器引擎，为开发者提供了开发跨平台桌面应用的条件。纯粹的 Web 应用开发使用 HTML、CSS 和 JS 直接在浏览器中运行，这代表了 GUI 开发的最高层次的抽象，使得开发过程极为简便，但相比低层的技术，会在性能方面有所牺牲。如何选择这些不同层次的技术，取决于项目的具体需求、目标用户平台、可用的开发资源以及所追求的用户体验。

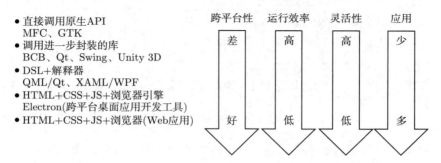

图 4.12　不同的 GUI 开发技术

本节介绍基于 CLI 的 GUI 开发、原生 GUI 和 Web GUI。

4.7.1　基于 CLI 的 GUI 开发

CLI 是一种基于文本的界面，通过键入命令与计算机系统交互，它允许用户以高效的方式执行任务，尤其是在用户进行批处理操作和自动化脚本时。相对地，GUI 提供了图形化的交互方式，使用户能够通过图标、按钮和菜单等视觉元素与计算机系统互动，这大大降低了使用的复杂性，并提高了用户的接受度，尤其是对于非技术用户来说。

CLI 和 GUI 各有优势，在实际应用中，将 GUI 建立在 CLI 的基础上可以结合两者的优点。这种结合既保留了 CLI 在处理复杂任务时的强大功能和灵活性，又通过 GUI 增强了用户的互动体验和操作的直观性。此外，这种结合还有助于扩大软件的用户基础，使不熟悉命令行操作的用户也能使用软件强大的功能。例如，软件可以利用 GUI 吸引偏好图形化操作的用户，同时其 CLI 可以满足需要高级功能和自动化的专业用户。GUI 可以作为 CLI 的前端，提供一个用户友好的界面来生成和执行命令，而 CLI 则在后台处理复杂的任务。这样，GUI 提高了软件的可访问性和易用性，而 CLI 则保持了其强大和灵活的核心功能。

1. GUI 套壳技术的概述

图形用户界面（GUI）套壳技术是一种软件开发实践，旨在为现有的 CLI 应用程序添加一个 GUI。这种技术通过创建一个用户友好的图形前端，来掩盖后端的 CLI 操作的复杂性，使得用户能够通过单击按钮、菜单和图标等操作来执行原本需要在命令行中输入文本命令的任务。GUI 套壳技术实质上是在 CLI 程序的外部包裹一个图形界面层（GUI 外壳），从而实现无须更改原有的命令行工具就能提升用户体验。

如图 4.13 所示，在工作原理上，GUI 套壳通常利用 CLI 命令的标准输入和输出流。当用户在 GUI 上执行操作时，GUI 套壳会生成相应的 CLI 命令，并将其发送到后端的 CLI 程序执行。CLI 程序随后将操作结果返回给 GUI 套壳，GUI 套壳将结果以图形方式呈现给用户。这种方法允许软件开发者快速为 CLI 工具提供一个 GUI，而不必从头构建 GUI 或者重写 CLI 的逻辑。一个常见的例子是 IDE 中的插件 GUI，例如，图 4.14 中 SVN 的 GUI 就是通过与 SVN 的 CLI 交互实现的。图 4.15 是 VSCode 对命令行调试工具 GDB 的图形化界面封装。

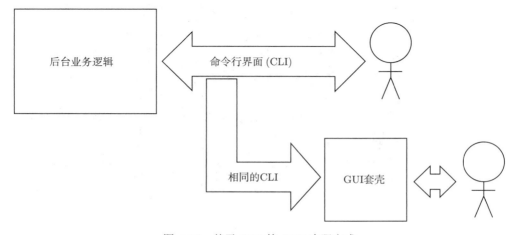

图 4.13　基于 CLI 的 GUI 实现方式

　　GUI 套壳技术的优势在于它能够快速为 CLI 工具提供一个易于理解和使用的界面。这种方法降低了新用户的学习门槛，扩大了应用程序的用户基础。此外，它也为那些偏好 GUI 或不熟悉命令行操作的用户提供了便利。

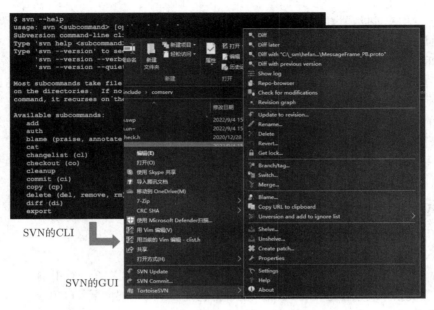

图 4.14　SVN 的 CLI 与 GUI 示例

图 4.15　VSCode 对 GDB 的封装

2. GUI 调用 CLI 的过程

以下是 GUI 调用 CLI 命令并处理输出的一般步骤。

（1）事件监听

GUI 不断监控用户的交互动作，如按钮的单击或菜单的选择等。当这些动作被触发时，GUI 需要做出相应的反应。

（2）命令构建

GUI 根据用户的操作来构建对应的 CLI 命令。这可能包括将用户输入、选择的选项或操作转换到 CLI 命令的参数和标志。

（3）进程创建

GUI 通过操作系统提供的 API 创建一个新的进程，这个进程可以运行 CLI 命令。在这个过程中，GUI 可能需要设置适当的环境变量和工作目录。

（4）标准输入/输出重定向

为了从 GUI 捕获命令的输出并向其发送输入，需要重定向 CLI 进程的标准输入和输出。

代码 4.4　重定向 CLI 进程的标准输入和输出示例

```
1   # include <stdio.h>
2
3   import subprocess
4
5   # 假设 'some_cli_command' 是CLI工具的命令
6   # 参数 'some_arg' 是传递给CLI命令的一个参数
7   process = subprocess.Popen(['some_cli_command', 'some_arg'],
8                       stdin=subprocess.PIPE,
9                       stdout=subprocess.PIPE,
10                      stderr=subprocess.PIPE,
11                      text=True) # text=True 使得我们可以以文
                                本方式与进程交互
12
13  # 向CLI命令发送输入。记得在输入的最后加上换行符
14  process.stdin.write('input_data\n')
15  process.stdin.flush() # 确保数据被发送到子进程
16
17  # 读取CLI命令的输出
18  output = process.stdout.readline()
19
20  # 等待CLI命令执行完成
21  return_code = process.wait()
22
23  # 检查CLI命令是否成功执行
```

```
24  if return_code == 0:
25      print('CLI命令成功执行，输出是:')
26      print(output)
27  else:
28      print('CLI命令执行出错，错误信息是:')
29      print(process.stderr.readline())
30
31  # 关闭流，释放资源
32  process.stdout.close()
33  process.stderr.close()
34  process.stdin.close()
```

在代码 4.4 中：

① subprocess.Popen 创建了一个新的子进程，其中的命令和参数以列表形式传递；

② stdin=subprocess.PIPE 允许我们向进程的标准输入写入数据；

③ stdout=subprocess.PIPE 和 stderr=subprocess.PIPE 允许我们读取进程的标准输出和标准错误；

④ text=True 参数使得我们能够以字符串的形式读写数据（在 Python 3.7+ 中可用）。

（5）命令执行

在新进程中执行 CLI 命令。GUI 需要监控该进程的执行状态，以便知道何时执行完命令。

（6）输出捕获和解析

GUI 首先读取 CLI 进程的输出流，包括标准输出和错误输出，然后解析这些输出流，以便在 GUI 中适当地显示。

（7）结果显示

GUI 根据解析后的输出，以用户友好的方式在界面上显示执行结果。这可能包括显示文本、更新状态条或弹出通知窗口。

（8）错误和状态处理

如果 CLI 进程返回错误或特定状态码，那么 GUI 需要解释这些信息并采取适当的响应措施。这可能涉及显示错误消息、日志记录或重新尝试执行命令。

3. GUI 套壳技术的弱点

尽管 GUI 套壳技术在提升用户体验方面提供了不少的便利（相对 CLI 而言），但它也存在一些不可忽视的弱点。

第一，GUI 套壳的性能瓶颈是一个显著的问题。GUI 套壳需要在用户操作和 CLI 命令之间进行转换，这一额外的处理步骤可能导致响应时间延长，尤其是在处理大量数据或需要频繁交互的场景下。

第二，GUI 套壳的稳定性和兼容性可能会受到影响。CLI 工具的更新可能会导致 GUI 套壳无法正确生成或解析 CLI 命令，从而导致开发者需要不断地更新 GUI 套壳，以适应 CLI 工具的变化。这不仅会增加维护成本，也可能在某些时间点造成功能上的不一致。

第三，GUI 套壳可能会限制高级用户的操作。虽然 GUI 套壳提供了简化的操作界面，但同时也可能隐藏了 CLI 的一些高级功能，这可能会限制需要执行复杂操作的用户。

第四，GUI 套壳带来的安全性问题也不容忽视。在某些情况下，若 GUI 套壳未能妥善处理用户输入，则可能会导致安全漏洞，如注入攻击。因此，GUI 套壳的开发需要严格的安全测试。

综上所述，GUI 套壳技术在简化用户操作的同时，也面临着稳定性、兼容性和安全性等方面的挑战。开发者在采用 GUI 套壳技术时，需要仔细权衡利弊，确保在提升用户体验的同时，不牺牲应用程序的其他关键特性。

4.7.2　原生 GUI

原生 GUI 指的是专为某个操作系统或平台从头开发的图形用户界面，它与该系统的本地 API 和用户界面指南紧密集成。与 GUI 相比，原生 GUI 能够更好地利用操作系统提供的功能和视觉元素，从而提供一致的用户体验和优良的性能。原生 GUI 通常是使用操作系统推荐的开发工具和语言创建的，如在 Windows 上使用 C# 和.NET 框架，或在鸿蒙系统上使用 ArkTS 和 ArkUI 框架。

与 GUI 套壳相比，原生 GUI 在设计和功能上都有其独特之处。GUI 套壳通常在现有的 CLI 应用程序之上添加一个 GUI，以简化用户的操作和提高可用性，但这种方式可能会受限于底层 CLI 的功能和性能。而原生 GUI 则是完全根据操作系统的特性构建的，能够更深入地与操作系统集成，提供更加流畅和更加迅速的用户体验。此外，原生 GUI 允许开发者更灵活地设计和实现定制的用户交互和动画效果，而不受 CLI 工具的限制。

因此，虽然原生 GUI 的开发通常需要更多的时间和资源，特别是当需要支持多个操作系统时，但是它能够提供更优的性能、更好的用户体验和更高的应用稳定性。开发者在选择使用原生 GUI 技术还是 GUI 套壳技术时，需要考虑项目的具体需求、资源和目标用户群。

1. 原生 GUI 的优势

原生 GUI 之所以被广泛采用，是因为其在多个关键方面都具有显著的优势。

首先，原生 GUI 能够提供较好的性能和较快的响应速度。由于原生应用是为特定的操作系统优化的，因此它们能够直接调用操作系统底层的 API，这意味着图形渲染、数据处理和用户交互都能快速地执行，从而为用户带来流畅的体验。

其次，原生 GUI 允许开发者创建更丰富的交互和视觉效果。操作系统通常会提供一系列的开发工具，这些工具包含了大量的组件和库，使得开发者能够构建复杂的用户界面元素、实现复杂的动画和过渡效果以及响应各种用户动作。通过充分利用这些资源，可以使原生 GUI 更符合设计师的视觉意图，从而为用户提供吸引人的视觉体验。

最后，原生 GUI 在稳定性和安全性方面也具有优势。由于原生应用直接与操作系统集成，因此更加稳定，不太可能出现兼容性问题。同时，由于原生应用需要遵守操作系统的安全协议和最佳实践，因此，它们在处理数据和用户信息方面通常更加安全、可靠。这对于需要处理敏感信息或在企业环境中运行的应用尤为重要。

综上所述，原生 GUI 以其优越的性能和较高的安全性，成了许多开发者和企业的首选。尽管原生 GUI 技术的开发成本相对较高，但从长远来看，往往能够通过提供优质的用户体验和应用性能得到回报。

2. 原生 GUI 的开发

原生 GUI 的开发是一个综合性的过程,涉及对特定平台深度定制的用户界面设计和交互实现。为了有效地开发原生 GUI 应用,开发者需要依赖一系列的开发框架和工具。例如,对于 Windows 系统,常用的原生 GUI 框架包括 WinForms 和 WPF(Windows Presentation Foundation),它们分别提供了一套丰富的控件和设计元素。对于 MacOS 系统,Cocoa 是一个常用的原生 GUI 框架,而 SwiftUI 是 Apple 推出的一种新的声明式 UI 框架,它简化了 MacOS 和 iOS 应用的 UI 开发。在 Android 平台,原生 GUI 开发通常依赖于 Android SDK 和 Jetpack Compose 库。而鸿蒙系统的原生 GUI 实现方式依赖于鸿蒙的 UI 框架 ArkUI,它提供了一套完整的控件和设计元素,用于构建高效且具有吸引力的用户界面。

在设计原生 GUI 时,遵循特定平台的设计原则和最佳实践至关重要。这些设计原则包括操作系统界面指南,如 Apple 的 Human Interface Guidelines 或 Google 的 Material Design。遵守这些指南不仅能够确保应用程序的外观和行为与用户的期望一致,还有助于维持应用的可用性和无障碍性。

跨平台原生 GUI 开发面临着额外的挑战。虽然每个操作系统都有其特定的开发工具,但是也存在一些工具和框架,如 Qt 或 Xamarin,旨在帮助开发者用单一的代码库来构建在不同平台都能以原生方式运行的应用。这些框架通常提供一种中间层,允许应用调用底层操作系统的 API,同时保持代码的一致性。尽管这些框架在很多情况下都能提供接近原生的体验,但开发者仍需仔细考虑如何最大限度地利用每个平台的特有特性,以及如何处理不同平台之间的差异。

总之,原生 GUI 的开发要求开发者对目标平台有深入的了解,并能够合理地选择开发框架和工具。同时,设计者在设计时应充分考虑用户体验,遵循相关的设计原则,并在跨平台开发时制定相应的策略。通过这样的方法,开发者可以为用户带来高质量、体验一致的原生 GUI 应用。

虽然原生 GUI 技术具有许多优势,但在开发和维护过程中却面临着一系列的挑战。

首先,开发成本是一个需要重点考虑的因素。由于原生 GUI 需要针对每个平台单独开发,这就要求开发者投入更多的时间和资源来学习各个平台的开发环境和语言。同时,每个平台都可能需要一个专门的开发团队来适配和优化,这无疑会增加项目的人力成本和财力成本。而在应用的后续维护阶段,针对每个平台的更新和修复也需要持续的资源投入。

其次,每个平台都有其特定的限制和考量。例如,不同操作系统的 API、用户界面指南以及用户的使用习惯都不尽相同,开发者必须在保持应用一致性的同时兼顾这些差异。此外,每个平台的硬件支持和性能特征都可能影响应用的设计和功能实现,开发者需要对此进行仔细评估和适配。

最后,技术更新和兼容性问题也是开发原生 GUI 时不可避免的挑战。软件生态系统快速发展,每个平台的更新都可能带来新的特性和改进,但同时也可能引入破坏性的变更,导致现有应用不再兼容。开发者需要不断跟进这些变更,以确保应用正常运作。此外,随着新技术的出现,旧技术可能会逐渐被淘汰,这就要求开发者不仅要维护现有应用,还要计划应用的迁移和升级。

总而言之,虽然原生 GUI 能够提供较好的用户体验,但在开发和维护上却面临不少的挑战。只有通过精心规划和管理，才能克服这些挑战，开发出既能满足用户需求又能持续适应技术发展的应用程序。

3. 原生 GUI 技术的未来趋势

原生 GUI 技术作为用户与数字设备交互的重要桥梁，其发展受到了新兴 UI/UX 设计理念的强烈影响。随着用户对界面美学和操作体验要求的提高，UI/UX 设计趋势不断演进，推动原生 GUI 朝着更加直观、交互性更强和更加个性化的方向发展。例如，暗色模式、无边界设计、自然语言处理和手势控制等元素正逐渐成为原生 GUI 设计中的常见特征。同时，设计者们也越来越重视可访问性和包容性设计，以确保所有用户都能平等地享受技术进步带来的便利。

各项技术的进步，尤其是在人工智能、机器学习等领域的突破，极大地提高了广泛应用原生 GUI 技术的可能性。这些技术不仅能够使得界面元素更智能地响应用户需求，还允许应用程序通过学习用户行为对界面布局和功能进行个性化处理。例如，通过集成机器学习模型，应用程序可以预测用户的下一步操作并相应地调整 UI，从而提供更加流畅和个性化的体验。

原生 GUI 技术在新平台上的发展也是未来趋势中不可忽视的一部分。随着可穿戴设备技术、家居自动化技术以及虚拟现实和增强现实技术的兴起，原生 GUI 正在迈入多元化和分布式的新时代。在这些新平台上，原生 GUI 不仅需要适应不同的操作环境和用户场景，还需要跨设备协同工作，为用户提供连贯的跨界面体验。

展望未来，原生 GUI 技术将继续演化，并不断融合新的设计理念和新技术。为了跟上这些趋势，开发者需要持续学习，也需要持续培养创新思维，不断探索提升用户体验的新方法。

4.7.3　Web GUI

1. Web GUI 的定义与优势

Web GUI，即 Web 图形用户界面，是通过 Web 浏览器访问的应用程序界面。与传统的桌面应用程序直接在操作系统上运行不同，Web GUI 通常托管在远程服务器上，并通过互联网传输数据与用户的浏览器交互。这种方式使得用户无须安装额外的软件，只需使用浏览器即可使用应用程序，极大地简化了软件的分发和访问过程。

与传统桌面 GUI（包括原生 GUI 和基于 CLI 的 GUI 套壳）相比，Web GUI 具有其独特的优势。首先，它提供了无缝的跨平台体验。不同操作系统的用户只需使用兼容的浏览器就可以访问相同的 Web 应用，享受几乎一致的用户体验。其次，Web GUI 易于更新和维护。开发者可以在服务器端更新应用程序，所有用户的界面都能实时得到更新，无须用户介入。最后，基于 Web 的应用程序易于集成社交媒体、在线支付和其他 Web 服务，能够为用户提供更加丰富和便捷的功能。

另外，Web GUI 的优势还体现在其高度的可访问性和可扩展性。用户可以随时随地通过互联网访问 Web 应用，而开发者也可以利用云计算资源轻松扩展应用的服务能力。在设计上，Web GUI 支持丰富的多媒体内容和交互式元素，可以创建视觉吸引力强、用户参与度高的界面。这些优势使得 Web GUI 成为现代软件开发中越来越受欢迎的选择。

2. Web GUI 的技术组成

Web GUI 的构建基于互联网的核心技术——HTML、CSS 和 JavaScript，它们共同定义了 Web 界面的结构、样式和行为。HTML（超文本标记语言）是 Web 页面的骨架，用于构建和组织网页内容的结构。CSS（层叠样式表）负责页面的视觉呈现，包括布局、颜色和字体等。JavaScript 则是使网页动态化的脚本语言，负责处理用户交互，以及在客户端进行数据操作和页面动态更新。

上述三种技术是 Web GUI 不可或缺的部分，它们的关系密不可分。HTML 提供了页面内容的标记，CSS 通过选择器与 HTML 元素绑定并应用样式，而 JavaScript 则可以操作 HTML 和 CSS，实现复杂的功能和动态效果。这种分工协作的机制使得 Web GUI 既可以简单高效地展示静态内容，又能提供丰富的交互和动态效果。

随着 Web 应用复杂性的增加，单纯的 HTML、CSS 和 JavaScript 开发模式变得越来越难以应对。因此，各种能够简化开发流程、提高开发效率的前端框架和库出现了。这些工具（如 React、Angular 和 Vue.js 等）各有所长，提供了声明式编程、数据与视图的双向绑定、组件化开发等高级功能。这些框架和库极大地丰富了 Web GUI 的交互性，同时也使得代码更加模块化和易于维护。

Web GUI 的技术组成还包括与之相配合的后端技术。Node.js 是一个以 JavaScript 为基础的运行时环境，允许开发者使用 JavaScript 编写服务器端代码，与前端进行无缝集成。ASP.NET 是 Microsoft 提供的一个服务器端框架，它可以与前端技术协作，提供强大的后台服务支持。此外，Java 语言提供了像 JSP（Java Server Pages）和 Spring Boot 这样的强大工具。JSP 允许开发者将 Java 代码和 HTML 结合在一起，用于生成动态网页。JSP 通常与 Servlets 一起使用，Servlets 负责处理业务逻辑，而 JSP 负责展示层。这种模式使得开发者可以快速构建能够响应用户请求的 Web 应用。Spring Boot 是一个开源的 Java 基础框架，它极大地简化了基于 Spring 框架的应用开发过程。通过提供大量的启动器（Starters）、自动配置和运行时的内置应用服务器，Spring Boot 能够让开发者轻松创建独立的、生产级别的 Spring 应用。Spring Boot 的一个关键优势是它的"约定优于配置①"的设计理念，这降低了配置的复杂性，允许开发者更加专注于业务逻辑。这些后端技术不仅要处理前端的请求，还要负责数据库交互、服务器逻辑处理和安全性控制等任务。

整体而言，Web GUI 的技术组成是多元且复杂的。它们共同作用于 Web 应用的不同方面，确保了 Web 应用在用户界面呈现、交互逻辑处理以及与服务器数据交换等方面的高效和稳定。随着 Web 技术的不断进步，这些组成部分也在不断地发展和更新，使得 Web GUI 能够更好地满足现代用户的需求。

3. JS 框架

在现代 Web 应用开发中，充分利用 JavaScript（JS）框架可以极大地提高开发效率，尤其是在构建复杂和高度动态的用户界面时。通过提供声明式编码、组件化结构以及数据绑定等机制，JS 框架明显减少了重复的代码，并简化了开发流程。

图 4.16 展示了 JS 框架的发展历程。它早期名为"prototype"，这是一种增加了 JavaScript

---

① 约定优于配置（Convention over Configuration）是一种编程理念，意思是通过采用合理的默认行为和约定来减少显式配置的需要，从而简化软件开发过程。

语言特性的库。随后不久，jQuery 出现了，它极大地简化了 DOM 操作、事件处理和 Ajax 调用，成了广泛使用的库。2010 年左右，ANGULARJS 引入了数据绑定和依赖注入等概念，为构建单页应用（SPA）提供了强大的框架。在这之后，React 出现了，并引入了虚拟 DOM 和组件化开发的概念，改变了前端开发的方式。Vue.js 紧随其后，并以其轻量级和易用性的特点赢得了开发者的青睐。直到 2020 年，SVELTE 在构建时将框架逻辑转换为高效的 JavaScript 代码，而不是在运行时，这标志着一个新的发展方向出现了。Angular（通常指 Angular 2+）是 ANGULARJS 的重写版，它以 TypeScript 为基础，为现代化的 Web 应用开发提供了一套完整的解决方案。截至 2023 年，React、Vue.js 和 Angular 仍然是被广泛使用的 JS 框架。

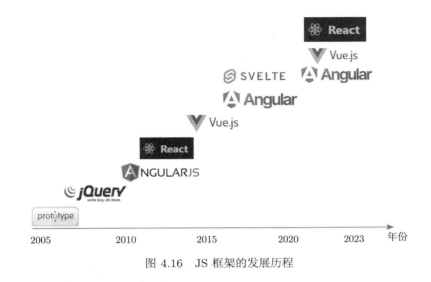

图 4.16　JS 框架的发展历程

下面我们以在网页中展示一句古诗为例，说明 JS 框架的作用。在该例中，要求对诗句的每个字都进行单独的装饰，例如，某个特定字（如"花"）需要独特的样式，如图 4.17 所示。为了实现这一需求，传统的开发方法是手工为每个字编写和维护大量的 HTML 和 CSS 代码。

图 4.17　需要实现的效果

若不使用 JS 框架，后端将直接根据数据生成正确的 HTML，之后将这个 HTML 发送给前端。浏览器直接解释前端收到的 HTML 以及 CSS，之后进行界面渲染，如图 4.18 所示。这种方法的优势在于简单、高效。通过首先为诗句中的大多数字定义一个基础样式，然后只为特定字定义额外的样式，可以避免编写重复的 CSS 代码，使得整个诗句的样式更容易维护和更新。但在编写复杂逻辑时，这种实现方式不仅会让代码变得冗长，还会导致开发效率低下、出错率高。

```
HTML
<div>
    <div class="normal">江</div>
    <div class="normal">流</div>
    <div class="normal">宛</div>
    <div class="normal">转</div>
    <div class="normal">绕</div>
    <div class="normal">芳</div>
    <div class="normal">甸</div>
    <div class="normal">月</div>
    <div class="normal">照</div>
    <div class="normal special">花</div>
    <div class="normal">林</div>
    <div class="normal">皆</div>
    <div class="normal">似</div>
    <div class="normal">霰</div>
</div>
```

```
CSS
.normal {
    float: left;
    width: 35px;
    height: 35px;
    margin: 2px;
    font-size: 25px;
    font-family: "宋体";
    border:1px solid #888888;
    display: flex;
    justify-content: center;
    padding-top: 5px;
}

.special{
    background: #FFFF88;
}
```

图 4.18　直接使用“HTML+CSS”的实现

下面结合不同的 JS 框架实现上述效果。

基于 Vue.js 的实现方法与原理如图 4.19 所示。在使用 Vue.js 框架来展示诗句并为特定字实施独特样式时，我们主要利用了 Vue 的声明式渲染和条件绑定能力。通过 v-for 指令，Vue.js 可以遍历句子中的每个字符，并为它们生成相应的 DOM 元素。同时，v-bind 指令允许我们根据当前字符是不是特定字符（如“花”）来动态绑定不同的 CSS 类。

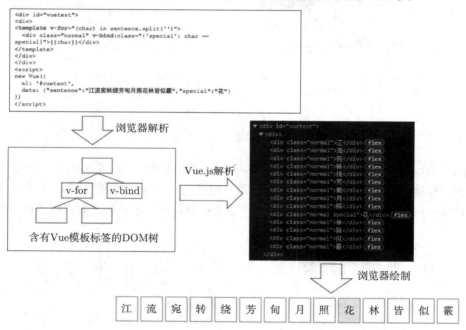

图 4.19　基于 Vue.js 的实现方法与原理

Vue 实现特定字符样式的细节见代码 4.5.

代码 4.5　Vue 实现特定字符样式的细节

```
1  <template v-for="char in sentence.split('')">
2    <div class="normal" v-bind:class="{'special': char ===special
       }">
```

```
3      {{ char }}
4    </div>
5  </template>
```

在代码 4.5 中，v-for="char in sentence.split('')" 将诗句分割成单个字符并进行遍历。对于每个字符，v-bind:class="{ 'special': char === special}" 负责判断并绑定类名。若当前字符等于特定字符，则应用 special 样式；反之，则应用 normal 样式。在 Vue 实例中，我们定义了句子 sentence 和特定字 special 作为数据模型。

此方法的优势在于开发者只需编写一次遍历和绑定逻辑，Vue.js 框架会自动处理 DOM 的创建和更新过程。这种方法不仅简化了代码，还提高了开发效率和维护的便捷性。当数据模型发生变化时，Vue 的响应式设计和数据驱动的特性确保了视图与数据的一致性，实现了数据到视图的自动更新。

代码 4.6 在使用 AngularJS 框架实现对诗句中某些特定字体样式的特殊展示时，使用了 AngularJS 提供的一系列指令和数据绑定功能。以下是该实现过程的主要指令。

① ng-app 指令定义了 AngularJS 应用的根元素，表明 AngularJS 将在此元素及其子元素上进行编译和初始化。

② ng-init 指令用于在应用启动时初始化应用状态，这里通过它来定义包含诗句文本和特殊字的数据模型。

③ ng-repeat 指令用于遍历古诗文本中的每个字符，并为每个字符创建相应的 HTML 元素。ng-repeat 指令通过 data.sentence.split('') 将古诗文本分割成单个字符的数组，并对数组中的每个字符进行遍历。

④ ng-class 指令根据当前字符是不是特殊字来设置 CSS 类。若当前字符匹配特殊字，则应用 special 样式类。

⑤ 插值表达式 {char} 用于数据绑定，它负责输出当前遍历到的字符。

通过这种方式，AngularJS 框架能够将数据模型与 DOM 结构紧密绑定起来，实现自动的视图更新。当数据模型发生变化时，视图将自动反映这些变化，无须手动进行 DOM 操作，这极大地提高了开发效率和应用的响应性。

代码 4.6　AngularJS 的实现方法

```
1  <div ng-app=""
2      ng-init='data={"sentence":"江流宛转绕芳甸月照花林皆似霰","
           special":"花"}'>
3    <div class="normal"
4        ng-repeat="char in data.sentence.split('')"
5        ng-class="char == data.special ? 'special' : ''">
6    {{char}}
7    </div>
8  </div>
```

Angular.js 与 Vue.js 的工作原理比较相似，都是通过 JS 库实现了针对嵌入到 DOM 中的特殊指令标签的解释器，v 指令/ng-指令为通用浏览器支持的 DOM 标签。

在代码 4.7 中，我们使用 React 和 JSX 来实现诗句的展示以及为特定字体应用独特样式，先通过创建一个名为"Poem"的 React 组件来构建应用。在这个组件中，定义了诗句文本及需要特殊样式的字。ReactDOM.render 在 reacttest 元素内更新 Poem 组件返回的元素。Poem 组件通过 JS 数组的 map 方法返回一个 div 的列表。花括弧括起来的部分，如 "sentence"："江流宛转绕芳甸月照花林皆似霰"，"special"："花"，可以实现赋值。此外，data.sentence.split('')首先将诗句文本分割成单个字符数组，然后使用 map() 方法对数组中的每个字符进行遍历。对于每个字符都创建一个 <div> 元素，并使用模板字符串和三元运算符动态地为其绑定 normal 或 special 类。这样，当字符为特定字"花"时，它将被赋予 special 类，并应用不同的 CSS 样式。这些 JSX 代码会由 Babel 翻译器翻译为 Web 浏览器可以识别的普通 JavaScript 代码。

代码 4.7　"React+JSX"的实现方法

```
1  <div id="reacttest"></div>
2  <script type="text/babel">
3    function Poem(){
4      const data = {"sentence":"江流宛转绕芳甸月照花林皆似霰","
         special":"花"}
5      const list = data.sentence.split('').map(
6        char => (
7          <div class={"normal " + (char == data.special ? "
            special" : "")}>
8            {char}
9          </div>
10       )
11     )
12     return (<div>{list}</div>)
13   }
14   ReactDOM.render(<Poem/>, document.getElementById('reacttest'
       ));
15 </script>
```

图 4.20 展示了使用 React 及其 JSX 语法进行 Web 开发的整个工作流程。

① 开发者编写 JSX 代码。JSX 是一种允许在 JavaScript 中编写 HTML 标签结构的语言，它使得开发者可以用一种声明式的语法来描述界面。

② 由于浏览器无法直接理解 JSX，因此需要使用 Babel 这类翻译器将 JSX 代码转换成浏览器能够执行的普通 JavaScript 代码。

③ 经过 Babel 翻译后，JSX 代码就变成了创建 React 元素的普通 JavaScript 代码。这些 JavaScript 代码描述了页面的结构。

④ 这些 JavaScript 代码在运行时会创建一个由虚拟 DOM 节点组成的树状结构，即虚拟

DOM 树。虚拟 DOM 节点是 React 元素的轻量级表示，用来高效地描述和对应真实 DOM 的结构。

⑤ React 将虚拟 DOM 映射到真实的 DOM 上，执行必要的 DOM 更新。React 在这个过程中会优化 DOM 操作，只更新变化的部分，以提高性能。

⑥ 最终，渲染过的真实的 DOM 将由浏览器呈现，用户可以看到最终的页面效果。

React 通过这一系列的过程，使得开发者可以专注于以声明式的方式编写界面，而框架本身则负责高效地进行底层的 DOM 更新。通过创建虚拟 DOM 来减少对真实 DOM 的直接操作，React 提高了应用的性能，尤其是在大型和动态的 Web 应用中。

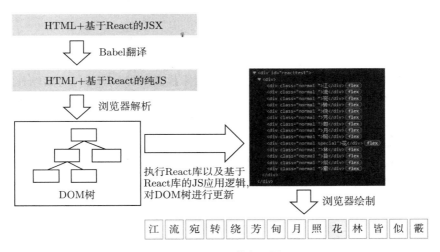

图 4.20　React 的实现原理

4. 用户体验

在 Web GUI 设计中，用户体验（User Experience，UX）是至关重要的因素。一个成功的 Web 界面不仅应当满足功能需求，还应提供直观、愉悦的用户体验。响应式设计和自适应的 Web 界面是现代 Web 设计的基石。响应式设计能够确保 Web 应用在不同设备和不同尺寸的屏幕上都保持可用性和美观性，而自适应设计则进一步调整布局和功能，以适应不同的环境和上下文。这要求设计师和开发者深入理解目标用户群体使用的设备和使用场景。

提高交互性和用户参与度也是设计过程中的关键目标。通过动态元素、微交互和实时反馈，可以提高用户的参与度。例如，使用动画效果来指导用户操作、根据用户行为动态加载内容，都能让用户感觉到他们的操作得到了系统的即时响应。此外，设计师应该鼓励用户参与，并通过交互式元素（如表单、轮播图和模态对话框）使用户保持对 Web 应用的兴趣。

遵循用户体验的最佳实践是提高 Web GUI 质量的关键。这包括简化用户流程、减少不必要的步骤。清晰的导航和直观的界面布局可以帮助用户快速找到他们需要的信息或功能。同时，设计师不能忽视应用的可访问性，要确保所有用户（包括那些有特殊需求的用户）都能够轻松地使用 Web 应用。

总之，Web GUI 设计应围绕用户体验展开，从响应式和自适应的界面布局到交互性的设计，再到用户体验的最佳实践。通过上述方法，Web GUI 不仅能够满足用户的基本操作需求，还能够提供愉悦和高效的用户体验。

5. Web GUI 的开发流程

Web GUI 的开发流程是一个从定义概念到发布程序的多阶段过程，每个阶段都关系到产品的最终质量和用户体验。

（1）设计阶段

在 Web 应用的设计阶段，我们要重点理解用户需求和业务目标。这个阶段通常包括需求收集、用户研究、信息架构设计和原型制作。在这一阶段，设计师和项目团队将确定网站的目标受众、核心功能和内容策略，并根据这些信息设计出初步的用户界面和交互方式。在此阶段，项目团队可能会使用线框图、故事板和可交互的原型来验证设计概念并通过用户测试收集反馈。

（2）开发和测试阶段

在开发和测试阶段，开发团队将设计转化为实际代码，构建功能完备的 Web 应用。前端开发者将使用 HTML、CSS 和 JavaScript 等技术来构建用户界面，同时后端开发者则负责搭建服务器、数据库和应用程序逻辑。在开发过程中，持续的测试是不可或缺的，包括单元测试、集成测试和用户接受测试，以确保应用的稳定性和可用性。

（3）部署和维护阶段

部署包括将 Web 应用放置到生产环境中，这可能涉及配置服务器、设置数据库和优化性能。一旦 Web 应用上线，维护则成为一个持续的任务，包括更新内容、修复漏洞和提升性能。在这个阶段，收集用户反馈、监控应用性能和定期进行安全审查是确保应用长期稳定运行的关键。

在整个 Web GUI 的开发流程中，项目团队成员需要紧密协作、持续沟通，确保在每个阶段都能够及时地调整和优化，以满足用户需求和业务目标。通过遵循这一流程，项目团队可以开发出高质量的 Web GUI 应用。

6. Web GUI 的性能优化

性能优化在 Web GUI 的开发中占有举足轻重的地位，尤其是对于加载时间和渲染性能的优化，这直接影响到用户对软件产品的第一印象和整体满意度。加载时间的优化通常包括减小资源文件大小、利用缓存、合理安排资源加载顺序等措施。例如，对图片和视频进行压缩，延迟加载或异步加载非关键的 JavaScript 和 CSS。此外，服务器端的优化也非常重要，比如使用内容分发网络（Content Delivery Network，CDN）来减少资源的加载时间。

前端资源管理是确保 Web GUI 性能的关键。通过工具和策略，如代码分割、树摇（Tree Shaking）和资源懒加载，可以有效地减少首次加载所需的时间，同时保持应用的可扩展性。此外，使用现代前端构建工具（如 Webpack 或 Rollup）有助于自动化优化过程，减少手动配置和潜在的错误。

浏览器的兼容性和跨平台问题也是性能优化中不可忽视的方面。随着浏览器技术的不断进步，不同浏览器对于新特性的支持存在差异。为此，开发者需要使用 Polyfills 或翻译工具（如 Babel）来确保新代码在旧版本的浏览器上也能正常运行。同时，响应式设计和自适应布局是解决不同设备和平台间差异问题的关键，这要求开发者进行细致的布局测试和调整，确保在屏幕尺寸和分辨率不同的情况下提供一致的用户体验。

总之，Web GUI 的性能优化是一个持续的过程，它不仅要求开发者关注代码的效率和资源管理的效率，还要求开发者考虑用户的实际使用环境。通过综合运用各种优化技术和方法，可以显著提升 Web 应用的性能和用户满意度。

7. Web GUI 的安全性问题

在 Web GUI 的开发和维护过程中，安全性问题是一个不容忽视的问题。Web 应用面临着多种安全威胁，常见的有跨站脚本攻击（XSS）、跨站请求伪造（CSRF）、SQL 注入以及数据泄露等。这些安全威胁会导致用户个人信息泄露，企业声誉受损，甚至法律纠纷。

为了应对上述安全威胁，采用防护措施十分重要。开发者应当在设计之初就考虑安全性，遵循"安全第一"的原则。例如：使用 HTTPS 协议对用户数据进行加密；对输入数据进行严格的验证和清理；避免 SQL 注入和 XSS 攻击。现代的安全框架和库（如 OWASP 推荐的安全框架）可以帮助开发者系统地防范多种网络攻击。

此外，遵循数据保护和隐私方面的法规也是确保 Web GUI 安全性不可忽视的一部分。开发者必须确保 Web 应用在收集、存储和处理用户数据时符合相关法律法规，并且向用户公开隐私政策和数据使用说明。

综上所述，Web GUI 的安全性问题涉及的领域较为广泛，这就要求开发者具有足够的安全意识和安全技能。实施最佳安全实践、采取强有力的防护措施以及遵循数据保护法规，可以在很大程度上降低安全风险，保护用户和企业的利益不受损害。

8. Web GUI 未来的发展方向

随着互联网技术的快速发展，Web GUI 未来的发展空间越来越广阔，其中新兴的 Web 技术正在不断扩展界面和交互设计的边界。例如，WebAssembly 和渐进式 Web 应用（Progressive Web App，PWA）的出现，使得 Web 应用的性能和功能都得到了显著提升。WebAssembly 允许用户在 Web 中运行高性能的应用，如游戏和图形密集型应用，而不再受限于传统 JavaScript 的性能。PWA 则通过提供原生 GUI 具备的特性（如离线功能、推送通知等），提升了用户在移动设备上使用 Web 的体验。

人工智能和机器学习为 Web GUI 带来了创新的动力。通过这些技术，Web 应用可以提供个性化的用户体验、智能地响应用户行为、优化用户界面。例如，根据用户的浏览历史和偏好，智能推荐系统可以展示定制化的内容和广告。此外，自然语言处理（Natural Language Processing，NLP）和图像识别等 AI 技术的进步，让用户能够以更自然的方式与 Web 应用进行交互，如通过语音命令或图像上传来获取信息。

良好的互动体验和动态内容已成为吸引和保持用户注意力的关键因素。随着 HTML5、CSS3 和 JavaScript 的现代 API（如 Canvas 和 WebGL）的发展，开发者现在能够在 Web 界面中创建更加丰富的视觉效果和动画。动态内容的实时更新（如通过 WebSockets 实现的即时通信）已经成为在线协作工具和游戏等应用中的标准功能。

未来，对于 Web GUI，我们将继续探索更加高效、智能和动态的发展路径。随着技术的不断成熟和用户需求的日益多样化，Web 界面和交互的设计将更加注重个性化、可访问性和用户参与度。这些趋势预示着 Web 应用将在不久的将来提供更为深刻的用户体验和更广泛的应用场景。

4.8 案例：电信客服机器人的界面设计

1. GUI

图 4.21 展示了电信客服机器人的手机终端界面设计。在界面开头部分，用户的头像以及亲切的欢迎用语共同构成了迎接用户的元素，背景采用蓝色系，以传达电信品牌的视觉特征。头像旁边配有消息提示图标，以提示用户此界面可用于接收各类通知和信息。界面中部布局了四个功能按钮，分别为"费用查询"、"账户管理"、"流量使用"和"余额充值"。这些按钮设计得简洁、直观，字体的结构清晰、大小适中，便于用户阅读。统一的浅蓝色调使按钮与整个界面看起来和谐统一，有助于用户迅速识别和选择所需功能。界面底部设有聊天输入框，此处采用深色设计，与上方的功能区域形成鲜明对比，引导用户在此输入信息与机器人进行交流。整体而言，该界面设计遵循简洁性原则，避免使用过多复杂的元素，以便用户能迅速定位并使用所需功能。同时，设计界面时，应使其样式与电信品牌的视觉风格保持一致，为用户提供了既易用又美观的体验。

彩图4.21

图 4.21　手机端用户对话界面

图 4.22 呈现了电信客服机器人的服务端管理员界面，该界面旨在展示客服机器人的实时运行状态及各项统计信息。采用模块化设计，可以使得不同的数据监控与分析图表一目了然。界面顶部设置了概览与管理导航入口，便于管理员迅速切换至所需的管理功能。左上角的雷达图通过鲜明的色彩对比，清晰地展示了服务质量的多个关键维度。紧挨着的堆叠柱状图则揭示了不同时间点的业务类型分布，其层次分明的色彩设计有助于管理者迅速把握数据变化的趋势。在界面左下角，一个区域折线图描绘了各业务随时间推移的处理量，不同颜色的线条代表了不同的业务类型，而图中的阴影区域则为数据提供了一个可视化的范围参考。右下角的仪表盘图表以醒目的绿、黄、红三色直观地反映了当前的服务效率，这种简洁的视觉设计使得状态评估变得迅速而直观。整个管理员界面在视觉设计上保持了高度的一致性和和谐感，采用了清晰易读的字体、合理的布局以及柔和的色调，既美观又实用。这样的设计确保了信息的快速获取和

有效管理，为管理员提供了便捷、直观的工作体验。

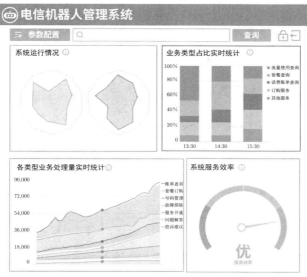

彩图4.22

图 4.22　服务端管理员界面

电信客服机器人脚本开发界面如图 4.23 所示，它以简洁、直观的布局为特点，为开发者提供了便捷的脚本编写体验。该界面的左侧是功能区，以不同颜色的圆形图标标识各个功能模块，如语音识别、信息、输入、文本、输出、函数、变量和设置，使得功能区域一目了然，便于用户快速选择。该界面的右侧是脚本编辑区，它使用了直观的图形化编程块，并以对比明显的颜色加以区分，如绿色的输出模块和蓝色的输入模块。这些图形化的编程块降低了编程复杂性，使得非专业开发者也能轻松构建脚本逻辑。每个模块都配有简明的中文标签，以解释其功能，如打印客户选项和设置用户的选择等，我们可以通过拖放这些模块来组合逻辑，提高开发效率。整体上，该界面采用了合理的色彩组合和简单的图形元素，避免了过于烦琐的细节，旨在为用户提供一个无障碍且友好的开发环境。

彩图4.23

图 4.23　电信客服机器人脚本开发界面

2. CLI

图 4.24 展示了电信客服机器人的 CLI 设计的通信流程图。在此设计中，运维人员或开发工程师通过标准输入（stdin）与客服机器人接入程序通信。接入程序可以处理输入命令，并可以通过标准输出（stdout）提供反馈。同时，接入程序通过基于 UDP 协议承载的文本协议（自定义）与客服机器人的服务端程序（包含解释器等功能实体）通信。服务端程序根据收到的命令，运行客服逻辑脚本或返回相应的查询结果。

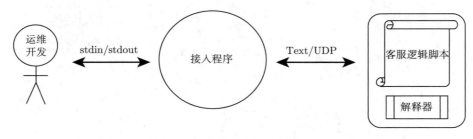

图 4.24　电信客服机器人的 CLI

电信客服机器人的 CLI 为维护和开发人员设计了一系列命令，以便他们能与系统进行高效交互。此外，一个实践经验是，那些为开发者用户进行白盒测试而设计的命令，如果有长期需求，可以通过合理规划永久地集成到程序中。

① about: 查看 CLI 版本和其他相关信息。

② ls: 列出所有已加载的客服逻辑脚本及其在内存中的语法树状态。

③ vm: 显示解释器的执行环境，包括当前的变量表和正在执行的 Step。

④ st: 提供客服脚本的执行次数和效率的统计信息。

⑤ sip: 显示与电话网络之间的 SIP 链路状态以及 SIP（会话初始协议）消息的统计数据。

⑥ ms: 查看与媒体服务器的连接状态，并提供媒体服务器连接的统计信息。

⑦ sa: 查看与自然语言分析系统的连接状态，并提供统计数据。

⑧ db: 查看数据库连接状态，可用于监控数据库性能和连接质量。

⑨ log: 控制日志的打开或关闭，可用于调试或监控运行时信息。

⑩ cfg: 显示当前的配置情况，可用于重新加载配置文件。

本 章 小 结

本章我们深入探讨了用户界面设计的各个方面，包括用户体验设计、界面布局和样式、响应和交互以及多语言支持等。在用户体验设计中，我们讲解了理解用户需求、创建用户故事和人物角色、进行原型设计和测试以及度量用户体验的重要性。在界面布局和样式部分，我们介绍了布局设计、样式设计、设计原则以及响应式设计。在响应和交互部分，我们讨论了交互设计、界面反馈、错误处理以及动画和过渡的作用。在多语言支持部分，我们解释了国际化和本地化、字符编码、文本方向和排版以及日期和时间格式的重要性。对于想要设计易于使用、吸引人且满足用户需求的软件产品的读者来说，本章的知识非常重要。

扩 展 阅 读

若想更深入地理解本章的内容，你可以阅读以下材料。

- 《点石成金：访客至上的 Web 和移动可用性设计秘笈》（第 3 版），[美]克鲁格著，蒋芳译，机械工业出版社，2019 年 4 月：这是一本关于网页可用性和用户界面设计的经典书籍。
- 《设计心理学 1：日常的设计》（增订版），[美]唐纳德·A·诺曼著，梅琼玲译，中信出版社，2015 年 5 月：这是一本介绍设计原则和用户中心设计的书籍。
- 《Web 界面设计》，[美]斯科特著，李松峰译，电子工业出版社，2015 年 3 月：这是一本专注于 Web 界面设计的经典之作，有助于读者掌握 Web 界面的最佳实践、模式和原理。
- 《移动 UI 界面设计》，肖睿等著，人民邮电出版社，2024 年 6 月：该书采用案例驱动的方式，让读者掌握不同风格的图标以及 iOS 与 Android 两大系统的界面设计规范和设计方法。

习　题　4

1. 描述用户体验设计的过程。
2. 解释人物角色和用户故事在用户体验设计中的作用。
3. 界面布局设计时需要考虑哪些因素？举例说明。
4. 说明样式设计中颜色、字体和图像的作用。如何做出恰当的选择？
5. 你认为最重要的界面设计原则是什么？请给出原因。
6. 什么是响应式设计？它为什么重要？
7. 一个好的交互设计应该具备什么特点？
8. 什么是界面反馈？它为什么重要？
9. 如何有效地处理界面中的错误？请提供一个好的错误消息的例子。
10. 解释国际化和本地化的含义以及它们在用户界面设计中占据重要地位的原因。
11. 你将如何处理不同的字符编码问题？给出一个你认为处理得比较好的例子。
12. 日期和时间的格式有哪些差异？你将如何在设计中考虑这些差异？
13. 根据你在本章学到的知识，评价一个你常用的软件的界面设计，并指出好的地方和需要改进的地方。

第 5 章　程序接口技术

本章着重介绍接口设计原则、接口文档编写和维护以及接口测试和管理。首先，本章会给出接口的定义与功能。其次，本章会探讨接口设计原则，即设计接口时需要遵循的关键原则。再次，我们将讲解接口文档编写。在这一部分，我们将介绍编写接口文档的技巧，给出一些常用的文档工具和标准，帮助读者提高文档的质量。最后，我们将深入介绍接口测试和管理。在这一部分，我们将介绍如何进行接口测试以及如何确保接口的功能和性能符合预期。此外，我们还将探讨如何有效地管理接口，包括版本控制、兼容性问题的处理等方面。希望本章内容能够帮助你深入理解接口设计原则、编写清晰的接口文档、掌握接口测试和管理的基本方法。

5.1　接口的定义与功能

应用程序接口（Application Programming Interface，API）是现代软件开发中重要的组成部分，它允许不同的软件系统、模块甚至子模块之间进行有效交互。通过定义一组访问功能的标准方法，API 使得各种应用程序能够相互通信、共享数据，并以有序的方式实现集成。这种机制不仅促进了软件与服务之间的连接，还确保了它们可以无缝集成和协同工作。为了更直观地理解 API 的作用和重要性，图 5.1 提供了其可视化的表示。

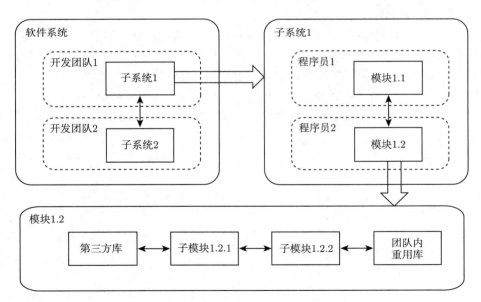

图 5.1　程序与程序之间的接口

5.2　接口设计原则

在程序设计中，接口设计是一个关键的步骤。好的接口设计可以使程序更易于理解和使用，同时更具可维护性和可扩展性。在本节，我们将介绍接口设计的基本原则，包括对易用性、稳定性、可扩展性和可维护性的考量。此外，我们还将讨论如何通过遵循这些原则来设计更好的接口。

5.2.1　易用性

易用性是接口设计的一个关键原则。设计易用的接口能够简化开发者的工作，使他们更快、更直观地理解和使用接口。易用性设计需要考虑以下五个方面。

1. 清晰的命名

命名是接口设计的一个重要方面。好的命名应清晰、简洁并能准确描述接口的功能。例如，一个获取用户信息的接口可以命名为 getUserInfo，而不是命名为模糊不清的 getInfo 或过于冗长的 retrieveInformationAboutTheUser。

正例：接口命名为 addEmployee，清楚地说明了接口的功能是添加员工，没有任何歧义，开发者无须查阅文档就可以直观地理解接口的作用。

反例：接口命名为 processData，这是一个非常模糊的描述，没有明确地表明接口的功能。开发者只有查看详细的文档或源代码才能明白这个接口的具体作用。

2. 一致性

接口设计应保持一致性，包括命名规则、参数顺序、错误处理等方面。一致的接口可以让开发者更快地理解和记住接口的使用方式。

正例：一个 API 库中的所有接口都遵循相同的命名规则，比如都使用驼峰命名，这能为开发者提供一致的使用体验，开发者可以根据已知的接口预测新接口的命名。

反例：在同一个 API 库中，一些接口使用驼峰命名，而其他接口则使用下划线分割的命名，这将导致接口的使用体验不一致，增加开发者的学习成本。

3. 良好的错误处理

接口应该能够清楚地指出错误，并应该提供足够的信息，从而帮助开发者诊断和修复问题。例如，当用户试图访问一个不存在的资源时，接口应返回一个明确的错误信息，而不是简单的 "404 Not Found"。

正例：当请求的数据不存在时，接口将返回一个明确的错误信息，如 "Error: Employee with ID 123 not found"，这能为开发者提供明确的错误信息，帮助他们快速定位和解决问题。

反例：当请求的数据不存在时，接口只返回一个信息 "Error: Not found"，显然，这并不是一个足够明确的错误信息，开发者需要花费额外的时间和精力找出错误的原因。

4. 简洁的接口

接口应该尽量简洁，避免不必要的复杂性。一个接口应该只做一件事，并且要做好。例如，一个发送邮件的接口就应该只负责发送邮件，而不应该包含其他功能（如读取邮件、删除邮件等）。

正例：一个名为 sendEmail 的接口的唯一职责就是发送电子邮件，不包含任何与发送邮件无关的功能，这样的接口的职责明确，易于理解和使用。

反例：一个名为 processEmail 的接口包含发送电子邮件、读取邮件和删除邮件等多种功能，这样的接口过于复杂，开发者可能需要花费很多时间来理解和使用它。

5. 明确的文档

明确的文档是接口设计的一个重要方面。文档应该清晰地描述接口的功能、参数、返回值以及可能的错误信息，以便开发者快速理解和使用接口。

正例：接口的文档详细描述了接口的功能、输入参数、返回值以及可能的错误情况，提供了清晰的使用示例，这使得开发者可以很容易地理解和使用接口。

反例：接口的文档只简单地描述了接口的功能，没有提供输入参数和返回值的信息，也没有说明可能的错误情况，这可能使得开发者在使用接口时遇到很多困难和不确定因素。

5.2.2 稳定性

稳定性是接口设计的重要原则。设计稳定的接口可以降低维护成本，提高系统的可靠性，并为开发者提供一个稳定的开发环境。稳定性设计需要考虑以下三个方面。

1. 避免频繁的接口变动

频繁的接口变动会增加维护成本，给开发者带来困扰。当接口变动时，开发者需要修改和测试使用该接口的所有代码。因此，接口设计时应尽量考虑到未来的需求和变化，减少不必要的接口变动。

正例：在设计接口时，开发者考虑了未来可能的需求和变化，如可能需要添加的新功能和可能需要改变的行为。因此，在接口的生命周期中，只需要进行少量的修改，而不需要频繁的接口变动。

反例：在设计接口时，开发者没有充分考虑未来的需求，结果在几个月内就进行了多次重大修改。这不仅增加了维护成本，还打破了开发者对接口的预期，导致他们不得不频繁修改和测试他们的代码。

2. 保持向后兼容性

保持向后兼容性是确保接口稳定性的一个重要手段。向后兼容的接口允许开发者在不修改代码的情况下使用新版本的接口。在增加新功能或修改接口时，应尽量保持接口的向后兼容性。

正例：当一个接口需要添加新功能时，开发者通过添加新的方法或参数来实现，而不是通过修改现有的方法或参数来实现。这样，使用旧版本接口的代码无需任何修改就可以继续正常运行。

反例：当一个接口需要添加新功能时，开发者通过直接修改现有的方法来实现。这将导致使用该接口的所有代码在新版本接口下都无法正常运行，必须经过修改和测试才能适应新的接口。

3. 版本管理

版本管理是确保接口稳定性的关键因素。有效的版本管理可以帮助开发者了解接口的历史变动和当前状态。每次接口变动时，都应更新版本号，并在文档中记录变动的内容。

正例：每次接口变动时，开发者都更新了版本号，并在文档中记录了变动的内容。这使得其他开发者可以轻松地了解接口的变化以及每个版本接口的行为。

反例：接口经历了多次修改，但开发者没有更新版本号，也没有记录变动的内容。这使得其他开发者无法准确地了解接口的历史变动和当前状态，给他们带来了困扰。

5.2.3　可扩展性

设计可扩展的接口是保证软件系统未来能够适应新需求和变化的关键。可扩展性设计需要考虑以下三个方面。

1. 模块化

模块化设计可以使接口更容易进行扩展。模块化的接口将功能分割为多个独立的部分，每个部分只负责一部分功能。这样，当需要添加新功能或改变现有功能时，只需要修改或添加相应的模块，而不需要改变整个接口。

正例：一个网络通信接口将其功能划分为连接管理、数据传输和错误处理等模块，每个模块都有其独立的职责，当需要添加新功能或改变现有功能时，只需修改或添加对应的模块。

反例：一个网络通信接口将所有功能都集成在一个大的函数中，包括连接管理、数据传输和错误处理等。这导致当需要添加新功能或改变现有功能时，需要修改这个大的函数，使得维护和扩展变得困难。

2. 灵活的参数设计

灵活的参数设计可以使接口更容易满足新的需求。例如，可以使用参数对象来替代大量的参数，或者提供默认参数值来处理常见的情况。这样，当需要添加新的参数或改变参数的行为时，可以更容易地进行。

正例：一个接口使用一个参数对象来接收参数，当需要添加新的参数或改变参数的行为时，只需对这个参数对象进行修改，而无须改变接口的调用方式。

反例：一个接口使用了大量的参数，当需要添加新的参数或改变参数的行为时，需要修改接口的调用方式，这会影响到这个接口的所有代码的使用。

3. 插件化

插件化设计可以使接口方便地添加新的功能或行为。通过定义插件接口，开发者可以根据需要添加自定义的插件，而不需要改变原有的接口。

正例：一个图形渲染接口提供了插件接口，允许开发者添加自定义的渲染插件，这样，当需要添加新的渲染效果时，只需添加一个新的插件，而无须修改原有的接口。

反例：一个图形渲染接口将所有的渲染效果都硬编码在接口中，这样，当需要添加新的渲染效果时，则需要修改这个接口，这不仅增加了维护的难度，也限制了接口的扩展。

5.2.4 可维护性

可维护性是软件质量的关键属性之一，也是接口设计需要考虑的重要因素。设计可维护的接口可以降低维护的难度和成本，提高软件的可靠性和稳定性。可维护性设计主要考虑以下三个方面。

1. 清晰的职责划分

每个接口都应该有一个清晰的职责，避免处理多种不相关的任务。通过保持职责的单一性，可以使接口更易于理解和维护。

正例：一个文件操作接口提供了打开文件、读取文件、写入文件和关闭文件等功能，每个功能都由一个独立的方法提供。这样的设计能使每个方法都有一个清晰的职责，易于理解和维护。

反例：一个文件操作接口提供了一个 doOperation 方法，该方法根据输入的操作类型参数执行打开文件、读取文件、写入文件或关闭文件的操作。这样的设计使得 doOperation 方法的职责过于复杂，不易于理解和维护。

2. 易于理解的命名和文档

接口的命名应该反映其职责，且易于理解。同时，接口的文档应该详细描述接口的行为，包括输入、输出、错误情况等，以便开发者更好地理解和使用接口。

正例：一个接口名为 calculateTax，明确反映了它的职责是计算税款。其文档详细地描述了接口的行为，包括输入参数的要求、返回值的含义以及可能出现的错误情况。

反例：一个接口名为 doOperation，其职责并不明显。其文档只简单地提到接口执行一些操作，没有详细描述输入参数、返回值和错误情况，使得理解和使用接口变得困难。

3. 未来的变化

在设计接口时，应该考虑未来在需求和技术方面可能会发生的变化，以便在需要时对其进行修改和扩展。

正例：一个用户认证接口设计了扩展点，允许未来添加新的认证方式。当需要支持指纹认证或面部识别认证时，可以通过添加新的扩展来实现，无须修改原有的接口。

反例：一个用户认证接口硬编码了用户名和密码认证的逻辑。当需要支持新的认证方式时，需要修改接口的实现，这有可能引入错误，增加维护的难度。

5.2.5 遵循设计原则

在接口设计中，有一些经典的设计原则可以指导我们进行高质量的设计。通过遵循这些设计原则，我们可以避免常见的设计错误，提高接口易用性、稳定性、可扩展性和可维护性。以下是几个重要的设计原则。

1. 最少知识原则

最少知识原则建议接口尽可能少地暴露实现细节，使得使用接口的代码不需要依赖接口的内部实现。这样可以降低接口与使用它的代码之间的耦合度，提高接口的可维护性和可扩展性。

正例：一个数据库访问接口提供了对数据库进行查询、插入、更新和删除等操作的方法。接口的使用者只需要知道如何使用这些方法，无须了解接口内部如何与数据库进行通信。

反例：一个数据库访问接口要求使用者提供一个数据库连接对象作为参数。这样的设计使得接口的使用者必须了解如何创建和管理数据库连接，增加了他们使用接口的难度。

2. 开闭原则

开闭原则建议接口对扩展开放，对修改关闭。这意味着我们应该设计容易添加新功能的接口，而不需要修改接口的原有代码。

正例：一个图形渲染接口定义了一个渲染插件接口，允许开发者添加新的渲染插件。这样，当需要添加新的渲染效果时，无须修改接口的原有代码。

反例：一个图形渲染接口将所有的渲染效果都硬编码在接口中。这样，当需要添加新的渲染效果时，必须修改接口的代码，这违反了开闭原则。

3. 单一职责原则

单一职责原则建议每个接口只有一个职责。这样可以使接口更易于理解、维护和测试。

正例：一个用户管理接口提供了添加用户、删除用户、修改用户信息和查询用户信息等功能，每个功能都由一个单独的方法提供。这样的设计能够使得接口的职责清晰，易于理解和维护。

反例：一个用户管理接口提供了一个 manageUser 方法，该方法根据输入的操作类型参数执行添加用户、删除用户、修改用户信息和查询用户信息的操作。这样的设计使得 manageUser 方法的职责过于复杂，违反了单一职责原则。

5.3　接口文档编写

在软件开发中，接口文档是必不可少的组成部分，它可以帮助开发者理解和使用接口。良好的接口文档应该提供足够的信息，使得开发者能够在没有查看接口实现代码的情况下使用接口。在本节，我们将探讨如何编写高质量的接口文档。

5.3.1　接口文档的重要性

接口文档在软件研发过程中扮演着关键的角色，其重要性主要体现在以下几个方面。第一，接口文档是开发者理解和使用接口的主要工具。一个详尽的接口文档不仅列举了接口的所有功能，还提供了输入参数、返回值的详细信息以及可能出现的错误，能够确保开发者更准确地使用接口。第二，接口文档可以使开发者快速了解接口的用法，而无须花费大量的时间深入研究和理解接口的源代码，从而极大地提高了开发效率。第三，接口文档通常会强调使用接口的限制和警告，这有助于避免开发者误用，从而减少因误用接口而产生的错误。第四，接口文档在软件维护方面起到了关键作用。在软件升级或重构时，开发者可以通过参考接口文档来了解接口的功能和使用方法，从而确保代码更改不影响接口的正常工作。

若没有接口文档，开发者将不得不花费大量时间去理解接口的源代码，并可能因误解其功能和用法而导致程序出错。此外，缺少接口文档也会使得软件维护变得更加困难。因此，编写完整、清晰的接口文档是很重要的。

5.3.2　接口文档的内容

在这一小节，我们将列举接口文档的主要内容，并对每个部分进行详细的解释。一个高质量的接口文档应该提供足够的信息，以帮助开发者理解如何正确地使用接口。以下是接口文档的主要内容。

（1）接口概述

在接口概述部分，应该简要描述接口的目的、功能和用途，使读者对接口有一个大致的了解。例如："该接口提供了数据库的 CRUD 操作，允许用户查询、插入、更新和删除数据。"

（2）接口详情

接口详情是接口文档的核心部分，负责为开发者提供每个接口的详细信息。这些信息应该明确描述方法的功能和用途，包括输入参数的类型及其意义、返回值的类型及其重要性以及可能出现的异常和错误。这样详细的描述能够确保开发者充分理解和正确使用接口，从而提高开发效率和代码质量。例如："insert(Data data) 方法用于将一条数据插入数据库。参数 data 是要插入的数据。该方法返回一个 boolean 值，表示插入操作是否成功。如果插入数据失败，该方法会抛出一个 InsertException 异常。"

（3）使用示例

提供使用接口的示例代码是一个很好的实践，这样可以帮助开发者更好地理解如何使用接口。接口文档应该提供一些典型的使用场景，并提供相应的示例代码，如代码 5.1 所示。

代码 5.1　接口示例代码

```
1  Data data = new Data("key", "value");
2  try {
3      boolean success = database.insert(data);
4      if (success) {
5          System.out.println("数据插入成功");
6      } else {
7          System.out.println("数据插入失败");
8      }
9  } catch (InsertException e) {
10     e.printStackTrace();
11 }
```

（4）错误处理的描述

接口文档应该描述接口在执行过程中可能出现的错误以及处理这些错误的方法，尽量提供详细的错误信息，以便开发者能够快速定位和解决问题。例如："如果插入数据失败，insert 方法会抛出一个 InsertException 异常。你应该捕获这个异常，并根据异常信息处理错误。"

（5）性能说明

如果使用接口对性能有影响，文档应进行详细的说明。例如，你可以描述接口的时间复杂度、空间复杂度或者其他可能影响性能的因素。例如："insert 方法的时间复杂度为 $O(1)$。但是，如果插入的数据量过大，可能会消耗大量的内存，因此，在使用时应注意控制数据量。"

（6）限制和警告

如果使用接口有任何限制或者需要注意的地方，文档应明确指出。例如："insert 方法不是线程安全的，如果在多线程环境下使用，需要自行处理线程同步。"

5.3.3　接口文档的格式

接口文档的格式对于其易读性和易用性有很大影响。接口文档的格式因实际需求和个人喜好的不同而不同。然而，无论你选择什么样的格式，一个好的接口文档都应该是清晰、简洁、易于理解的。在这一小节，我们将介绍接口文档的一些通用格式，并提供一些编写接口文档的建议。

1. 传统格式

使用传统格式的接口文档（如纯文本文件或 Word 文档）通常包含接口的所有信息（如方法列表、参数描述、返回值和错误信息等）。传统格式由于其简单、通用的特性，被广泛用于编写接口文档。尽管它没有复杂的格式化选项，但通过有逻辑的组织和清晰的语言，我们依然可以编写出易于理解的接口文档。其优点是简单、通用，缺点是不够直观和易用。

编写传统文档的一些建议如下：

① 使用有意义的标题和小标题来组织内容；

② 使用列表来表示一系列的项目或步骤；

③ 在描述方法、参数和错误时，使用一致的格式。

2. 标记语言格式

标记语言（如 Markdown 或 reStructuredText）可以使接口文档更加结构化和易于阅读。它支持各种格式化选项，如列表、标题、链接和代码块等，可以使接口文档更加清晰和美观。

标记语言（如 Markdown 或 reStructuredText）以其丰富的格式化选项和易读性成了编写接口文档的流行选择。通过使用列表、标题、链接和代码块等格式化选项，我们可以编写出更加清晰和美观的接口文档。

编写标记语言文档的一些建议如下：

① 使用标题和小标题来组织内容，并保持一致的标题层次；

② 使用列表来表示一系列的项目或步骤；

③ 使用代码块来表示代码、方法签名或错误信息；

④ 使用链接来引用相关的内容或资源。

3. API 文档生成工具

API 文档生成工具（如 JavaDoc、Doxygen 或 Swagger）可以自动地从源代码中提取接口信息，并生成结构化的接口文档。这种工具不仅可以大大简化接口文档的编写工作，还可以确保接口文档和源代码的一致性，但可能需要一些时间来学习如何使用它们。

使用 API 文档生成工具的一些建议如下：

① 在源代码中编写详细和规范的注释；

② 使用工具提供的标签或注解来表示参数、返回值和错误等信息；

③ 定期生成和更新接口文档，以保持其与源代码的一致性。

4. 在线 API 文档平台

在线 API 文档平台（如 ReadTheDocs 或 Swagger UI）可以提供支持在线查看和交互的接口文档。这些平台通常提供搜索、分类和版本控制等功能，能够使接口文档更加易于使用和管理。

使用在线 API 文档平台的一些建议如下：

① 在编写接口文档时，考虑用户在线阅读的体验；

② 利用平台提供的功能（如搜索和分类）来提高接口文档的可用性；

③ 定期更新在线接口文档，以反映源代码的最新状态。

5.3.4 接口文档的示例

在这一小节，我们将提供一些接口文档的示例，展示如何编写高质量的接口文档。

1. HTTP API 文档示例

在 Web 开发中，RESTful API 是一种常见的接口形式。一个优秀的 HTTP API 文档通常包括接口的基本信息、请求方式、请求参数、返回结果、错误码等内容。以一个用户登录接口为例，其文档可能如代码 5.2 所示。

代码 5.2　用户登录接口

```
1  接口名：用户登录
2  请求URL：http://api.example.com/user/login
3  请求方式：POST
4  请求参数：
5     - username：用户名，字符串类型，必填
6     - password：密码，字符串类型，必填
7  返回示例：
8  {
9      "code": 0,
10     "message": "成功",
11     "data": {
12         "user_id": "1",
13         "username": "test",
```

```
14        "token": "..."
15      }
16    }
17  错误码:
18    - 0: 成功
19    - 1: 用户名或密码错误
20    - 2: 用户不存在
```

2. 库/框架接口文档示例

在编写库或框架的接口文档时，我们需要重点说明方法和属性，同时至少给出一个或多个示例。以代码 5.3 中一个简单的 JavaScript 函数为例进行说明。

代码 5.3　接口文档中的 JavaScript 函数

```
1  函数名: add
2  描述: 接受两个数字参数，并返回它们的和。
3  参数:
4    - a: 第一个加数，数值类型，必填
5    - b: 第二个加数，数值类型，必填
6  返回值: 两个参数的和，数值类型
7  示例:
8    let result = add(1, 2);
9    console.log(result); // 输出: 3
```

以上就是两种常见的接口文档的示例。在编写接口文档时，应注重清晰、简洁和完整，以便其他开发者能够快速理解和使用你的接口。

5.3.5　接口文档的维护

接口文档的维护是一个持续的过程，需要随着接口的变化而更新。在这一小节，我们将讨论如何维护接口文档，以确保其始终与接口的实现保持一致。

1. 跟踪接口的变动

跟踪接口的变动是确保文档与实际实现保持一致的关键步骤。为此，需要建立一个健全的系统来记录和管理这些变动。

（1）记录变动

每当接口发生变动，特别是关键的变动（如新增功能、修改现有功能或删除某些部分）时，都应详细记录。这不仅有助于后续的文档维护，还能为团队提供清晰的接口变更历史。

（2）采用版本控制系统

版本控制系统（如 Git）是跟踪接口变动的有力工具。通过创建新的分支、提交更改并使用合适的提交信息，可以清晰地记录接口的变动历史。此外，利用 GitHub 或 GitLab 这样

的平台还可以更方便地查看更改、审查代码以及与团队成员讨论特定的接口更改。

（3）详细说明变动理由

仅记录接口发生了什么变动是不够的，还需要详细解释为什么接口会发生这些变动。这可以帮助团队成员理解每次更改的背景和动机，无论是为了满足新的业务需求、解决已知的问题，还是为了性能优化和内部架构的重构。

（4）整理接口变动概览

建议定期（如每个月或每个季度）整理一份接口变动的概览。概览应列出所有重要的接口更改、新增功能和已删除的部分。它可以作为一个参考，帮助开发者迅速了解接口近期的变动情况。

总之，系统地跟踪和管理接口的变动不仅可以确保文档的准确性，还能提高团队间的沟通效率和代码的可维护性。

2. 即时更新接口文档

即时更新接口文档是确保其准确性和可靠性的关键。当接口发生变动时，文档的更新不应被延迟或忽视。

（1）同步更新

接口和其文档应被视为一个不可分割的整体。当接口变动时，与其相关的文档必须同步更新。这样可以确保开发者始终得到准确和最新的信息，从而避免因使用过时信息而造成错误。

（2）避免文档与代码不一致

文档和代码不一致可能会使开发者感到困惑，甚至可能会使他们因依赖错误的信息而造成bug。即时更新文档是避免这种不一致的最佳策略。

（3）将代码提交与文档更新相结合

为了确保代码和文档始终同步，建议在代码提交流程中加入文档更新的步骤。例如，在进行代码审查时，检查相关文档是否得到了适当的更新。

（4）建立文档更新通知机制

更新文档时，应通知团队成员。这可以通过发送电子邮件、消息通知或其他适当的方式实现。这样能确保团队成员都知道最新的变动，从而采取相应的行动。

（5）维护文档的版本历史

与代码版本控制的目的相似，文档也应维护一个版本历史。这样做便于开发者查看文档的变更历史，理解文档内容的演变过程，并在需要时将文档恢复为早期的版本。

总体来说，即时更新文档不仅是为了满足技术上的需求，也是有效沟通的关键。这样能确保开发者、测试人员和其他相关人员都得到准确的信息，从而保证项目的成功执行。

3. 审核接口文档

审核接口文档是确保其质量和准确性的重要步骤。只有经过严格的审核，接口文档才能为开发者提供可靠的参考。下面探讨文档审核的相关内容。

（1）组建审核团队

建议组建一个由经验丰富的开发者、技术写作人员和架构师组成的专门的审核团队，以确保全面审查文档。

（2）明确审核标准

在开始审核前，应该明确并统一审核标准。需要审核的内容包括但不限于文档的结构、用词、格式、示例等。

（3）定期审核

仅在创建时对文档进行一次审核不够，而应定期进行，尤其是在接口发生重大变动时。这样能确保文档始终与实际接口同步。

（4）促进团队学习和交流

审核过程为团队学习和交流提供了一个好机会。团队成员可以借这个机会分享知识，讨论文档的最佳实践和需要改进的地方。

（5）建立问题反馈机制

审核团队在发现问题时，应该遵从一个清晰的工作流程，使用有效的工具来记录和跟踪这些问题，以确保它们得到解决。

（6）持续改进

文档的审核不是一个一次性的任务，而是一个持续改进的过程。

（7）鼓励开发者参与

因为开发者是接口的主要使用者，他们的反馈是确保文档质量的关键，因此，要鼓励他们积极参与文档审核。

总之，接口文档的审核是一个系统的过程，具有多个步骤，需要多个参与者的协作。通过持续的审核和改进，我们可以确保接口文档始终为开发者提供最准确、最有用的信息。

4. 自动化接口文档

在当前的软件开发领域，自动化接口文档已经成了一个重要的趋势。利用各种现代工具，开发者可以更高效地生成和维护接口文档。下面将详细讨论自动化接口文档的优缺点以及它的最佳实践。

（1）优点

① 自动化工具可以确保每次代码更改后，文档都能得到即时更新。

② 通过自动提取代码注释，可以确保文档与代码的一致性。

③ 开发者只需维护代码注释，而不必手动更新文档。

④ 许多现代开发工具链都支持自动化接口文档生成工具，如 CI/CD 流程中的自动文档发布。

（2）缺点

① 自动化接口文档通常只描述 API 的基本信息（如方法、参数和返回值），而无法提供具体的使用示例或背景信息。

② 自动生成的接口文档可能缺少对用户友好的解释和描述，特别是对于复杂的接口或业务逻辑。

（3）最佳实践

① 将自动化工具生成的文档与手工编写的文档结合起来，提供完整的接口描述。

② 为了生成高质量的自动化接口文档，开发者应遵循统一的代码注释规范。

③ 随着项目的进行，应持续更新代码注释，以确保文档始终与代码保持一致。

总之，自动化接口文档是软件开发中的强大工具，但需要将其与手工编写的文档结合起来，从而为开发者提供全面、准确和有用的信息。

通过以上方法，我们可以有效地维护接口文档，使其始终与接口的实现保持一致，为开发者提供准确、完整和最新的信息。

5.4 接口测试和管理

接口测试和管理是保证程序正确性和可维护性的重要步骤。在本节，我们将讨论如何进行接口测试以及如何管理大量的接口。首先，我们介绍接口测试的基本策略和方法，然后，探讨如何有效地管理和组织接口，以便在复杂的系统中快速找到和使用接口。

5.4.1 接口测试策略

接口测试是软件测试的重要组成部分，它主要检查不同功能模块之间的数据交互是否正确。选择恰当的接口测试策略可以确保测试的有效性和效率。在制定接口测试策略时，我们需要考虑以下几个方面。

1. 定义清晰的测试目标

在开始接口测试前，我们需要定义清晰的测试目标，以便制定有效的测试策略和构建有效的框架。确定测试目标是制订测试计划的重要步骤，也是确保测试质量的基础。定义测试目标时需要考虑以下几个方面。

（1）接口识别

在测试的初始阶段，应识别并列出需要测试的所有接口（包括内部接口和外部接口）的功能和性质。

（2）测试项明确

对于每个接口，都要明确其测试项。测试项可能包括但不限于以下几个。

① 数据格式正确性测试：验证接口是否能正确处理不同格式的数据，包括正常数据和异常数据。

② 响应时间合理性测试：检查接口的响应时间是否符合预期，以判断系统性能的好坏。

③ 错误处理完备性测试：测试接口在面对错误输入或系统错误时的反应，确保其具备良好的容错和错误提示能力。

④ 接口访问安全性测试：验证接口的安全性，包括权限控制、数据加密等方面。

⑤ 接口功能正确性测试：检查接口的功能是否符合设计预期和业务需求。

（3）优先级分配

根据项目的需求和接口的重要程度分配测试优先级，优先测试关键的接口、高风险接口以及可能影响系统稳定性和性能的接口。

（4）测试资源准备

确定测试所需的资源，包括测试环境、测试工具和测试人员。测试环境包括软件、硬件和网络环境等。要确保测试环境与生产环境相似，以获得可靠的测试结果。

（5）测试周期规划

根据项目进度和资源状况规划测试周期，明确各个测试阶段的开始时间和结束时间。

（6）风险评估与应对

对可能遇到的测试风险进行评估，并制定相应的应对措施，以确保测试工作按计划进行。

清晰的测试目标可以为我们的接口测试工作提供明确的指导，确保测试工作的有效性和质量。同时，清晰的测试目标也有助于提高测试效率，减少不必要的测试开销，并为项目的成功交付奠定坚实的基础。

2. 选择合适的测试方法

接口测试涉及多种测试方法，每种方法都有其特定的应用场景和优点。为了达到预期的测试效果和确保接口的健壮性和可靠性，我们需要根据测试目标、项目特性和测试资源选择合适的测试方法。以下是常见的测试方法。

（1）单元测试

① 目的：验证接口的单一功能或模块是否正确实现。

② 特点：测试粒度细，通常由开发人员执行，主要针对函数、方法或类。

③ 应用场景：新开发的接口、修改后的接口或复杂的业务逻辑。

（2）集成测试

① 目的：确保多个接口或模块在一起工作时能够正确地交互和协同工作。

② 特点：能够测试多个接口或组件之间的交互，通常涉及数据传递、函数调用和异常处理。

③ 应用场景：系统中存在多个相互依赖的接口或者当新的接口集成到现有系统中时。

（3）系统测试

① 目的：验证整个系统或应用的功能和性能。

② 特点：能够覆盖系统所有的功能点，确保其在真实环境中正常运行。

③ 应用场景：在新系统发布或大的版本升级之前。

（4）性能测试

① 目的：确保接口在高负载或并发情况下仍能保持良好的响应速度和稳定性。

② 特点：通过模拟大量用户请求来测试接口的性能瓶颈和限制。

③ 应用场景：高流量的应用、关键业务接口或对延迟和吞吐量有严格要求的场合。

在选择测试方法时，首先应分析项目的具体需求和风险点，然后根据测试目标进行选择。不同的测试方法可以相互补充，确保接口在各个层面都得到充分的验证。例如，单元测试可以确保接口的基本功能正确，而性能测试可以确保接口在高负载下的稳定性。结合使用多种测试方法可以提高接口的质量和可靠性。

3. 设计详细的测试用例

设计详细的测试用例是确保接口功能正确性的关键。通过正确的测试用例，我们能够深入地检测潜在的问题，从而增强接口的稳定性和健壮性。以下是设计测试用例时应考虑的一些关键点。

（1）输入

① 正常输入：基于正常和期望的使用场景提供输入数据，验证接口在常规条件下是否能正常工作。

② 边界输入：考虑所有输入的范围，特别是边界值，如数字的最大/最小值、字符串的最大/最小长度等，确保接口在这些条件下也能正常工作。

③ 异常输入：提供非法或异常的输入数据，如空值、特殊字符等，测试接口处理异常和返回错误的能力。

（2）输出

① 对于每个测试用例，都应明确预期的输出或结果，以便验证。

② 预期输出不仅包括正确的返回数据，还包括响应时间、错误代码和消息等。

③ 在有些情况下，预期的输出可能是一个范围而不是一个固定的值，例如，接口响应时间可能在一个可接受的范围内。

（3）执行条件和环境

① 明确测试用例执行所需的条件和环境，如特定的数据库状态、外部依赖等。

② 为了复现特定的问题或场景，可能需要设置或模拟特定的系统状态或条件。

（4）结果

① 使用自动化测试工具（如 JUnit、Postman 等）可以快速地执行测试用例并验证测试结果。

② 对于每个测试用例，都应记录实际输出与预期输出的对比结果，并应根据需要对其进行调整或优化。

设计测试用例是一个迭代的过程。随着项目的进展和需求的变化，可能需要对测试用例进行不断的更新和扩展。同时，当发现新的缺陷时，应考虑增加新的测试用例来覆盖这些场景，以确保缺陷被彻底修复，从而避免该缺陷在未来某些场景中再次出现。

4. 使用自动化测试工具

在当今的开发环境中，自动化测试已经成为软件测试必不可少的组成部分，特别是在大规模和持续集成的背景下。以下是使用自动化测试工具时需要考虑的几个方面。

（1）工具的选择

① 根据项目的特定需求选择合适的测试工具。例如，Postman 和 Rest Assured 适用于 RESTful API 测试，而 JUnit 和 TestNG 主要用于 Java 应用程序的单元测试。

② 考虑工具的学习曲线、社区支持及其与其他工具的集成能力。

③ 确保所选工具既满足长期的测试需求，又能够与项目的其他部分（如持续集成/持续部署工具）无缝集成。

（2）自动化的深度

① 不是所有的测试都适合自动化。要确定哪些测试适合自动化，如高频执行的测试、回归测试等。

② 避免过度自动化。某些复杂的、需要人工判断的或只需运行一次的测试可能不适合自动化。

（3）维护自动化测试用例

① 随着软件的迭代，测试用例也需要进行调整和更新。

② 保持测试用例的模块化和参数化，以便管理和扩展。

③ 为测试代码编写适当的注释和文档，以确保其他团队成员能够理解和维护。

（4）持续集成与自动化测试

① 将自动化测试集成到持续集成/持续部署 (CI/CD) 流程中，确保每次提交代码都会自动触发相关的测试，从而及时发现和修复问题。

② 使用工具（如 Jenkins、GitLab CI 或其他 CI/CD 工具）自动执行测试，生成测试报告，并通知相关人员。

（5）结果分析和反馈

① 在自动化测试完成后，仔细分析测试报告，查找失败的原因并对错误进行修复。

② 使用工具自动收集和分析测试数据，提供有关性能、覆盖率等方面的反馈。

③ 确保测试结果能够迅速地反馈给开发团队，从而加快迭代和修复的速度。

总之，正确使用自动化测试工具能够大大提高测试的效率和准确性，但也需要对其进行持续的关注和维护，以确保它们始终在整个项目生命周期中发挥价值。

5. 持续集成和持续测试

随着软件开发模式的转变，持续集成和持续测试已成为敏捷开发和 DevOps 文化中的核心概念。这种自动化和快速迭代的方式可以加快软件交付的速度，也可以确保高质量产品的输出。以下是关于持续集成和持续测试的几个重要方面。

（1）持续集成的核心

① 每次代码变更都会触发自动化的构建和测试流程，确保新提交的代码与现有代码库兼容。

② 为了支持持续集成，需要有一个稳定的集成环境和自动化的构建工具，如 Jenkins、Travis CI 或 CircleCI。

③ 提早发现集成问题，减少"它在我的机器上是可以工作的"这类问题的出现。

（2）持续测试的重要性

① 能够确保每次代码变更都经过完整的测试套件，从单元测试到集成测试，再到系统测试和性能测试。

② 通过自动化测试，可以迅速捕捉回归错误和新发现的缺陷。

③ 能够为团队提供即时的反馈，加快开发和修复的速度。

（3）测试环境与测试数据

① 为了有效地进行持续测试，需要有一个与生产环境尽可能相似的测试环境。

② 测试数据的准备和管理很重要。使用合适的工具或策略可以确保测试数据的质量和实时性，例如可以通过数据驱动的测试方法来验证数据的准确性和完整性，或者使用模拟数据来确保测试在实时数据不可用时的连续性。

（4）与其他 DevOps 实践的结合

① 持续集成和持续测试应与持续部署和持续交付无缝结合，实现从代码提交到生产部署的自动化流程。

② 使用监控和日志工具跟踪和分析生产环境的实时表现，从而在持续测试中考虑真实的用户场景和负载。

（5）团队之间的合作与交流

① 持续集成和持续测试是技术实践，需要团队的支持，如团队成员之间紧密的合作和频繁的交流。

② 鼓励团队成员关注测试质量、分享测试知识以及参与测试和代码审查活动。

总体来说，持续集成和持续测试是确保软件质量和快速交付的关键。通过自动化工具、良好的实践，以及团队之间的合作和交流，可以实现真正的敏捷开发和 DevOps。

5.4.2　接口测试工具

接口测试工具对于提高测试效率、减少人为错误、实现自动化和持续测试都有重要的作用。在市场上有许多成熟的接口测试工具，它们有各自的特点和适用场景。以下是一些常用的接口测试工具。

1. Postman

Postman 是如今最受欢迎的 API 测试和开发工具之一。它为开发者和测试人员提供了一个直观的界面，使他们能够方便地设计、测试、发布和监控 API。以下是 Postman 的主要功能。

（1）直观易用的操作界面

① 图形用户界面允许用户快速创建和发送 HTTP 请求，并实时查看响应内容。

② 通过简单的拖放和单击操作，即可轻松设置和修改请求的各种参数。

（2）全面的请求构建能力

① 支持发送 GET、POST、PUT、DELETE、PATCH 等多种类型的 HTTP 请求。

② 可自定义设置请求头、请求体、查询参数以及认证信息。

③ 提供内置的请求历史记录功能，便于用户追溯和复现之前的请求操作。

（3）详尽的响应内容处理

① 能够显示详细的响应状态码、头信息和响应体内容。

② 提供响应数据的格式化显示，如 JSON、XML 等格式，便于阅读和分析。

③ 支持在响应视图中直接进行内容的搜索和高亮显示。

（4）强大的自动化测试与断言功能

① 允许使用 JavaScript 编写测试脚本，实现高度定制化的验证逻辑。

② 内置丰富的断言库，简化了响应数据和状态的校验工作。

③ 支持数据驱动测试，能够利用多组数据进行高效的批量测试。

（5）高效的团队协作与集成能力

① 通过 Postman Collections，团队可以方便地共享 API 测试用例。

② 可与持续集成/持续部署工具无缝集成，实现 API 测试的自动化流程。

③ Postman Workspace 功能可以确保团队成员间请求、环境和测试的实时同步与共享。

（6）其他功能

① 提供 Mock Server 功能，帮助用户模拟 API 的各种响应情境。

② 支持使用环境变量，使得测试配置更加灵活多变。

③ Postman Monitors 允许用户监控 API 的可用性和性能，确保服务的稳定性。

总体来说，Postman 为 API 开发和测试提供了一个全面且强大的工具集。

2. JUnit 和 Mockito

JUnit 与 Mockito 在 Java 开发中被广泛用于单元测试和模拟对象，它们为开发者提供了强大的工具，开发者可以通过使用这些工具来确保代码的质量和系统的稳定性。下面简要介绍这两个工具的功能。

（1）JUnit 的功能

① JUnit 是 Java 开发中最受欢迎的单元测试框架之一。

② 通过使用注解（如 @Test、@Before、@After 等），开发者可以定义测试方法、设置前后置条件。

③ JUnit 提供了一系列的断言方法，如 assertEquals、assertTrue、assertNotNull 等，使得结果验证变得简单、直观。

④ 允许用户组织和分类测试，方便大规模的测试管理和执行。

（2）Mockito 的功能

① Mockito 允许开发者无须编写冗长的模拟代码，只需调用简单的方法即可创建模拟对象。

② Mockito 可以验证模拟对象的特定方法是否被调用，也可以确定被调用的次数、参数等。

③ Mockito 允许开发者为模拟对象的方法调用自定义返回值或抛出异常。

④ 除了具体值外，Mockito 还提供了 any()、eq() 等方法，使得参数匹配更加灵活。

JUnit 与 Mockito 的结合为单元测试带来了显著的优势，具体如下。

① 隔离与模拟依赖。利用 Mockito，我们可以轻松地创建模拟对象来替代实际依赖，如数据库连接或外部服务。这样，在使用 JUnit 进行单元测试时，我们能够隔离这些依赖，确保只测试目标代码片段的逻辑正确性，而不受外部系统状态或可用性的影响。通过 Mockito 的模拟，我们为单元测试提供了一个干净、可控的环境。

② 精确验证与断言。结合 JUnit 的断言机制，我们可以对代码的输出进行严格的验证。同时，利用 Mockito 的验证功能，我们可以确认在测试过程中，特定的方法是否按预期被调用，包括调用的次数和传递的参数。这种结合能够使得我们全面、精细地验证代码的行为，从而确保结果正确，过程符合预期。

JUnit 和 Mockito 是 Java 开发中的伙伴，将它们结合起来使用可以使单元测试变得更加高效、完备和可靠。

3. JMeter

JMeter 是 Apache Software Foundation 下的开源项目，广泛用于性能测试和各种功能测试。它不仅可以用于 Web 应用程序，还可以用于数据库、FTP、SMTP 等多种服务。下面简要介绍 JMeter 的功能和应用场景。

（1）JMeter 的功能

① JMeter 提供了图形用户界面，使得测试用例的创建、编辑和管理变得相对直观。

② JMeter 可以模拟多个用户并发地发送请求，也可以评估系统在并发场景下的性能。

③ JMeter 支持 HTTP、JDBC、FTP 等多种协议的取样器以及丰富的断言机制，能够确保测试的全面性。

④ 通过插件和脚本，JMeter 可以进行扩展以满足特定的测试需求。

⑤ JMeter 提供了丰富的图表和报告工具，便于对测试结果进行详细分析。

（2）JMeter 的应用场景

① 负载测试：模拟实际生产环境下的用户负载，了解系统的吞吐量、响应时间等指标。

② 压力测试：通过逐步增加并发用户的数量，找出系统的瓶颈和极限性能。

③ 功能测试：除了性能测试之外，JMeter 还可以用于验证应用程序功能的正确性。

④ 端到端测试：模拟用户的完整操作流程，确保整体工作流的稳定性和性能。

JMeter 是性能测试领域的重要工具。但也要注意，性能测试涉及的因素众多，仅依赖工具是不够的，还需要结合实际业务和场景进行深入的分析和调优。

5.4.3 接口管理的最佳实践

当我们处理大型软件系统时，有效地管理和组织接口是至关重要的。以下是一些接口管理的最佳实践。

1. 使用接口管理工具

接口管理工具为开发者提供了一个集中的平台，以便他们组织、管理和维护 APIs。

（1）自动生成文档

对于快速演进的项目，手动编写和更新 API 文档可能会很耗时且容易出错。使用像 Swagger 这样的工具可以帮助我们根据代码或特定的配置自动生成 API 文档，确保文档始终与代码同步。

（2）接口模拟

在接口还未实现时，可以用 Postman 和其他工具来模拟接口的响应，帮助前端或其他服务进行并行开发。

（3）版本控制

随着项目的进行，接口可能会发生变化。接口管理工具可以帮助我们记录和管理不同版本的接口，确保向后兼容性和清晰的变更记录。

（4）集成测试

某些工具（如 Postman）支持自动化测试功能，允许开发者编写测试用例并在 CI/CD 流程中自动执行它们，以确保接口的稳定性。

（5）接口的可视化展示

接口管理工具通常可以提供友好的用户界面，展示接口的结构和数据流，帮助开发者快速理解和使用接口。

综上所述，使用接口管理工具不仅可以大大提高开发效率、减少错误，还可以确保项目的长期稳定性。

2. 定义清晰的接口命名和分类规则

为了确保团队中每个成员都能够轻松地理解和使用接口，定义清晰的接口命名和分类规则是非常关键的。

（1）描述性命名

接口的名称应明确地描述其功能或返回的内容。例如，/users 可能用于获取用户列表，而 /user/{id} 可能用于获取特定用户的详情。

（2）使用 HTTP 动词

在 RESTful 设计中，HTTP 动词 GET、POST、PUT 和 DELETE 分别表示读取、创建、更新和删除操作。这为开发者提供了直观的方式来理解接口的行为。

（3）使用统一的命名规则

例如，使用复数名词表示资源集合（如/users），并使用单数名词加上唯一标识符的形式来表示单一资源（如/user/{id}）。

（4）逻辑分类

将相关的接口组合在一起，并使用路径或标签进行分类。例如，所有与用户相关的 API 可以放在/users/路径下，而与订单相关的 API 则可以放在/orders/路径下。

（5）版本控制

接口可能会经过多次迭代和改进。为确保向后兼容性，可以在 URL 中加入版本号，如 /v1/users。

（6）文档说明

对于每个接口，都应提供详细的文档，并在文档中说明其功能、输入参数、返回值、可能的错误码等。这可以帮助开发者更快地理解和使用接口。

总之，清晰的接口命名和分类规则不仅可以使得 API 易于维护，而且可以大大提高开发者的工作效率。

3. 封装复杂的接口

在软件开发中，一种常见的最佳实践是隐藏不必要的细节，将复杂性封装起来。封装的目的是使接口更加简洁、清晰和直观，从而提高代码的可读性和可维护性。以下是关于封装复杂接口的一些建议。

（1）简化参数

如果一个接口接受大量的参数，那么需要考虑是否可以将这些参数组合成几个主要的对象或数据结构，或者为常用的参数组合提供默认值。

（2）统一数据返回格式

如果接口返回的数据的格式较为复杂，我们可以考虑提供一个统一的格式。例如，将主要数据、状态码和消息都放到一个对象中，能使得客户端在处理返回结果时更加简单，同时确保格式的统一。

（3）创建高级函数或类

针对某个复杂的接口，我们可以通过创建一个函数或类来代替直接调用该接口。这个函数或类可以处理复杂的输入参数、调用接口，并处理返回的结果，从而为调用者提供一个简化的接口。

（4）提供文档和使用示例

封装后的接口应该配备详尽的文档和使用示例，从而帮助开发者理解新的简化接口的使用方法以及工作原理。

（5）保持向后兼容性

在封装接口时，应确保旧的接口仍然可用，或者提供迁移指南，以避免破坏现有的功能。

通过封装，我们可以让复杂的接口变得更加友好。但在进行封装时，需要权衡其中的利弊，确保不过度简化或引入新的问题。

5.4.4 接口管理工具

接口管理工具能够帮助我们更有效地管理和组织接口。以下是一些常用的接口管理工具。

1. Swagger

Swagger 是当前 API 开发领域中非常受欢迎的工具,其主要用途是帮助开发者设计、构建、文档化以及测试 API。以下是 Swagger 的一些功能。

① Swagger 基于 OpenAPI 规范。OpenAPI 规范是一个标准化的 API 描述格式。它不仅能使得 API 的描述被人们读懂,而且可以被计算机程序理解。因此,使用 OpenAPI 规范的 API 描述可以与多种工具集成,提供自动化的功能,如代码生成、测试自动化等。

② Swagger UI 提供了一个网页界面,使得开发者和非技术人员都能直观地查看 API 的所有细节,包括各种请求方法、参数和响应格式。这大大降低了理解 API 的难度,同时也解决了前后端之间的沟通难题。

③ 除了文档展示之外,Swagger UI 还允许用户直接在浏览器中对 API 进行测试。这对于快速验证 API 功能和理解 API 行为是非常有用的。

④ Swagger 提供了多种扩展点,允许开发者自定义其行为。这意味着,随着项目需求的变化,Swagger 可以适应并满足这些需求。

⑤ 由于应用广泛,Swagger 拥有一个活跃的社区。这个社区为开发者提供了大量的资源,如教程、插件和问题解答等。

总之,Swagger 不仅提供了一种简化 API 设计和管理的方法,还通过其丰富的功能和广泛的社区支持,使得 API 的整个生命周期管理变得更加高效和简单。

2. Postman

Postman 是现代开发工作流中不可或缺的工具,为开发者提供了从 API 设计到监控的全方位支持。以下是 Postman 的一些功能。

① 在 Postman 中,开发者可以轻松地定义请求参数、请求头和响应格式,从而设计 API。同时,Postman 允许创建模拟服务器,这使得前端开发者在后端实现前就可以进行开发和测试。

② Postman 提供了一种简单的方式来编写对 API 的自动化测试,支持多种断言方式。开发者可以在 Postman 内部查看测试结果,从而快速了解 API 是否按预期工作。

③ 基于 API 设计和测试,Postman 可以自动生成详尽的 API 文档。此外,它还提供了分享功能,使得团队成员或用户都可以轻松地访问文档。

④ Postman 允许创建多个环境,每个环境都有其特定的变量。这使得在不同的开发、测试和生产环境中切换变得非常简单。

⑤ 除了基本的 API 测试功能外,Postman 还提供了性能监控工具,以便开发者定期检查 API 的响应时间和可用性。

⑥ Postman 能够与其他工具进行集成,如 Jenkins、Slack 等,这使得 API 的开发、测试和监控可以完美地融入整个开发工作流。

总体来说，Postman 在 API 的整个生命周期中提供了全面的支持，无论是在设计、开发、测试阶段还是在监控阶段，用户都可以从中受益。

3. Apigee

Apigee 是 Google Cloud 的一部分，是一个领先的 API 管理解决方案。以下是 Apigee 的一些功能。

① Apigee 提供了一套强大的工具，允许开发者轻松地设计、部署和版本化 API。无论是 RESTful、SOAP 还是 gRPC，Apigee 都可以满足需求。

② Apigee 的 API 网关可以处理各种问题，包括路由请求、数据转换、速率限制和数据缓存等。其高度可配置的性质确保了 API 可以在不同的环境和上下文中灵活运行。

③ Apigee 提供了多种安全机制，如 OAuth 授权、API 键管理和身份验证。此外，其审计和日志功能确保了 API 的使用符合合规性要求。

④ 借助 Apigee 的仪表板和分析工具，开发者可以深入了解 API 性能，也可以实时了解 API 的使用情况、响应时间和错误率。

⑤ Apigee 提供了一个定制的开发者门户，允许第三方开发者发现、测试和使用 API。这对于那些希望与外部开发者联合建立生态系统的企业来说是极其有用的。

⑥ Apigee 具备与多种系统进行集成的能力，如 AWS、Azure 和许多企业级系统。

总体来说，Apigee 为企业提供了一个端到端的 API 管理解决方案，能够帮助它们在数字转型的过程中成功部署和运营 API。

以上介绍的只是众多接口管理工具中的一部分，开发者应根据项目的实际需要选择最合适的工具。

5.5　常见接口的示例

在本节，我们将介绍几种常见接口的示例，并对其相关的性质进行分析与说明，以便读者对接口设计与管理有更加深入的理解。

5.5.1　库函数接口

库函数接口是应用程序与公共库之间进行交互的方法，其接口说明有以下几类：头文件、联机手册、接口说明文档、编程指南。

1. 库函数接口说明的示例

我们给出以下几个常见的库函数接口说明，解释其含义并给出各个接口说明的优点和可能的改进之处。

（1）QSORT

图 5.2 为 Linux 程序员手册中关于 qsort 和 qsort_r 函数的说明。

```
QSORT(3)                      Linux Programmer's Manual                      QSORT(3)

NAME
       qsort, qsort_r - sort an array

SYNOPSIS
       #include <stdlib.h>

       void qsort(void *base, size_t nmemb, size_t size,
                  int (*compar)(const void *, const void *));

       void qsort_r(void *base, size_t nmemb, size_t size,
                  int (*compar)(const void *, const void *, void *),
                  void *arg);

   Feature Test Macro Requirements for glibc (see feature_test_macros(7)):

       qsort_r(): _GNU_SOURCE

DESCRIPTION
       The qsort() function sorts an array with nmemb elements of size size.  The base argument points to the start of the array.

       The  contents  of  the  array are sorted in ascending order according to a comparison function pointed to by compar, which is called with two arguments that point to the objects being com-
       pared.

       The comparison function must return an integer less than, equal to, or greater than zero if the first argument is considered to be respectively less than, equal to,  or  greater  than  the
       second.  If two members compare as equal, their order in the sorted array is undefined.

       The qsort_r() function is identical to qsort() except that the comparison function compar takes a third argument.  A pointer is passed to the comparison function via arg.  In this way, the
       comparison function does not need to use global variables to pass through arbitrary arguments, and is therefore reentrant and safe to use in threads.

RETURN VALUE
       The qsort() and qsort_r() functions return no value.

VERSIONS
       qsort_r() was added to glibc in version 2.8.

ATTRIBUTES
       For an explanation of the terms used in this section, see attributes(7).
```

Interface	Attribute	Value
qsort(), qsort_r()	Thread safety	MT-Safe

图 5.2　QSORT 库函数接口

在 Linux 程序员手册中，qsort 和 qsort_r 函数用于数组排序。

qsort 函数的原型如下。

代码 5.4　qsort 函数的原型

```
void qsort(void *base, size_t nmemb, size_t size,
           int (*compar)(const void *, const void *));
```

代码 5.4 中的 qsort 函数将 base 指针指向的含有 nmemb 个元素的数组按照 compar 函数提供的规则进行排序，每个元素的大小均为 size 字节。

qsort_r 函数为 qsort 函数的变体，其原型如下。

代码 5.5　qsort_r 函数的原型

```
void qsort_r(void *base, size_t nmemb, size_t size,
             int (*compar)(const void *, const void *, void *),
             void *arg);
```

相比代码 5.4，代码 5.5 中的 qsort_r 函数增加了一个 arg 参数。这个参数提供了在比较函数 compar 中使用用户自定义数据的途径。

qsort 和 qsort_r 函数都不返回值，且 qsort_r 函数适用于多线程环境，因为它是可重入的。qsort_r 函数在 glibc 版本 2.8 中被添加。

QSORT 库函数接口说明 (图 5.2 呈现的部分) 的优点如下。

① 提供了清晰的 qsort 函数和 qsort_r 函数的原型，包括参数类型和顺序。

② 对函数的排序方式、比较函数的工作原理以及函数的可重入性进行了详细说明。

③ 提供了 qsort_r 加入 glibc 的具体版本信息，这对开发者具有一定的参考价值。

④ qsort_r 提供了额外的上下文参数，适用于需要更多上下文的复杂情况。

QSORT 库函数接口说明 (图 5.2 呈现的部分) 有如下可改进之处。

① 虽然提供了原型和描述，但没有提供示例代码。示例代码有助于开发者更快地理解和使用 qsort 和 qsort_r 函数。

② 应该更加详细地说明参数 base、nmemb、size、compar 和 arg 的作用，以便初学者学习。

③ 应该包含关于错误检测和处理的信息。

④ 应该加入关于排序算法性能和复杂度的信息，从而帮助开发者根据不同需求选择合适的排序函数。

⑤ 应该进一步解释可重入性的含义及其对线程安全的重要性。

（2）QDialog

图 5.3 是 Qt 开发库中 QDialog 类的接口说明。QDialog 是所有对话窗口的基类。其接口定义包括构造函数、析构函数以及其他用于对话框显示和管理的成员函数。

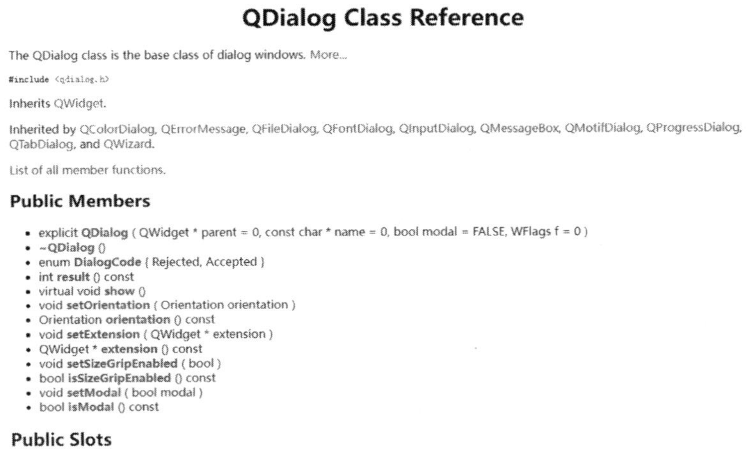

QDialog Class Reference

The QDialog class is the base class of dialog windows. More...

#include <qdialog.h>

Inherits QWidget.

Inherited by QColorDialog, QErrorMessage, QFileDialog, QFontDialog, QInputDialog, QMessageBox, QMotifDialog, QProgressDialog, QTabDialog, and QWizard.

List of all member functions.

Public Members

- explicit **QDialog** (QWidget * parent = 0, const char * name = 0, bool modal = FALSE, WFlags f = 0)
- ~**QDialog** ()
- enum **DialogCode** { Rejected, Accepted }
- int **result** () const
- virtual void **show** ()
- void **setOrientation** (Orientation orientation)
- Orientation **orientation** () const
- void **setExtension** (QWidget * extension)
- QWidget * **extension** () const
- void **setSizeGripEnabled** (bool)
- bool **isSizeGripEnabled** () const
- void **setModal** (bool modal)
- bool **isModal** () const

Public Slots

图 5.3　QDialog Class 说明文档

上述接口说明 (图 5.3 呈现的部分) 的优点如下。

① 清晰地展示了类的继承关系。

② 提供了成员函数的完整列表，方便开发者查询。

③ 简洁明了，便于快速阅读和理解。

上述接口说明 (图 5.3 呈现的部分) 的可改进之处如下。

① 应该对各个参数进行详细解释，以便初学者学习。

② 应该给出示例代码，以便直观地展示接口的使用方法。

③ 应该提供错误处理说明，并应在开发者遇到问题时提供指导。

④ 不应只列出成员函数，还应对它们的功能和使用场景进行描述。

（3）ZeroMQ

ZeroMQ 是一个用于构建分布式或多线程应用程序的高性能异步消息库。4.3.1 版本的 API 提供了一系列功能，如上下文管理、消息传递和错误处理等。图 5.4 为 ZeroMQ API 说明文档。

ØMQ/4.3.1 API Reference

v4.3 master | v4.3 stable | v4.2 stable | v4.1 stable | v4.0 stable | v3.2 legacy

- zmq - 0MQ lightweight messaging kernel
- zmq_atomic_counter_dec - decrement an atomic counter
- zmq_atomic_counter_destroy - destroy an atomic counter
- zmq_atomic_counter_inc - increment an atomic counter
- zmq_atomic_counter_new - create a new atomic counter
- zmq_atomic_counter_set - set atomic counter to new value
- zmq_atomic_counter_value - return value of atomic counter
- zmq_bind - accept incoming connections on a socket
- zmq_close - close 0MQ socket
- zmq_connect - create outgoing connection from socket
- zmq_ctx_destroy - terminate a 0MQ context
- zmq_ctx_get - get context options
- zmq_ctx_new - create new 0MQ context
- zmq_ctx_set - set context options
- zmq_ctx_shutdown - shutdown a 0MQ context
- zmq_ctx_term - terminate a 0MQ context
- zmq_curve_keypair - generate a new CURVE keypair
- zmq_curve_public - derive the public key from a private key
- zmq_curve - secure authentication and confidentiality
- zmq_disconnect - Disconnect a socket
- zmq_errno - retrieve value of errno for the calling thread
- zmq_getsockopt - get 0MQ socket options
- zmq_gssapi - secure authentication and confidentiality
- zmq_has - check a ZMQ capability

图 5.4　ZeroMQ API 说明文档

上述接口说明 (图 5.4 呈现的部分) 的优点如下。

① 简洁明了，易于快速阅读。

② 函数名称按功能的相关性分组显示，便于查找。

③ 文本排版清晰，提高了易读性。

上述接口说明 (图 5.4 呈现的部分) 的可改进之处如下。

① 应该包含参数和返回值类型的详细信息。

② 应该给出示例代码。

③ 不应仅提供错误号的获取函数，还应提供关于错误处理的具体指南。

（4）某品牌摄像头 SDK

图 5.5 为某品牌摄像头的 SDK 开发手册。其中，CLIENT_LoginWithHighLevelSecurity 函数用于实现高级安全登录。

图 5.5　某品牌摄像头的 SDK 开发手册

上述接口说明的优点如下。

① 函数原型清晰，方便开发者了解如何调用。

② 参数类型明确，说明了输入和输出参数的预期数据结构。

③ 简要描述了函数的功能和目的。

上述接口说明的可改进之处如下。

① 对参数进行详细描述，并对字段进行具体说明。

② 说明返回值的具体含义，以便调用者根据返回值处理不同的情况。

③ 应该提供示例代码，降低实现函数调用的难度。

④ 备注信息应该包括使用场景和注意事项。

2. 库函数接口的设计原则

库函数接口的设计原则如下。

（1）信息隐藏

库函数的接口应该隐藏复杂的内部实现细节，暴露给调用者的概念应尽可能少。

（2）资源管理

库函数不能偷偷申请资源，如果申请了，那么应该负责释放。调用者应该自己管理资源。要明确"谁申请谁释放"的原则，避免接口调用者对资源申请释放权产生误解。

（3）错误处理

库函数的接口应该安静地返回不同的返回值。调用者应根据返回值进行不同的处理，而不应自己控制程序行为，自己输出错误信息。

3. 库函数的缺点

库函数的缺点主要包括以下两个方面。

① 应用程序和库的代码在同一个进程内运行，共享相同的地址空间。如果程序运行出现了一些神秘的 bug，往往难以分清责任。因此，库函数适用于以下场合：可靠的库；个人项目；团队内部的项目；合作良好的团队之间的合作项目。一般来说，使用不熟悉的团队的不可靠的库是不合适的。

② 应用程序和库的代码在同一个进程内运行，如果应用程序对实时性要求较高，然而库函数内有时间较长的阻塞操作，那么会引起严重的性能问题。面对这类问题，我们常用以下两种方案解决：启动单独线程运行库函数；使用库函数提供的异步接口。

4. 库函数接口调用示例

调用库函数接口的方法有很多种。本节重点介绍如何使用 Java 等高级语言调用 C 语言代码。具体而言，我们将探讨两种库函数接口的调用示例。

1）JNI

JNI（Java Native Interface）是一个允许 Java 代码与其他语言编写的代码进行交互的编程框架，尤其是 C 和 C++ 语言。它为 Java 程序提供了一种能力，使其能够调用本地应用程序，如 C 或 C++ 编写的程序。JNI 在提高性能、重用现有库以及访问平台特定功能方面发挥着重要作用。通过使用 JNI，开发者可以将系统级别的任务或性能敏感的任务委托给速度更快的本地方法执行。

如图 5.6 所示，JNI 的调用流程涵盖了从 Java 代码到 C 代码，再到链接到本地库的完整过程。该过程包括以下步骤。

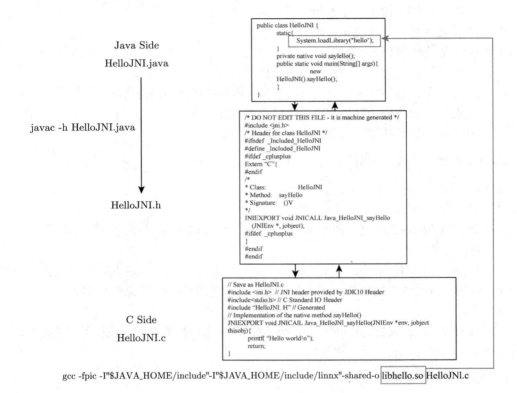

图 5.6　Java 通过 JNI 对 C 进行调用

（1）Java 端编码

在 Java 端编写名为"HelloJNI.java"的类，其中包括本地方法声明 private native void sayHello()。类中的静态代码块通过 System.loadLibrary("hello") 加载名为"hello"的本地库。

（2）生成头文件

通过命令 javac -h HelloJNI.java 编译 Java 文件，并生成 C/C++ 头文件 HelloJNI.h，其中包含了 JNI 声明。HelloJNI.h 包含的 JNI 声明为 Java_HelloJNI_sayHello 方法。

（3）C 端实现

C 文件 HelloJNI.c 包含头文件 HelloJNI.h，程序员在 HelloJNI.c 中实现 Java_HelloJNI _sayHello 函数，该函数打印出"Hello World!"。

（4）编译本地库

使用 gcc 编译器编译 C 代码，并生成名为"libhello.so"的共享库，使用的命令是 gcc -fpic -I"$JAVA_HOME/include"-I"$JAVA_HOME/include/linux"-shared-o libhello.so HelloJNI.c，其中-fpic 用于生成位置无关代码，-I 用于指定 JNI 头文件的位置，-shared 用于生成共享库，-o 用于指定输出文件名。

完成上述步骤后，Java 程序在运行并调用 sayHello() 方法时会加载 libhello.so 库，并执行其中的本地方法，从而打印出"Hello World!"。这是 JNI 的典型用法，它允许 Java 程序调用本地系统库中的方法。

需要注意，实现 JNI 接口的 C 文件中的函数名需要包含 JNI 接口文件的包名。

2）SWIG

SWIG（Simplified Wrapper and Interface Generator，简化的封装器和接口生成器）是一个代码生成工具，可将 C 或 C++ 代码自动封装成高级语言的扩展模块。SWIG 可用于生成多种高级编程语言（如 Python、Java、Perl、Ruby 等）的接口，使得这些语言能够调用 C/C++ 代码中的函数和对象。SWIG 可以显著提高开发效率，避免手动编写大量的连接代码。

下面是使用 SWIG 在 Java 中调用 C/C++ 代码的示例。

① 假设你有以下 C 函数，该函数定义在 example.c 文件中。

```c
// example.c
int fact(int n) {
    if (n <= 1) return 1;
    else return n * fact(n-1);
}
```

② 创建一个 SWIG 接口文件 example.i。

```
/* example.i */
%module example
%{
/* 在此处插入额外的C头文件 */
extern int fact(int n);
%}
extern int fact(int n);
```

③ 使用 SWIG 生成 Java 接口文件。

```
swig -java example.i
```

④ 编译 C 代码和 SWIG 生成的代码，并生成 Java 的.class 文件。

⑤ 在 Java 代码中加载生成的库，并调用原生方法。

```java
public class ExampleMain {
    static {
        System.loadLibrary("example");
    }
    public static void main(String[] argv) {
        System.out.println(Example.fact(5)); // 调用fact方法
    }
}
```

下面是使用 SWIG 在 Python 中调用 C/C++ 代码的示例。

① 使用在 example.c 中的相同的 C 函数定义。

② 使用相同的 SWIG 接口文件 example.i。

③ 使用 SWIG 生成 Python 接口文件。

```
swig-python example.i
```

④ 编译 C 代码和 SWIG 生成的代码，生成 Python 可加载的扩展模块。

⑤ 在 Python 代码中导入生成的模块，并调用 C 函数。

```
import example
print(example.fact(5)) # 调用fact函数
```

通过上述步骤，我们可以将 C/C++ 代码的功能快速暴露给 Java 和 Python 这样的高级语言进行调用，这极大地增强了不同编程语言之间的互操作性。

5.5.2　共享数据接口

共享数据接口是各个不同的系统（如生产系统与运维系统）与同一个公共数据库之间进行交互的方法，其接口说明主要是数据库表的说明，应包含以下几方面的内容：

① 每个表的名称、含义；

② 每个字段的名称、类型、取值范围以及含义；

③ 表和字段的关联逻辑。

考虑图 5.7 的情形，呼叫控制系统主要通过读取数据库中的内容对号码进行翻译，客户管理系统则通过与数据库进行通信来维护客户的号码信息，这是共享数据接口的一个典型示例。

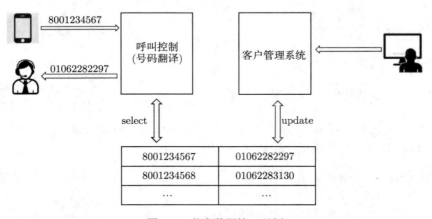

图 5.7　共享数据接口示例

5.5.3　通信协议接口

通信协议接口是两个不同系统之间利用通信协议进行交互的方法，其接口说明主要是通信协议的说明，应包含以下几方面的内容：

① 承载协议；

② 应用协议；

③ 每个消息的说明；

④ 消息的每个字段的说明；

⑤ 消息之间的关联关系。

考虑图 5.7 的情形，客户管理系统在与数据库进行交互的过程中，往往不会直接进行交互，对于客户信息管理人员来说，他们并不会在数据库上直接操作，而是首先通过用户管理系统发送信息，然后通过通信协议接口将其转换为数据库行为，从而完成对数据库的操作，因此，以通信接口为中介的客户管理系统与数据库的交互过程如图 5.8 所示。

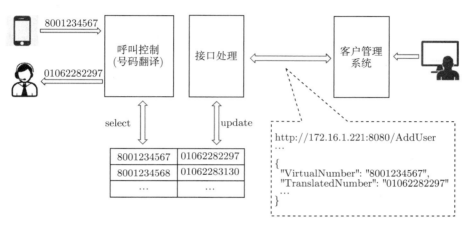

图 5.8　通信协议接口示例

1. 通信协议接口的定义

通信协议接口的定义包含以下三个要点。

（1）选择数据传输承载协议，目前主要的承载协议如下。

① 基于 UDP(User Datagram Protocol) 的承载协议。UDP 是一种无连接的传输层协议，具有轻量级、延迟低、效率高等特点。它将数据包直接发送到目的地址，不需要建立连接，也不进行数据包的重传和确认，这使得 UDP 的传输速度相对较快。然而，这也意味着 UDP 不能保证数据的完整性和顺序性，因此适用于对数据传输可靠性要求不高但对实时性要求高的场景，如视频直播、在线游戏、语音通信等。选择 UDP 作为网络应用的承载协议时，需要考虑应用的实时性和带宽要求，同时容忍一定程度的数据丢失和乱序现象。如果应用更关注快速传输和低延迟而不是传输的可靠性和顺序性，UDP 就是一个合适的选择。

② 基于 TCP(Transmission Control Protocol) 的承载协议。TCP 是一种面向连接的传输层协议，提供可靠的数据传输服务。通过建立连接、数据包确认、重传机制和流量控制，TCP 确保了数据的完整性和有序性，从而保证了传输的可靠性。TCP 在传输过程中对数据包进行序列化，并通过三次握手和四次挥手来建立和释放连接，确保数据包按顺序到达目的地。因此，TCP 适用于对数据传输可靠性要求高的场景。当需要自定义通信协议且需要兼顾实时性和数据可靠性时，适合将 TCP 作为承载协议。

③ 基于更高层面的承载协议。HTTP 是目前最为广泛应用的无状态应答式接口承载协议，而 WebSocket 作为 HTTP 的衍生协议，专注于流数据的处理。RESTFUL 则是基于 HTTP 的

一种特定接口设计风格，其以简约性著称。MQTT，即 Message Queuing Telemetry Transport，是物联网领域中广泛使用的轻量级发布/订阅模式协议。ZeroMQ 是一个多线程网络库，它基于消息队列并涵盖了四种常用的通信模型。此外，KAFKA 是一个基于消费者/生产者模式的实时消息中间件。

（2）定义接口的数据格式，目前定义接口数据格式的方法如下。

① 直接描述二进制格式，对消息的每一个参数的格式和长度进行描述，如图 5.9 所示的 Diameter 协议与图 5.10 所示的 IPv4 协议。

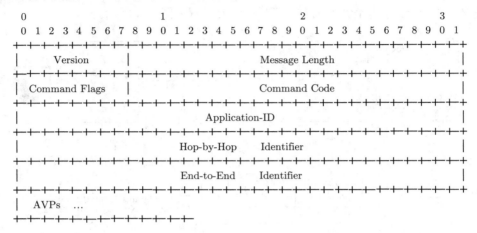

图 5.9　Diameter 协议

Bits	0~3	4~7	8~11	12~15	16~18	19~23	24~27	28~31
0	Version	Head Length	Type of Service		Total length (Packet)			
32	Identification				Flags	Fragment Spacing		
64	Lifespan (TTL)		Protocol		Header checksum			
96	Source Address							
128	Destination Address							
160	Options							

图 5.10　IPv4 协议

② 使用 BNF 范式描述特殊文本格式：

$$< symbol > ::= \_expression\_$$

③ 基于某种通用格式，使用这种通用格式的特定描述方法进行描述：ASN.1（Abstract Syntax Notation 1）是 ITU-T 定义的一种抽象文法记法，用于描述数据结构；XML（Extensible

Markup Language）是一种可扩展标记语言，用于编码文档，使其具有结构性和可读性；JSON（JavaScript Object Notation）则是一种轻量级的数据交换格式，基于文本，易于用户阅读和编写，同时也易于机器解析和生成；ProtoBuf（Protocol Buffer）是 Google 开发的一种数据序列化协议，用于结构化数据的存储和传输。

（3）定义接口双方的处理行为。

2. 通信协议接口的数据格式

图 5.11～ 图5.15 为若干通信协议接口数据格式的范例，我们可以从中总结这些协议具备的特点。

图 5.11 为 SIP 通信协议接口的数据格式，该格式具有以下特点。

① SIP 消息由文本组成，便于用户阅读和解析，也便于机器处理。

② SIP 使用类似于 HTTP 的请求–响应模型，其中 INVITE 是请求开始会话的方法。

③ SIP 协议允许用户添加新的头字段和参数，从而在不改变协议核心的情况下扩展其功能。

④ 消息体使用 SDP（Session Description Protocol，会话描述协议）定义会话参数，如媒体类型和传输地址。

⑤ SIP 可以使用不同的传输协议（如 UDP、TCP、SCTP）来发送消息。

⑥ 通过 Call-ID、CSeq 和 Via 头字段的分支参数，SIP 支持复杂的事务处理和消息路由。

```
INVITE sip:bob@biloxi.com SIP/2.0
Via: SIP/2.0/UDP pc33.atlanta.com;branch=z9hG4bKnashds8
To: Bob <bob@biloxi.com>
From: Alice <alice@atlanta.com>;tag=1928301774
Call-ID: a84b4c76e66710
CSeq: 314159 INVITE
Max-Forwards: 70
Date: Thu, 21 Feb 2002 13:02:03 GMT
Contact: <sip:alice@pc33.atlanta.com>
Content-Type: application/sdp
Content-Length: 147

v=0
o=UserA 2890844526 2890844526 IN IP4 here.com
s=Session SDP
c=IN IP4 pc33.atlanta.com
t=0 0
m=audio 49172 RTP/AVP 0
a=rtpmap:0 PCMU/8000
```

图 5.11　SIP 通信协议接口的数据格式

图 5.12 为基于 JSON 格式的某系统语音识别接口请求数据的示例。这个 JSON 格式具有以下特点。

① 数据以键值对的形式组织，其中每个键都是一个字符串，每个值可以是字符串、数字、数组或 JSON 对象。

② 通过键值对中的值，可以明确地知道每个参数的数据类型，如字符串（pcm）、数字（16 000）。

③ JSON 格式是标准化的，可以被多种编程语言轻松地解析和生成。

④ 每个键的名称都提供了关于它所对应值的信息，使得数据格式具有自描述性。

⑤ 可以方便地添加更多的键值对来扩展功能，而不影响现有结构。

⑥ 支持多种数据类型，如字符串、数值、数组等，使得接口可以传递复杂的数据结构。

```
{
    "format":"pcm",
    "rate":16000,
    "dev_pid":1537,
    "channel":1,
    "token":xxx,
    "cuid":"baidu_workshop",
    "len":4096,
    "speech":"xxx", // xxx为 base64（FILE_CONTENT）
}
```

图 5.12　基于 JSON 格式的某系统语音识别接口

图 5.13 为简单网络管理协议（Simple Network Management Protocol，SNMP）中 GetRequest-PDU 的结构。这个结构表明 SNMP 协议接口的数据格式有以下特点。

```
GetRequest-PDU ::=
    [0]
        IMPLICIT SEQUENCE {
            request-id
                RequestID,

            error-status            -- always 0
                ErrorStatus,

            error-index             -- always 0
                ErrorIndex,

            variable-bindings
                VarBindList
        }
```

图 5.13　SNMP 协议中 GetRequest-PDU 的结构

① 使用 "IMPLICIT SEQUENCE" 标记，表明这是一个隐式序列类型。

② PDU 内的元素严格按照序列顺序排列。

③ request-id 字段用于唯一标识 SNMP 请求，使得响应可以与请求对应起来。

④ error-status 和 error-index 用于标识请求处理过程中出现的错误状态及其位置，虽然在 GetRequest-PDU 中通常将错误状态设置为 0。

⑤ variable-bindings 部分包含变量的列表，每个变量都由一个对象标识符（Object Identifier，OID）和对应的值组成。

⑥ SNMP 的 PDU 设计使得其可以在不改变基本协议的情况下添加新的功能。

图 5.14 为基于 XML 的宽带设备管理协议的一个数据格式示例，该数据格式具有以下特点。

① 使用了 XML 命名空间（xmlns），以区分不同组织定义的元素和属性。

② XML 提供了清晰的层次结构，并利用开闭标签定义数据块的开始和结束。

③ 元素的标签名描述了数据的含义，如 <cwmp:Request> 指示这是一个请求。

④ 可以轻松添加新的元素和属性，而不影响 CWMP 协议对现有数据的处理。

⑤ 符合 XML 标准的文档可以被各种语言和平台的解析器一致解析。

⑥ XML 数据以文本形式存在，开发人员可以通过普通文本编辑器查看和编辑。

⑦ 可以通过 XML Schema 或 DTD 来验证 XML 文档的结构和内容是否符合规定的格式。

```
<soap:Envelope
    xmlns:soap="http://schemas.xmlsoap.org/soap/envelope/"
    xmlns:cwmp="urn:dslforum-org:cwmp-1-0">
        <soap:Body>
            <cwmp:Request>
                <argument>value</argument>
            </cwmp:Request>
        </soap:Body>
</soap:Envelope>
```

图 5.14　基于 XML 的宽带设备管理协议片段

图 5.15 为使用 Protocol Buffers（ProtoBuf）定义的一个地图接口的数据结构。ProtoBuf 是 Google 开发的一种结构化数据序列化方法。该地图接口的数据格式的特点如下。

```
message Lane_PB {
    required int32 laneID = 1;
    optional LaneAttributes_PB laneAttributes = 2;
    optional AllowedManeuvers_PB maneuvers = 3;
    optional ConnectsToList_PB connectsTo = 4;
    optional SpeedLimits PB speedLimits = 5;
    optional PointList_PB points = 6;
}
```

图 5.15　基于 ProtoBuf 描述的一个地图接口的数据结构

① 每个字段都有一个唯一的数字标签，在消息的二进制格式中使用这些标签，可使得消息更加紧凑。

② 定义了字段的数据类型，如 int32 表示整数类型。

③ 字段可以被标记为 required（必需的）或者 optional（可选的），这决定了序列化数据时该字段的处理方式。

④ 可以在不破坏已部署程序的情况下更新数据结构，例如通过添加新的字段或者更改现有的字段来更新数据结构。

⑤ 每个字段的类型都是明确的。

⑥ ProtoBuf 设计用于高效地编码结构化数据，使其在网络传输中更加高效。

3. 通信协议接口的兼容性

通信协议接口的兼容性是我们要重点考虑的内容，正如在介绍接口设计原则时所描述的那样，接口设计应当满足向后兼容性。以图 5.15 为例，当新版本需要加入一个新的参数时，若选择将其加到消息中间，则消息的几乎所有参数的 id 都将改变，这个地图接口的处理程序就难以兼容老设备，实际上完全可以把新增的参数放在最后，这样接口就是兼容的。

5.6 案例：电信客服机器人的接口设计

图 5.16 是一个关于电信服务中的客服机器人通信协议的概念模型。该模型描述了使用不同协议接口实现客服机器人通信功能的方式。

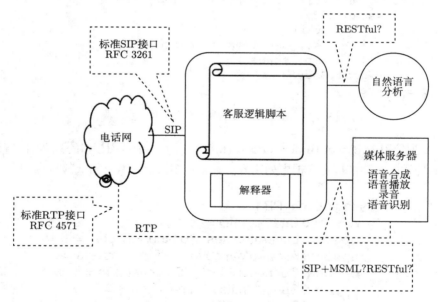

图 5.16 电信客服机器人的通信协议接口的示例

① SIP 协议（RFC 3261）：用于处理实时通信会话的建立、维护和终止。

② RTP 协议（RFC 4571）：用于音频或视频数据的网络传输。

③ RESTful 查询：系统可能提供 RESTful 风格的 API，允许接收 HTTP 请求。

④ 媒体服务器：处理语音合成、语音播放、录音等任务。

⑤ SIP+MSML？RESTful？：考虑使用 SIP 和 MSML 的组合或 RESTful API 进行操作。

电信客服机器人的通信协议接口设计可能包括：

① SIP 接口：处理呼叫建立、呼叫控制和会话管理；

② RTP 接口：处理音频和视频流的传输；

③ RESTful API 接口：提供非实时交互的查询和命令控制。

本 章 小 结

在这一章，我们探讨了程序间接口的各个方面，包括接口的设计原则、接口文档的编写和维护以及接口测试和管理的策略和工具。

首先，我们介绍了接口设计的基本原则，如易用性、稳定性、可扩展性以及可维护性。良好的接口设计可以让其他开发者更容易理解和使用接口，从而提高软件开发的效率。其次，我们详细讨论了如何编写和维护接口文档，强调了接口文档的重要性，并提供了一些接口文档的示例。最后，我们介绍了接口测试的策略和工具以及接口管理的最佳实践和工具。总体来说，接口是软件组件之间交互的重要工具，我们应当重视接口设计、接口文档以及接口测试和管理。

扩 展 阅 读

掌握了本章的基本概念和技巧后，读者可能会希望深入学习更多关于程序接口设计、接口文档编写以及接口测试和管理的知识。以下是一些推荐的阅读资料。

- 《RESTful Web APIs（中文版）》，[美]理查德森等著，赵震一等译，电子工业出版社，2014 年 6 月：本书详细介绍了 RESTful API 的设计和实现。它将帮助读者理解 REST 原则，并学习如何设计和实现高质量的 RESTful API。

- 《数据密集型应用系统设计》，[美]马丁·科勒普曼著，赵军平等译，中国电力出版社，2018 年 9 月：本书讨论了大规模数据应用中的各种问题，包括接口设计。它将帮助你理解如何在复杂的数据环境中设计和管理接口。

- *APIs: A Strategy Guide*，[美]Jacobson Daniel 著，O'Reilly Media，2011 年 12 月：本书深入探讨了 API 的设计和管理。它将帮助你理解如何进行企业级应用的 API 设计和使用。

- *Postman: The Complete Guide*，https://www.udemy.com/course/postman-the-complete-guide/：这是一个关于 Postman 的在线课程，讲解了如何使用 Postman 进行 API 测试和管理。

习 题 5

1. 程序接口的作用是什么？

2. 什么是 RESTful API？请列举几个它的特点。

3. 对于一个给定的 API，如何编写一个完整的接口文档？请提供一个例子。

4. 列举三个编写接口文档的最佳实践，并解释它们为什么是最佳实践。

5. 假设你正在维护一份接口文档，当接口有变动时，你需要更改文档的哪些部分？

6. 什么是接口测试？为什么需要进行接口测试？

7. 请制订一个测试计划来测试一个 RESTful API 的所有功能。

8. 如何使用 Postman 进行接口测试？

9. 如何使用 Swagger 进行接口管理？

10. 假设你正在管理一个大型项目的所有接口，你会使用什么工具和策略来进行接口管理？

11. 根据你的理解，用一段文字来描述如何在实践中使用接口。

12. 阅读一份 API 的官方文档，并指出文档的优点和需要改进的地方。

13. 使用共享数据接口有哪些缺点？如何规避这些缺点导致的问题？

14. 在设计电信客服机器人时，你认为"自然语言分析"这个功能定义了一个什么样的接口？

第 6 章　错误排查技巧

在程序设计和开发过程中，排错是必不可少的环节。无论你的编程技巧有多么娴熟，或者你在写代码时有多么小心谨慎，都不可能完全避免错误和异常。有效地排查和解决问题是成为一名成功的软件开发者的重要技能。

在本章，我们将详细探讨排错的各个方面，包括调试工具和调试技巧、常见错误及其解决方案以及异常处理和日志记录。首先，我们将介绍各种调试工具以及如何使用它们来查找和修复代码中的错误，讨论一些调试技巧，这些技巧将帮助你更有效地发现和解决问题。其次，我们会列出一些常见的编程错误以及解决这些错误的方法。我们希望通过这些例子，帮助你形成一种错误排查的思维方式，从而防止这些错误再次出现。最后，我们将讨论异常处理和日志记录。这是错误处理两个重要的环节，能够帮助你发现和排查运行时的问题。

通过本章内容，你将学会如何排错，并学会利用各种调试工具和调试技巧来解决实践中的问题。

6.1　程 序 错 误

程序中的错误（英文称为 bug）通常指的是在软件编程、开发或设计过程中出现的缺陷、问题或错误，这些问题可能导致程序无法正常运行，或者产生不符合预期的结果。bug 的产生可能是因为代码的逻辑错误、语法错误、算法实现不当，也可能是因为程序与其他系统组件不兼容等。在软件开发过程中，及时发现并修复 bug 对于确保软件的质量和用户体验至关重要。

6.1.1　对待程序错误的策略和态度

以下是从最佳实践中总结出来的对待 bug 的策略。

（1）最好不要出 bug

① 以良好的设计避免 bug。

② 以良好的编程风格、编程习惯来避免 bug。

③ 注意所采用的语言的编译器的告警，不要总是忽略它们。

（2）让 bug 容易发现

① 设计良好的用户界面（日志、错误信息、查看命令）。

② 检查边界条件，使用断言（Assert）。

（3）即使出现 bug，也要自己先发现并解决

① 完善单元测试用例。

② 设计自动测试脚本。

（4）自己没有发现，也要尽可能让组织内部的测试人员发现

① 进行代码审查和同行评审，确保更多的人可以检查代码。

② 组织内要有完善的测试制度。

（5）不可避免，发布给用户的程序还是会出 bug

① 设立有效的用户反馈机制，以便及时收集并响应用户报告的 bug。

② 对于已发布的程序中的重大 bug，应迅速发布修补程序或对程序进行更新，以减少用户受影响的时间。

当出现 bug 时，建议秉持如下态度。

首先，要确信：不会是硬件的问题导致的；不会是网络传输的错误导致的；不会是操作系统的 bug 导致的；不会是编译器的 bug 导致的；不会是标准库的 bug 导致的。

其次，程序运行时出现 bug，不知为何 bug 又消失了，但是实际上：bug 肯定仍然存在；这可能是一个比较难找的 bug；应该尽可能让这个 bug 复现，以便解决它。

最后，端正态度，努力从自己的代码中找出问题，尽早将 bug 彻底解决掉。

6.1.2　程序错误的归宿

1. 被及时发现并解决

bug 解决得越晚，解决它所需的成本越高。1997 年，Pathfinder 探测器成功着陆火星之后，开发人员发现 Pathfinder 的程序有一个 bug，实际上这个 bug 在地面测试中出现过，但是当时没有引起他们的注意。着陆后解决这个 bug 所花费的成本远高于在地面测试中解决这个 bug 所花费的成本。

2. 成为特性

少数 bug 会因用户的喜爱而变成特性。例如，Minecraft 中的特性梗来自 Dinnerbone。Dinnerbone 说："为漏洞变为新的特性而欢呼！我在制作附魔台的时候出现了一个 bug——附魔台突然发光了，但是我觉得还蛮酷的，所以就把这个 bug 改成特性了。"

另外，也有少数 bug 因为要保持兼容性而不得不变成特性。例如，一个接口返回的错误码是错的，但是这个接口的大量调用者已经这么用了，只好将错就错。

6.2　错误排查

程序的错误排查称为 debug。debug 一般可以概括为七步，分别阐述如下。

1. 了解 bug 的表现

bug 的表现包括如下几个方面：

① 出现 bug 的前置条件（如主机、操作系统、程序版本、配置等）；

② 出现 bug 时的输入或操作；

③ 出现 bug 之后的现象（输出不正确、死循环或者异常退出）。

2. 获取 bug 的线索

我们可以通过 bug 发生前后这段时间的日志找到线索。如果采用了良好的 CLI 设计（见第 4.6.5 节），那么程序执行过程中理应产生完善的日志文件，但是：对于有疑问的地方，也许并没有记录日志；也许有用的日志开关并未打开；也许日志太多，报告 bug 的时候已经被冲掉。

在 UNIX 或者 Linux 系统下，如果程序发生异常退出，那么开发人员可以获取 core 文件。在理想情况下，使用 dbx 或者 gdb 查看 core 文件，可以定位问题的文件以及行号，但是：某些情况下退出，并不会产生 core 文件；也许用户通过设置禁止了 core 文件产生；有一些指针越界导致的异常，堆栈被破坏得很严重，core 文件无法提供有用的信息。

使用维护命令可以获取尽可能多的信息。基于良好的 CLI 设计，理应有命令可以查看当前的程序状态，但是：若严重的 bug 导致程序退出，则现场就会被破坏，所有信息都将被初始化；若 bug 报告时间太晚，当前的状态无法提供有用的信息；也许你关心的地方，并没有对应的维护命令。

3. 查阅相关版本的代码修改

基于良好的习惯，所有代码的所有版本都应被版本管理工具妥善管理。如果是版本 n 出现的 bug，那么可以 diff 版本 n 与版本 $n-1$ 之间的差别，并仔细分析这些差别。

4. 在自己的开发环境中复现 bug

开发环境往往无法与实际运行环境一致。我们需要设计各种测试桩来尽可能模拟实际的运行环境。例如，若在实际环境中运行电信客服机器人时发现 bug，为了提高效率，可以尝试在自己的开发环境中设置 SIP 测试桩、自然语言分析测试桩和媒体服务器测试桩，从而复现 bug，具体场景如图 6.1 所示。

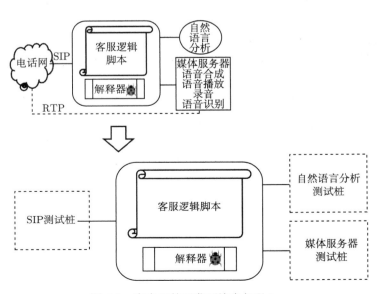

图 6.1　在自己的开发环境中复现 bug

5. 在复现 bug 的开发环境下分析

我们可以在有疑问的地方添加日志、断言和命令，并且要尽可能认真地添加这些东西，让它们以后还有用。

有时候会出现加上一行日志输出 bug 就不见了，而去掉这一行日志输出 bug 又出来了的问题。这个问题是由指针导致的，任何不可思议的现象都可能出现。既然 bug 消失了，那么刚才这个环境就是一个不能复现 bug 的环境，毫无用处。这时需要恢复到以前的开发环境，重新修改。

6. 使用二分法缩小 bug 的范围

以在一个 100 行的脚本中发现 bug 为例，见代码 6.1。

代码 6.1　使用二分法缩小 bug 的范围

```
1  （1-100行脚本 + 解释器）执行10000次 => 发现内存泄露
2  （1-50行脚本 + 解释器）执行10000次 => 没有内存泄露
3  （51-100行脚本 + 解释器）执行10000次 => 发现内存泄露
4  （51-75行脚本 + 解释器）执行10000次 => 发现内存泄露
5  （51-63行脚本 + 解释器）执行10000次 => 没有内存泄露
6  （64-75行脚本 + 解释器）执行10000次 => 发现内存泄露
```

在使用二分法缩小 bug 的范围之后，只有 12 行脚本，但仍然存在内存泄露问题，那么问题必然在这 12 行脚本涉及的代码中。

7. 尝试复现 bug

当有些 bug 难以复现或者需要很大的成本才能复现时，可以尝试做下面的事情。

（1）使用工具（如 splint）扫描代码，对工具给出的可疑结果进行认真检查。

（2）回顾自己的经验和教训，具体如下。

① 检查是否有未初始化的变量。例如，需要返回值的函数有没有返回值？有无多余的引入包？

② 检查是否有错误的指针应用。例如，函数是否返回了栈里的指针？指针是否被重复删除？是否使用了删除后的指针指向的数据？

③ 检查程序是否涉及多线程。例如，你使用的第三方程序库是否启动了多线程？是否有未加锁的共享资源访问？是否使用了线程不安全的函数？

（3）把出现 bug 的代码讲给你周围的人听。

6.3　调试工具和调试技巧

调试代码是软件研发过程中的必要环节。一款好的调试工具可以极大地提高你定位和解决问题的效率。此外，掌握一些调试技巧也能帮助你更快地找到代码中的错误。

首先，我们会介绍一些常见的调试工具，包括它们的特性和使用方式。然后，我们会分享一些调试的技巧和策略，帮助你有效地发现和解决问题。

6.3.1　常见的调试工具

调试工具是软件开发者的重要助手，既可以帮助我们更好地理解代码的执行过程，也可以帮助我们找到可能的问题所在。以下是一些常见的调试工具。

（1）GDB

GNU 调试器（GDB）是一个强大的源代码级调试工具。它支持多种语言，包括 C、C++ 和 Fortran。GDB 允许你检查程序在运行时的内部情况，如查看变量值或者单步执行代码。

（2）LLDB

LLDB 是一个开源的基于 LLVM 的调试器。它与 Clang 和 Swift 紧密集成，提供了诸如表达式求值和动态类型查看等高级功能。

（3）pdb

pdb 是 Python 的官方调试器。它支持断点、单步执行、堆栈查看等基本调试功能。

（4）Visual Studio Debugger

Visual Studio Debugger 是 Microsoft Visual Studio 集成开发环境中的调试工具，支持多种编程语言和平台。

（5）Chrome DevTools

对于前端开发者来说，Chrome DevTools 是一款非常有用的调试和分析工具，它提供了 DOM 查看、JavaScript 调试、性能分析等功能。

虽然每个调试工具的具体操作可能会有所不同，但是大多数调试工具都提供了一些通用的功能，如设置断点、单步执行、查看变量值以及调用栈查看等。以下是这些通用功能的简单介绍。

（1）设置断点

断点是调试过程中的关键。当程序运行到断点处时，调试器会让程序暂停运行，让你可以查看当前程序的状态。

（2）单步执行

调试器通常允许你单步执行代码，这意味着你可以一行一行地执行代码，以观察每一步的结果。

（3）查看变量值

在程序暂停运行时，你可以查看任意变量的当前值。这对于理解程序的状态以及找到问题非常有用。

（4）调用栈查看

调试器可以显示当前的调用栈。通过调用栈，你可以看到函数的调用顺序以及每个函数调用时的参数。

在具体使用调试工具时，你需要根据具体的工具和问题来选择合适的调试方法。实践是最好的老师，只有通过实践，你才能真正学会使用上述调试工具。

6.3.2　调试技巧

除了掌握调试工具，理解一些调试技巧也是十分重要的。这些技巧可以帮助你更高效地发现和解决问题。

（1）保持冷静

调试可能会是一个复杂和容易令人产生挫败感的过程，但保持冷静总是重要的。记住，每一个问题都有解决的方法，有时候，你需要做的只是离开电脑，休息一会儿，之后再回来看问题。

（2）复现问题

在开始修复一个问题之前，你需要先稳定地复现它。只有当你能稳定地复现问题时，你才能确信你已经真正解决了问题。

（3）分解问题

当你面对一个复杂的问题时，试图将其分解成几个小的部分，可以更容易地解决它。

（4）使用"二分法"调试

"二分法"是一种寻找问题的有效方法，思路是首先将问题的范围一分为二，然后确定问题是出在哪一半。重复这个过程，直到找到问题所在。

不过，调试工具解决的一般都是显而易见的 bug。很多难以解决的 bug，都是依靠在程序中增加类似 printf 等打印语句的方法一点一点解决的。

请记住，调试是一个需要耐心的过程。有效的调试不仅能帮助我们找到问题、理解问题，还能防止问题再次发生。

6.4　常见的错误及其解决方案

在编程过程中，我们经常会遇到各种类型的错误。这些错误可能源于语法错误、逻辑错误、运行时错误等。理解这些常见错误以及它们的解决方案有助于我们更快地定位和解决问题。在这一节，我们将介绍一些常见的编程错误和它们的解决方案。

6.4.1　语法错误

语法错误有时也被称为解析错误，是编程过程中最常见的错误之一。这种错误是因代码违反了编程语言的结构规则或语法而产生的。这种错误往往很明显，并且大多数现代编程工具都会通过为程序员提供明确的错误提示来帮助他们快速地定位和解决这些错误。

（1）常见的语法错误示例

① 在 Python 中，忘记在 if、for 和 while 语句后添加冒号。

② 使用了未定义的变量或函数。

③ 括号、大括号或引号不匹配。

④ 在需要赋值操作的地方误用了比较操作符。

（2）解决策略

① 仔细阅读错误消息。在大多数编程环境下，编译器在检测到语法错误时会生成明确的错误消息，并指出错误所在的行号和错误产生的原因。

② 使用代码格式化工具或利用 IDE 的自动格式化功能，可以帮助你更容易地看出语法错误，如缺少的括号或冒号。

③ 从上到下、从左到右逐行、逐字符地检查代码，确保每一行代码都遵循了语言的语法规则。

④ 如果你对错误消息感到困惑，可以尝试在网上搜索该消息，因为其他程序员在遇到相同的问题时很有可能在网上分享解决方案。

虽然语法错误是初学者经常遇到的问题，但是通过细心地阅读错误消息和利用现代编程工具，往往可以轻松地定位和修复这些错误。

6.4.2　逻辑错误

与语法错误不同，逻辑错误是程序在结构上完全正确，没有明显的错误，但在执行时不能产生预期结果的情况。这意味着程序会正常运行，不会产生任何错误消息，但输出结果可能与预期不符。因为逻辑错误不会导致程序崩溃或产生错误消息，所以通常难以对其进行定位和修复。

（1）常见的逻辑错误示例

① 使用了错误的运算符，例如，在应该使用乘法的地方使用了加法。

② 循环条件设置不正确，导致循环过早结束或无限循环。

③ 条件语句的条件设置错误，使得一些代码段无法被执行。

④ 在计算时使用了错误的变量值。

（2）解决策略

① 使用调试工具逐步执行代码，观察变量的值和程序的执行流程，确保它们与预期相符。

② 编写详细的单元测试，确保代码的每一个部分都能按照预期工作。

③ 对比预期输出和实际输出，试图找出导致错误输出的那部分代码。

④ 与同事讨论或在编程社区寻求帮助，有时候外部的观点或许可以帮助你看到之前忽视的问题。

在识别和解决逻辑错误时，开发者通常需要具备较强的逻辑分析能力和认真细心的态度。及时修复这类错误可以确保程序的准确性和稳定性。

6.4.3　运行时错误

与语法错误和逻辑错误不同，运行时错误是在程序成功编译后，但在运行过程中遇到的问题。这种错误往往是因程序尝试执行非法操作或者执行不可能的操作而导致的。在静态语言中，许多运行时错误可以在编译时被捕获，但在动态语言中，这些错误直到实际执行时才会被发现。

（1）常见的运行时错误示例

① 访问未初始化的对象或变量。

② 动态类型语言中类型不匹配，例如，尝试将字符串添加到数字中。

③ 尝试打开或读取不存在的文件。

④ 尝试连接无法访问的数据库或服务器。

（2）解决策略

① 使用调试工具（如 GDB 或 IDE 内置的调试器）来逐步执行程序并检查变量的状态。

② 添加日志记录，以便在程序崩溃时捕获有关其运行状态的信息。

③ 使用异常处理机制（如 try-catch 语句）处理潜在的运行时错误，并给出有用的错误消息。

④ 在执行涉及外部资源或依赖项的操作前进行必要的检查，例如，检查文件是否存在或网络连接是否可用。

处理运行时错误时，开发者需要具备一定的经验和直觉，并需要对程序和所使用的工具有深入的了解。采取预防性策略（如编写健壮的代码和使用类型检查工具）可以减少运行时错误的发生。

6.4.4 并发和多线程相关的错误

并发和多线程编程显著提升了软件程序的性能，然而，这也带来了一系列的复杂性。在这种环境下，错误可能会以非常微妙和不可预测的方式出现。

常见的并发错误包括但不限于数据竞争、死锁、活锁和饥饿。

① 数据竞争：当两个或更多线程同时访问同一数据，并且至少有一个线程对其进行修改时，可能会出现数据竞争。这通常会导致不可预测的结果，因为线程的执行顺序每次可能都不同。

② 死锁：当两个或更多线程互相等待对方释放资源时，它们将永远等下去，从而导致系统停滞。

③ 活锁：当线程尝试响应其他线程的行为时，会反过来导致其他线程再次响应，从而使系统陷入一个无尽的循环中。虽然线程仍在运行，但是工作没有进展。

④ 饥饿：当一个或多个线程因资源不足问题或调度问题而无法继续执行时，会产生饥饿现象。

解决策略如下。

① 使用锁或其他同步机制来保护共享资源。

② 避免嵌套锁或者总是按照相同的顺序获得锁，以降低死锁的风险。

③ 使用条件变量或信号量来控制线程间的协作。

④ 定期审查代码并使用并发模型（如 Actor 模型）来简化设计。

⑤ 利用专门的并发和多线程调试工具（如 Valgrind 和 Helgrind）以及并发分析器来检测潜在的并发问题。

由于并发和多线程错误难以预测，开发者最好在项目初期就考虑并发设计，而不是在项目后期才尝试将其引入，这样可以更容易地识别和解决潜在的并发问题。

6.4.5　内存泄露和资源泄露

内存泄露是计算机编程中常见的问题，特别是在程序员需要使用手动管理内存的编程语言实现程序时。它通常发生在程序请求内存（如通过动态分配）但在使用完毕后未将其释放的情况下。这意味着随着时间的推移，不再使用的内存持续堆积，可能导致程序变慢，甚至导致系统崩溃。除了内存泄露外，资源泄露也是一个问题，如未关闭的文件句柄、网络连接或数据库连接。

一些高级编程语言（如 Java 和 Python）提供了垃圾收集功能，可以自动清理不再使用的内存。这样可以降低内存泄露的风险，但并不能完全避免。

在 C++ 中，智能指针（如 "std::shared_ptr" 和 "std::unique_ptr"）具有自动化的内存管理功能，能够在不再需要内存时自动将其释放。

内存分析器和资源监视工具如下。

① 内存分析器：如 Valgrind、LeakSanitizer 和 Purify，这些工具可以跟踪内存分配并识别未释放的内存。

② 资源监视工具：主要包括系统监视工具（如 Linux 的 top 命令）和性能分析器（如 Linux 的 perf 命令）。这些工具可以有效地监控并识别未及时关闭的文件描述符或保持打开状态的网络连接，从而帮助开发者及时释放这些资源，防止资源泄露。

养成良好的编程习惯（如及时关闭打开的资源、使用析构函数确保资源得到释放以及定期审查和重构代码）有助于避免资源泄露。

总之，内存泄露和资源泄露是严重的问题，但通过使用正确的工具和技术以及养成良好的编程习惯，可以大大减少其带来的影响。

以上就是一些常见的错误类型及其解决方案。良好的编程习惯可以预防大多数的错误，因此，除了要学习如何解决错误之外，更要学习如何编写正确、清晰和可维护的代码。

6.5　异常处理和日志记录

在软件开发中，即使我们的代码逻辑是正确且经过精心设计的，也无法避免所有可能的错误和异常。因此，编写能够适应和处理错误的代码变得尤为重要。在这一节，我们将讨论如何通过异常处理和日志记录来提高程序的健壮性和可维护性。

6.5.1　理解异常

异常通常在编程上下文中被称为 "错误" 或 "异常条件"，是在程序执行期间出现的意外或不寻常的事件。这些事件通常会中断应用的正常流程。导致异常的原因有很多，其中包括编程错误、无效的用户输入、硬件故障、网络问题或其他外部系统的故障。

　　大多数现代编程语言都提供了一种特殊的机制来捕获和处理异常。这种机制通常被称为异常处理。其基本思想是：当发生异常时，程序会中断其正常的执行流程，并跳转到一个特殊的代码块，这个代码块通常被称为异常处理器或 catch 块。

　　不同的异常类型代表了不同的错误情况，具体如下。

　　① 空指针异常：试图访问或解引用一个空指针。

　　② 数组越界异常：访问数组时使用了超出其范围的索引。

　　③ 文件不存在异常：试图打开一个不存在的文件。

　　④ 算术异常：比如除以零。

　　了解异常的来源可以帮助我们预防和处理它们。常见的来源如下。

　　① 编程错误：如逻辑错误或语法错误。

　　② 系统或硬件故障：例如，磁盘已满或内存不足。

　　③ 外部因素：如数据库连接断开或网络中断。

　　为了编写稳健和可靠的程序，理解和妥善处理异常是非常重要的。有效的异常处理不仅可以帮助程序从出错状态恢复到正常状态，还可以提供有关错误的有效信息，从而帮助开发者诊断和修复问题。

6.5.2　异常处理

　　异常处理是编程中的一个核心概念，它能够使开发者为可能出现的运行时错误定义备用执行路径。在大多数编程语言中，异常处理的结构主要由 try 块和 catch 块组成，而在某些语言中，异常处理的结构由 try 块、catch 块和 finally 块组成。

　　① try 块：这是可能抛出异常的代码块。当 try 块中的代码运行时，系统会监视任何潜在的异常。

　　② catch 块：当 try 块中的代码抛出异常时，控制权会转移到相应的 catch 块。每个 catch 块都是为特定类型的异常设计的。在 catch 块中，开发者可以定义如何响应和处理异常。

　　③ finally 块：无论 try 块中的代码是否抛出异常，这个代码块都会被执行。它通常用于执行清理操作，如关闭文件或释放资源。

　　处理异常的主要目的是确保程序在遇到问题时能够恢复或终止，从而避免整个程序或系统崩溃。此外，异常处理也为开发者提供了诊断问题的有效信息。

　　建议采用以下异常处理策略。

　　① 尽量具体：尽可能捕获特定的异常，而不是使用通用的异常处理。

　　② 避免空的 catch 块：即使你认为某个代码块不可能出现异常，也不应该留下一个空的 catch 块，因为这样可能会掩盖未预期的问题。

　　③ 提供有意义的反馈：当捕获到异常时，向用户或日志提供清晰、有意义的反馈。

　　④ 及时释放资源：确保在 finally 块中释放所有的资源，如文件、数据库连接等。

　　总之，异常处理是确保程序稳健和用户友好的关键，良好的异常处理策略可以大大提高程序的可靠性和可用性。

6.5.3　日志

日志是软件开发和维护的关键组成部分。它为开发者、运维团队和系统分析师提供了一个详细的程序运行情况视图，可以帮助他们诊断问题、监控系统状态、跟踪事件。

（1）日志的目的

日志的主要目的是使程序更加透明。它不仅能够记录系统的关键活动、突出异常条件、提供错误的上下文信息，还能跟踪数据流程。

（2）日志级别

日志级别的引入使得开发者能够对日志信息进行分类和过滤。常见的日志级别如下。

① DEBUG：用于细致的系统诊断。

② INFO：常规的运行时消息，如系统启动或关闭。

③ WARNING：表示发生了潜在的问题，但不一定是真正的错误。

④ ERROR：表示发生了严重的问题，比如可能导致系统无法继续运行的问题。

⑤ CRITICAL：表示发生了极为严重的问题，需要立即关注。

（3）日志的内容

除了消息文本外，日志中的一条记录通常还包含时间戳、日志级别、来源类或模块以及线程或进程信息。

（4）日志的存储

日志可以存储在各种媒体中，如文件、数据库或远程日志服务器。在选择日志存储的方式时，应考虑到性能、查询需求以及日志数据的寿命。

（5）日志的分析

我们需要合适的工具和技巧对日志进行分析。日志分析工具可以帮助我们快速找到和解决问题，优化系统性能，也可以提供有关系统使用情况的统计信息。

正确并高效地进行日志记录，不仅可以帮助开发者诊断问题，还可以为系统管理员提供关键的操作信息，从而增强整个系统的安全性和可维护性。

6.5.4　使用日志辅助调试

日志是调试过程中的得力助手。在复杂的应用中，直接使用调试器可能会导致效率低下，尤其是在错误偶然发生或依赖于特定的外部条件时。在这些情况下，可将日志记录作为一种有效的手段来捕获和理解问题。

（1）插入日志语句

在代码的关键部分（如循环、条件分支和异常处理块）插入日志语句，这样可以捕获代码的执行流程和相关数据。

（2）详细记录信息

除了要记录程序的执行流程外，还要记录关键变量、对象状态和函数的返回值。这些信息可以帮助我们快速确定问题的来源。

（3）选择适当的日志级别

用于调试时，使用 DEBUG 或 INFO 级别的日志消息比较合适。这些消息可以提供足够的详细信息，而不会干扰正常的程序执行。

（4）清理调试日志

如前所述，调试日志应该是临时的。一旦问题被诊断和修复，应该立即删除或注释掉上述日志语句。在生产环境中保留过多的日志记录可能会对性能产生不良影响，并占用不必要的存储空间。

（5）使用日志分析工具

对于大型的应用或复杂的问题，手工检查日志文件不够高效。我们可以使用日志分析工具对日志数据进行筛选、分组和可视化，这样可以快速找到相关的信息。

总体来说，日志记录是一种强大且灵活的调试手段。它允许开发者在不中断程序执行的情况下捕获大量有关程序运行的信息。正确使用日志不仅可以显著提高调试效率，还可以帮助我们更深入地了解系统的内部工作机制。

6.5.5　日志管理和分析

日志管理和分析是确保现代软件系统健康运行的关键。它涉及对大量分散的日志数据进行整合和分析，以便开发者从中提取有价值的信息。

（1）日志存储

随着应用的运行，日志数据可能会积累得很快。有效地存储这些数据是关键，这通常涉及使用分布式存储系统（如 Elasticsearch 或 Hadoop），这些系统旨在处理大量数据并提供快速查询功能。

（2）日志聚合

在分布式环境中，日志可能来自多个服务和节点。日志聚合工具（如 Logstash 或 Fluentd）可以帮助我们收集、过滤这些日志并把这些日志转发到一个集中的存储位置。

（3）日志检索

当出现问题时，快速找到相关的日志条目是至关重要的。日志检索工具（如 Kibana 或 Graylog）提供了用户友好的界面，允许开发者和运维人员通过关键字、时间范围或其他条件对日志进行搜索。

（4）日志分析

通过对日志数据进行统计和分析，我们可以识别模式、趋势和异常。例如，如果我们监测到错误率异常或性能突然下降，这说明可能存在潜在问题。

（5）日志可视化

日志可视化可以帮助我们更直观地理解日志数据。通过使用图表、仪表板和警报，我们可以更容易地监视系统的状态和健康度。

（6）日志保留和归档

不是所有的日志数据都是永远有用的。采取适当的日志保留策略，例如，定期删除旧的日志或将其移到低成本的存储器中，可以确保我们有效地使用存储资源。

综上所述，日志管理和分析不仅是诊断问题的手段，更是一种提高系统可靠性和性能的策略。通过有效地利用日志数据，我们可以深入地观察系统，提早识别和解决问题。

6.6　案例：电信客服机器人的错误排查

本节简要介绍电信客服机器人系统在错误排查阶段所需的测试桩和调试工具。

6.6.1　测试桩构建

在调试电信客服机器人系统的过程中，关键的外部系统的模拟是必不可少的。外部系统主要包括媒体服务器、自然语言分析系统和电话网的 SIP 接口。以下是设计和实现这些系统的测试桩的基本步骤以及具体的程序示例。

媒体服务器负责将用户的语音输入转换为文字，同时也负责将系统的文字输出转换为语音。一个简化的 Python 测试桩示例如代码 6.2 所示。这段代码通过返回语音文件路径和固定的文字来模拟媒体服务器的语音和文本之间的双向转换功能。

代码 6.2　媒体服务器测试桩

```
class MediaServerStub:
    def text_to_speech(self, text):
        # 直接返回模拟的语音文件路径
        return "/path/to/simulated/audio/file.wav"

    def speech_to_text(self, audio_path):
        # 根据输入的语音文件路径返回固定的文字(此处省略文件路径判断)
        return "示例文本"
```

自然语言分析系统负责解析用户的输入文本，理解用户意图，并将文本转换为系统能够理解的命令。下面给出对应测试桩的示例代码（见代码 6.3）。该测试桩通过关键词查找来判断用户的意图，并返回意图对应的文本。

代码 6.3　自然语言分析测试桩

```
class NaturalLanguageAnalysisStub:
    def analyze_intent(self, text):
        # 根据输入文本返回模拟的用户意图
        if "账单" in text:
            return {"intent": "账单查询"}
        elif "投诉" in text:
            return {"intent": "用户投诉"}
        else:
            return {"intent": "未知"}
```

电信客服机器人系统需要通过 SIP 协议访问电话网中的相关服务, 如账单查询。代码 6.4 是模拟电话网操作的 SIP 测试桩示例。

代码 6.4　模拟电话网操作的 SIP 测试桩

```
 1  class TelecomNetworkStub:
 2      def query_bill(self, sip_request):
 3          # 模拟处理SIP请求
 4          if sip_request["method"] == "INVITE" and "account_id" in
                  sip_request["body"]:
 5              account_id = sip_request["body"]["account_id"]
 6              # 根据账户ID返回模拟的账单信息
 7              sip_response = {
 8                  "status_line": "SIP/2.0 200 OK",
 9                  "headers": {
10                      "Content-Type": "application/sdp",
11                      "From": sip_request["headers"]["From"],
12                      "To": sip_request["headers"]["To"],
13                      "Call-ID": sip_request["headers"]["Call-ID"],
14                      "CSeq": sip_request["headers"]["CSeq"]
15                  },
16                  "body": f"account_id: {account_id}, bill_amount:
                      100元"
17              }
18              return sip_response
19          else:
20              # 返回SIP 400 Bad Request应答
21              return {
22                  "status_line": "SIP/2.0 400 Bad Request",
23                  "headers": {},
24                  "body": "Invalid request"
25              }
```

通过使用上述测试桩, 我们可以在不依赖实际外部系统的情况下, 对电信客服机器人系统进行错误排查。这些测试桩提供了一种有效的方式来模拟外部系统的交互, 能够帮助开发者和测试人员尽早发现潜在的问题。

6.6.2　使用调试工具

假设电信客服机器人系统的脚本解析器和解释器是使用 Python 语言实现的, 那么我们可以利用 Python 的 pdb 调试器来排查这两个组件中的程序错误。

以脚本解释器为例，它首先从解析后的脚本中读取数据，然后处理这些数据。但是，程序似乎不能正确地处理所有的数据。那么，我们应如何使用 pdb 调试器来解决这个问题呢？

首先，我们需要在出问题的地方设置一个断点。在 Python 中，我们可以通过添加一行"import pdb; pdb.set_trace()"来设置断点。

其次，我们运行需要调试的脚本解释器程序。当程序运行到断点时，它会自动进入 pdb 的调试环境。在这个环境中，我们可以使用"n"命令来单步执行代码，使用"p"命令来打印变量的值。

最后，通过查看变量的值，我们发现问题可能出在某些数据的格式上（这是一类很常见的 bug）。为了验证这个结果，我们可以使用 pdb 的"c"命令来继续运行程序（如果程序还可以继续运行的话），直到它再次遇到问题。

在上述过程中，我们发现每次问题都发生在处理同一种格式的数据时。因此，我们可以确定产生问题的原因是程序不能正确处理这种格式的数据。

通过上述例子，我们可以看到调试工具是如何帮助我们理解和解决问题的。需要记住的是：调试是一个动态的过程，需要你不断尝试和适应，这需要很大的耐心。

本 章 小 结

本章介绍了排错的重要性以及如何提高程序的健壮性和可维护性，讨论了调试工具和调试技巧、常见的错误及其解决方案以及异常处理和日志记录。

在调试工具和调试技巧方面，我们介绍了常见的调试工具，给出了一些实用的调试技巧。

在常见的错误及其解决方案方面，我们讨论了语法错误、逻辑错误、运行时错误、并发和多线程相关的错误以及内存泄露和资源泄露。了解这些常见错误及其解决方案可以帮助我们更好地定位和解决问题。

在异常处理和日志记录方面，我们介绍了如何理解异常、处理异常，以及如何记录程序的运行状态和事件。通过合理地处理异常和记录日志，我们可以提高程序的稳定性和可维护性。

在本章，我们强调了正确对待 bug 的重要性。排查 bug 的能力是程序实践能力和经验的体现，只能通过大量实践获得。

扩 展 阅 读

如果你对排错和调试感兴趣，并希望进一步了解和深入学习相关内容，可以阅读以下材料。

• 《程序员修炼之道：通向务实的最高境界》（第 2 版），[美] David Thomas 等著，云风译，电子工业出版社，2020 年 4 月：这本书是经典的软件开发指南，其中包含了关于排错和调试的实用技巧和策略。

• 《调试九法：软硬件错误的排查之道》，[美] David J. Agans 著，赵俐译，人民邮电出版社，2011 年 1 月：这本书提供了一系列关于调试的规则和技巧，能够帮助读者更好地定位和解决各种类型的问题。

希望上述阅读材料能够使读者在排错和调试方面更加熟练。

习 题 6

1. 什么是调试工具？列举三种常见的调试工具，并说明它们的用途。

2. 请解释什么是语法错误、逻辑错误和运行时错误，并针对每种错误给出一个示例。

3. 什么是异常处理？在编写代码时，为什么需要进行异常处理？请给出一个使用 try 块和 catch 块进行异常处理的示例。

4. 解释日志记录的概念和作用。列举并解释日志级别的几种常见类型。

5. 如何使用日志记录辅助调试？请给出一个使用日志记录进行调试的示例。

6. 什么是内存泄露？如何避免内存泄露？请给出一个内存泄露的示例，并说明如何对其进行修复。

7. 为什么在并发和多线程环境下编程容易引发特殊的错误？列举并解释两种与并发和多线程相关的常见错误。

8. 什么是断言？它们在调试过程中的作用是什么？请给出一个使用断言的示例。

9. 什么是调试日志？如何使用调试日志排错？请给出一个使用调试日志排错的示例。

10. 如何解决并发编程中的数据竞争问题？列举并解释两种处理这种问题的方法。

11. 什么是断点？如何通过设置断点来进行调试？请给出一个设置断点的示例。

第 7 章　性能优化策略

在本章，我们将介绍性能指标和性能监测的基本概念，探讨代码优化的技巧，并讨论数据库和网络性能调优的方法。

首先，我们将阐述如何通过关键的性能指标来评估程序的运行状态。这些性能指标为我们提供了程序性能的全面视图，是优化工作的基础。其次，我们将探讨代码优化方法，介绍如何通过改进算法、优化数据结构和采用高效的编程实践来提升程序性能。最后，我们将讨论性能调优技术，包括数据库和网络两方面的性能优化。

通过学习本章内容，读者将对性能调优的基本方法有更深入的理解，同时掌握多种实用的代码优化技巧，为开发高效的软件应用奠定坚实的基础。

7.1　性能指标和性能监测

在软件研发过程中，了解和监测程序的性能是非常重要的。性能监测可以帮助我们评估程序的效率和性能，也可以为我们提供改进程序的线索。

本节将介绍一些常见的性能指标和性能监测的方法。首先，我们将学习如何测量和分析运行时间、内存使用、CPU 利用率等性能指标，以便全面评估程序的性能瓶颈。然后，我们将探讨一些常用的性能监测工具，如性能分析器和性能测试框架。这些工具可以帮助我们收集和分析程序的性能数据，从而更好地了解程序的运行情况。

7.1.1　性能指标的意义和应用

性能指标是用于衡量程序或系统性能的度量标准。了解不同的性能指标以及它们的意义和应用可以帮助我们评估程序的效率和性能。本小节将介绍一些常见的性能指标及其意义和应用。

1. 运行时间

运行时间是评估算法或程序性能的重要指标。在计算机科学和软件工程领域，对程序的运行时间进行精确的测量和分析是十分重要的。

运行时间的意义在于它为我们提供了一个程序或任务从开始到结束所需的总时间。这不仅包括主要的计算步骤，还涵盖了初始化、数据输入和输出以及其他与执行相关的所有操作。作为一个直观的指标，运行时间不仅可以清楚地告诉我们程序或算法的效率，还为我们提供了在不同环境或条件下的性能对比的基准。在实际的应用场景中，运行时间显示了其不可或缺的价值。对于开发者，在开发阶段，他们可能需要确定哪部分代码导致了性能瓶颈，并对其进行优化。同时，当对比两种甚至多种算法或程序实现时，他们常把运行时间作为关键的衡量标准，这不仅有助于选择更高效的算法，还有利于后续的开发和优化工作。

在如今的计算机系统中，虽然硬件的性能和计算能力还在不断提高，但同时数据量和复杂性也在不断增加。因此，持续关注并优化运行时间仍然是一个核心议题。

2. 内存使用

内存使用是评估计算机程序性能的关键指标。每一个程序在运行时，都需要一定量的内存来存储和处理数据。过多地使用内存并不仅仅意味着那个特定的程序是资源密集型的，更重要的是，它可能会对其他正在运行的程序产生负面影响，因为这些程序可能会因此无法获得足够的内存资源。更糟糕的是，当内存资源受到严重限制时，操作系统可能会开始使用硬盘上的交换空间，这将极大地减慢程序的运行速度，从而导致整体性能显著下降。

对于许多现代设备，特别是那些资源受限的设备，如嵌入式系统和移动设备，内存使用这个性能指标尤为关键。这些设备往往拥有有限的物理内存，且很难或根本不能进行扩展。因此，对于这些设备上的程序，高效的内存管理变得尤为重要。例如，对于一个智能手表或物联网设备上运行的程序，必须确保其内存使用在一个可接受的范围内，以确保设备流畅运行并避免不必要的性能问题。总体来说，内存使用不仅关乎单一程序的效率，更关乎整个系统的健康和稳定性。

3. CPU 利用率

CPU 利用率是描述计算机系统性能的核心指标之一。它反映了中央处理器（Central Processing Unit，CPU）在特定时间内的工作负载。从软件开发的视角来看，CPU 利用率确实是一个非常关键的性能指标，因为它能够告诉我们系统或程序是如何使用最核心的计算资源的。开发者在设计和优化软件时，会对此给予高度的关注，以确保软件能够高效、稳定地运行。

对于计算密集型的任务，如机器学习训练、图像处理等，较高的 CPU 利用率是预料之中的。这意味着系统正在最大限度地执行任务，从而尽快得到结果。但是，也要注意，持续的高利用率可能会导致 CPU 过热，从而降低其寿命。因此，优化算法以及合理地分配和调度任务变得尤为重要。

在开发交互式应用时，如桌面应用、移动应用，CPU 利用率的管理则更加微妙。一个好的用户体验需要应用快速响应用户的操作，这通常意味着需要保持合理的 CPU 利用率，既不能过高也不能过低。过高的利用率可能会导致应用的响应缓慢，而过低的利用率则可能导致资源浪费或应用的功能无法得到充分发挥。

在微服务或分布式系统的环境中，了解和管理每个服务的 CPU 利用率是至关重要的。若一个服务的 CPU 利用率较高，则可能会影响到整个系统的稳定性和响应能力。这也是现代开发团队经常使用性能监测工具来跟踪和优化服务性能的原因。

从软件开发的角度看，CPU 利用率不仅是一个性能指标，更是一个可以直观反映软件健康状况的关键指示器。合理地管理和优化 CPU 利用率，既能使软件发挥其功能，又能使其为用户提供稳定和流畅的体验。

4. 吞吐量

吞吐量是指软件在单位时间内处理的请求或任务的数量。对于开发者而言，优化吞吐量通常意味着提高软件的效率和响应能力。

首先，软件的吞吐量直接关系到其性能和用户体验。例如，如果一个 Web 应用能够在高流量环境下快速响应用户的请求，那么它将为用户提供流畅的交互体验，减少用户的等待时间。反之，如果一个应用的吞吐量较低，那么可能会导致请求堆积、服务器过载，甚至服务中断。

其次，随着云计算和微服务架构的普及，吞吐量在分布式系统中起到了关键的作用。在这种架构下，服务与服务之间频繁地交互和通信。一个具有高吞吐量的服务不仅可以更好地应对大量的并发请求，还可以确保其他依赖于它的服务不因性能瓶颈而受到影响。

最后，对于数据库和后端存储系统，吞吐量也是衡量性能的关键指标。开发者在选择和设计数据库时，通常会考虑其读写能力，即每秒可以处理多少查询和事务。这不仅关乎系统的稳定性和可靠性，也直接影响到业务的正常运行和扩展。

从软件开发的角度，吞吐量是一个反映软件性能和效率的核心指标。高吞吐量可以为用户和业务带来显著的价值，而低的吞吐量则可能会导致系统瓶颈、服务中断和用户流失。因此，对于开发者而言，了解和优化吞吐量是提高软件质量和满足业务需求的关键。

5. 响应时间

响应时间是衡量应用性能的核心指标之一，它直接关系到用户的体验和满意度。响应时间代表了从用户发起一个操作或请求，到系统或程序给出相应反馈所需的时间。简而言之，响应时间就是系统反应的速度。

在如今的数字时代，用户对响应时间变得越来越敏感。尤其是在互动式应用、网站和在线服务中，快速响应可以使用户体验更为流畅和愉悦。相反，如果用户在单击按钮或提交请求后等待的时间太长，他们可能会感到不耐烦，甚至放弃使用相关服务或转向使用竞争对手的服务。例如，在在线购物网站上，如果结账页面的加载和响应时间太长，那么一部分用户可能会放弃购买。

为了优化响应时间，软件开发者通常会进行性能测试和优化，如代码重构、数据库查询优化和使用内容分发网络等。此外，通过实时监控工具跟踪应用的响应时间，可以及时发现并处理潜在的性能瓶颈，确保用户获得最佳的体验。

总之，响应时间不仅是一个性能指标，还直接关系到用户的体验和满意度。在软件开发中，持续关注和优化响应时间是保持竞争力和吸引用户的关键。

我们可以根据具体的应用场景和需求对上述性能指标进行调整和优化。通过监测和分析这些性能指标，我们可以了解程序的性能瓶颈，并采取相应的措施来提高程序的效率和响应性。

我们下面将讨论性能指标的测量和分析方法以及常用的性能监测工具。

7.1.2 性能指标的测量和分析

为了确保程序具有最佳的性能和响应速度，对其性能指标进行有效的测量和分析是十分必要的。对性能指标进行测量和分析不仅可以帮助我们识别并解决潜在的瓶颈，还可以为未来的优化策略提供有价值的参考。以下是一些在实践中广泛使用的方法和工具。

（1）基准测试

① 定义：基准测试是指通过预定义的测试套件来评估软件或硬件在特定操作或任务上的性能。

② 操作步骤：选择或定义与你的应用场景相关的基准测试套件，并在无任何优化的情况下运行基准测试，以获得基线数据；接下来，对程序或系统进行优化，再次运行基准测试，并将获得的基线数据与之前的进行对比；根据需要重复优化和测试的步骤，直到达到满意的性能水平为止。

③ 工具：根据应用的类型选择合适的工具，例如，Sysbench 用于数据库性能测试，Phoronix Test Suite 用于综合性能测试。

④ 注意事项：始终在相同的环境和条件下运行基准测试，以确保数据的准确性和一致性。

（2）性能分析器

① 定义：性能分析器用于收集程序运行时的数据，可以帮助开发者找到性能瓶颈或资源浪费的地方。

② 操作步骤：首先，选择适合应用的性能分析器，并在程序运行时启动它；其次，分析收集到的数据，找出执行时间较长的函数或被频繁调用的函数，并针对这些函数进行优化；最后，使用性能分析器验证优化的效果。

③ 工具：如 gprof（GNU 的性能分析工具）、Valgrind（用于内存泄露检测及性能分析）、Perf（Linux 的性能分析工具）等。

④ 注意事项：虽然性能分析可能会使程序运行得稍慢一些，但提供的数据对性能优化至关重要。

（3）日志记录

① 定义：日志记录是指将程序运行时的事件信息以条目的形式保存下来，这些事件可能与性能、错误或其他重要信息有关。

② 操作步骤：在代码中添加日志记录语句，特别是在关键操作之前和之后；运行程序后；使用日志分析工具或以手动方式检查日志，查找可能的性能问题或异常。

③ 工具：如 Log4j（Java 日志框架）、ELK Stack（日志分析工具 Elasticsearch、Logstash、Kibana 的组合）等。

④ 注意事项：避免在生产环境中生成大量的详细日志，因为这可能会对性能产生负面影响。

（4）代码剖析

① 定义：代码剖析是一种动态程序分析技术，主要用于评估程序中各部分的执行效率并确定性能瓶颈。

② 操作步骤：首先，启动代码剖析工具，运行目标程序或特定的代码段；其次，停止剖析并查看结果，通常包括每个函数的调用次数、执行时间等；最后，根据剖析结果进行

代码优化，并重新剖析，以验证优化效果。

③ 工具：如 cProfile（Python 的内置剖析器）、Visual Studio Profiler（Microsoft 的代码性能分析工具）等。

④ 注意事项：在剖析期间，要确保在正常的运行条件下执行目标代码，以获得最准确的数据。

（5）资源监测工具

① 定义：资源监测工具可以实时或定期收集和显示关于操作系统和运行在其上的应用程序的各种性能指标。

② 操作步骤：首先，选择合适的资源监测工具并进行安装；其次，启动安装好的资源监测工具，运行目标应用或系统；最后，观察并记录关键资源（如 CPU、内存、磁盘 I/O、网络带宽）的使用情况，根据关键资源的使用情况监测数据的分析结果，对关键资源的分配策略进行优化。

③ 工具：如 top、htop（Linux 系统资源监测工具）、Resource Monitor（Windows 资源监视器）、iStat Menus（Mac 资源监测工具）等。

④ 注意事项：在生产环境中，持续进行资源监测有助于及时发现和解决潜在的问题。

总之，有效的性能指标的测量和分析不仅可以确保程序的性能满足要求，还可以为性能的持续优化提供宝贵的信息和反馈。通过综合使用上述方法和工具，我们可以全面了解程序的性能，并发现性能问题和性能优化的机会。

7.2　代码优化方法

代码优化是为了提高程序运行的效率和响应速度而进行的一系列活动。在许多情况下，仔细地分析和修改代码不仅可以使性能显著提升，还能提高代码的可读性和可维护性。但值得注意的是，过度优化可能导致代码变得难以理解和维护。

下面列出一些广泛采用的代码优化方法。

（1）算法优化

① 理解问题：准确理解问题的需求和约束，这有助于选择最佳的算法。

② 选择算法：在选择算法之前研究多种算法，特别是那些被证明在相似场景下有效的算法。

③ 复杂度分析：评估算法的时间和空间复杂度。处理大量数据时，时间或空间复杂度为 $O(n\log n)$ 的算法通常比时间或空间复杂度为 $O(n^2)$ 的算法更可取。

④ 实验验证：在真实数据上测试算法，并将其与其他算法进行对比，确保它满足性能需求。

⑤ 持续优化：持续关注并学习新的算法和技术，从而根据需求不断优化已有算法。

（2）数据结构优化

① 选择合适的数据结构：根据操作的类型（如查找、插入、删除）和数据的大小选择合适的数据结构。

② 权衡空间与时间：有时稍微多使用一些内存可以显著加快操作的速度，例如，使用

哈希表来加快查找的速度。

③ 考虑扩展的效率：如果数据结构（如动态数组）需要扩展，那么需要考虑扩展的效率。

④ 避免冗余：确保数据结构不包含重复或不必要的数据。

（3）循环优化

① 减少循环中的操作：确保循环体内的操作尽可能少，特别是那些可以移到循环外部的操作。

② 展开循环：手动或使用编译器选项展开循环，从而减少循环控制的开销。

③ 避免访问全局变量：在循环内部访问全局变量通常比访问局部变量慢。

④ 考虑缓存的局部性：尽量保持内存访问的连续性，以便更有效地利用硬件缓存，从而提升性能。

（4）内存管理优化

① 避免内存泄露：使用工具（如 Valgrind 或内存分析器）定期检查是否存在内存泄露。

② 减少动态分配：考虑使用栈内存，而不是频繁地动态分配和回收。

③ 使用对象池：对于频繁创建和销毁的小对象，考虑使用对象池来重用它们。

④ 内存对齐：确保数据结构按内存的硬件要求对齐，这样可以提高访问速度。

（5）并行处理

① 识别并行部分：找到代码中可以并行执行的部分（通常是独立的任务或计算）。

② 使用并行框架：根据具体需求选择并行处理框架，如 OpenMP、CUDA 或 MPI。

③ 注意同步：确保正确同步线程或进程间的数据，避免竞态条件或死锁。

④ 避免过度并行：创建太多线程或进程可能会导致大量的上下文切换，反而会降低性能。

（6）延迟加载

① 识别非关键数据：确定哪些数据可以延迟加载。

② 使用占位符：在初次加载时使用轻量级的占位符，实际需要时再替换为完整数据。

③ 考虑用户体验：确保延迟加载不影响用户的交互体验。

（7）编译器优化

① 了解编译器选项：研究所使用编译器的文档，了解可用的优化选项。

② 使用性能分析工具：在开启优化选项后，使用性能分析工具确定优化效果。

③ 避免过度优化：某些优化选项可能会导致程序行为发生改变，要确保对优化后的程序进行充分测试，以便确保程序行为没有发生改变。

（8）减少系统调用

① 批量处理数据：例如，一次读写大块数据，而不是多次读写小块数据。

② 避免不必要的调用：确保每个系统调用都是必要的，并考虑是否有其他方式可以代替。

③ 考虑缓存结果：对于昂贵的系统调用（如文件或网络操作），要考虑缓存结果，以减少未来的调用。

（9）利用缓存

① 确定热点数据：使用分析工具确定访问最多的数据或计算结果。

② 选择合适的缓存策略：如 LRU（最近最少使用）或 LFU（最不经常使用）。

③ 考虑缓存大小：合理设置缓存大小，既要保证缓存空间足够大，可以容纳频繁访问

的数据，又要避免缓存过大，从而浪费内存空间。

（10）代码简化

① 重构代码：定期审查代码，删除冗余或过时的部分。

② 合并功能重复的部分：避免代码中有重复的功能或逻辑。

③ 使用现有库：在开发过程中，应优先考虑使用已有的库或框架，以避免重复进行基础性工作或重复开发已有功能。

④ 避免过度抽象：确保代码的抽象层次适中，避免使用复杂的代码。

在进行代码优化时，重点是要保持平衡。我们应该始终确保代码的可读性和可维护性，避免为了追求性能的一点点提升而使代码变得过于复杂。在大多数情况下，我们首先要考虑算法和数据结构的优化，然后再考虑其他优化。具体地，我们给出以下常用的优化策略。

（1）选择合适的数据结构

数据结构的选择直接影响到算法的效率。例如：对于需要频繁查找的应用，使用哈希表通常比数组更加高效；对于需要快速插入和删除的应用，链表可能是一个不错的选择。

（2）减少嵌套循环

多层嵌套的循环往往会导致时间复杂度较高，尤其是当循环的次数与输入数据的大小直接相关时。

（3）采用高级算法策略

分治、动态规划和贪心策略是三种常用的高级算法策略，它们可以有效解决许多复杂的问题。

（4）优化递归

虽然递归在某些情况下很有用，但过度的递归可能导致大量的函数调用和高时间复杂度。使用尾递归[①]或将递归转换为迭代可以避免上述情况。

（5）空间换时间

在某些情况下，使用额外的空间来存储结果（如缓存或备忘录技术[②]）可以大大减少运算时间。例如，在动态规划中，我们经常使用备忘录技术来存储子问题的解，从而避免重复计算。

（6）预处理数据

在实际处理数据之前，先对其进行排序、过滤或其他预处理操作，这样可以简化后续的算法步骤。

（7）并行和并发

利用多核处理器或分布式系统，可以同时处理数据的不同部分，从而加快计算速度。

（8）利用硬件加速

利用 GPU、FPGA 等专用硬件可以对特定算法和应用进行加速。

---

① 尾递归（Tail Recursion）是递归的一种特殊形式，当函数返回的时候只调用自己，并且 return 语句不能包含表达式。这样，编译器或解释器可以优化尾递归，无须在递归调用持续时将之前的活动记录保存在调用栈上。简而言之，它可以将递归转化为迭代形式，从而节省内存空间。尾递归对于某些编程语言（如 Scheme、Haskell 和 Scala）来说是很重要的，因为它们都使用尾递归来实现大多数循环。

② 备忘录技术是一种优化技术，通过存储昂贵的函数调用结果并在再次需要相同的输入时返回缓存的结果，避免重复计算。它与缓存的主要区别在于应用场景和目的：备忘录主要用于递归算法，优化那些具有重叠子问题的计算，如动态规划问题；而缓存通常用于存储从某个数据源（如数据库或网络）检索到的数据，以减少访问时间或重复的数据检索。简而言之，备忘录技术专注于算法优化，而缓存则关注于数据访问的效率。

（9）持续反馈与调整

使用性能分析工具监测算法的瓶颈，并根据实际的运行情况进行调整和优化。

总之，算法优化是一个迭代的过程，要完成这个过程，我们需要结合理论知识、实践经验以及对特定问题领域的深入了解。

7.3　性能调优

在许多应用中，数据库性能和网络性能都是关键的因素。优化数据库性能和网络性能可以显著提高程序的效率和响应性，下面介绍一些常用的方法。

7.3.1　数据库性能调优

（1）查询与索引优化

① 通过适当地创建和使用索引，可以加速数据库查询的速度。我们要合理地选择索引列和索引类型，并定期检查索引的使用情况和性能。

② 优化查询语句可以减少数据库的负载和响应时间。我们要使用适当的查询语句和连接方式，并避免不必要的查询和重复数据访问。

（2）数据管理

① 将大型数据库表分割为较小的分区可以提高查询和维护的效率。根据数据的访问模式和特性，将数据按照某种规则进行分区管理。

② 通过数据库正规化，避免数据冗余，提高数据的一致性。但需平衡正规化与性能之间的关系。

③ 为了减少单一服务器的负载，可以进行读写分离，使读服务器响应查询请求，而写服务器只处理写入操作。

（3）硬件与存储优化

① 优化数据库所在的硬件设备，如用 SSD 替代 HDD、增加 RAM 或升级 CPU。

② 对物理存储进行优化，考虑使用更高效的存储硬件或调整数据库文件的布局和存储配置。

（4）系统配置与管理

① 使用数据库连接池，预先创建数据库连接，减少建立和关闭连接的开销。

② 根据业务和数据规模调整数据库架构，如主从复制或分布式数据库架构。

③ 定期审查和调整数据库参数，如内存分配和查询缓存大小。

④ 合理地管理和配置数据库日志，以保证数据的安全性，避免性能受到影响。

⑤ 选择适当的备份策略，以减少备份对生产环境的影响。

（5）监控与诊断

定期监控数据库性能，使用专门的数据库监控和优化工具（如慢查询日志分析工具）可以高效地诊断数据库性能问题并提供优化建议。

（6）其他优化手段

① 使用合适的缓存机制，如将频繁读取的数据缓存到内存中。

② 合理管理数据库事务，提高并发性和数据完整性，如避免长时间持有事务锁。

7.3.2　网络性能调优

（1）带宽与延迟优化

① 压缩数据、使用合适的数据传输格式以及减少不必要的数据传输，可以有效利用网络带宽。

② 确保网络带宽足够使用，根据需要升级网络硬件或增加带宽，以减少数据传输的延迟。

③ 使用 CDN 服务将内容分发到离用户更近的位置，减少网络请求的往返时间（Round-Trip Time，RTT）。

（2）连接与并发管理

① 使用连接池或持久连接技术，并优化连接生命周期，以避免创建过多的并发连接，同时确保及时释放不再需要的连接。

② 实施并发控制策略，如设置并发连接上限和使用队列管理请求，以维持系统的稳定性和性能。

（3）网络协议与数据处理

① 选择和优化网络协议（如 HTTP/2 或 HTTP/3），减少通信延迟和数据包大小。

② 在传输大量数据时，使用压缩技术减少数据大小。

③ 减少应用层的数据处理和转换，例如，避免不必要的中间件或 API 调用。

（4）负载均衡

使用负载均衡器将请求和网络流量分散到多个服务器，从而提高响应速度、系统可用性和容错性。

（5）DNS 优化

使用高效的 DNS 服务器，或者在本地对 DNS 查询结果进行缓存，确保快速进行 DNS 解析并减少查找的跳数。

（6）网络安全与性能的平衡

采用网络安全措施（如使用防火墙、加密和身份验证等）时要注意，某些安全措施（如 TLS/SSL 握手）可能会增加延迟，因此，需要找到网络安全与性能之间的平衡点。

（7）监控、诊断与设备调优

① 定期监控网络性能，使用诊断工具定位瓶颈和问题。

② 考虑升级或优化网络设备，如路由器、交换机和负载均衡器。

网络性能和数据库性能优化是一个持续的过程，我们需要定期进行检查、分析和调整，以适应不断变化的业务需求和技术环境。通过对数据库和网络的性能进行优化，我们可以提高系统的响应速度、可扩展性和稳定性。

本 章 小 结

本章探讨了性能调优的关键方面，旨在提高程序的运行效率。首先，我们介绍了性能指标与性能监测，它们是我们识别性能瓶颈的基础。其次，我们讨论了代码优化策略，涵盖算法、数据结构等多个维度。最后，我们介绍了数据库性能调优与网络性能调优的技巧。

我们需全面考虑性能调优，并依据具体场景选择恰当的方法和工具。这是一个持续进化的过程，要求我们不断地监测资源消耗情况与程序的性能，并根据实际需求有针对性地优化相应的性能指标，以适应程序软硬件环境和用户量的动态变化。

本章旨在使读者了解性能评估与提升的实践方法。性能调优在软件开发中占据核心地位，对于提高效率、响应速度和提升用户体验至关重要。希望读者能结合实际情况，灵活运用这些调优技巧，确保程序在各种应用场景中均展现出良好的性能。

扩 展 阅 读

下面的阅读材料可以帮助你进一步了解和学习有关性能调优的知识和技术。

• 《高性能网站建设指南：前端工程师技能精髓》，[美] Steve Souders 著，刘彦博译，电子工业出版社，2015 年 5 月：这本书介绍了一些提升网站性能的优化技巧和最佳实践。

• 《Effective Java（中文版）》（第 3 版），[美] Joshua Bloch 著，臧秀涛译，人民邮电出版社，2024 年 6 月：这本书讲述了 Java 编程中的一些优化技巧。

• 《计算机程序设计艺术·卷 1：基本算法》（第 3 版），[美] Donald E. Knuth 著，李伯民等译，人民邮电出版社，2016 年 1 月：该书是《计算机程序设计艺术》系列中的第 1 卷，主要讲解了计算机科学领域中的基本算法，涵盖了算法的基本概念、特征、形式定义，以及数学准备和算法分析等内容，是读者学习和理解计算机算法的基础教材。

• 《高性能 MySQL》（第 4 版），[美] Silvia Botros 等著，宁海元等译，电子工业出版社，2022 年 9 月：这是一本 MySQL 性能优化指南，介绍了一些提高 MySQL 数据库性能的实用技巧和策略。

• 《Python 高性能编程》（第 2 版），[美] Micha Gorelick 等著，张海龙译，人民邮电出版社，2023 年 8 月：这是一本 Python 性能优化指南，介绍了一些提高 Python 程序性能的技巧和工具。

习 题 7

1. 什么是性能指标？列举并解释至少三个常见的性能指标。
2. 性能监测对于性能调优的重要性是什么？列举并解释至少两种常用的性能监测工具。
3. 什么是算法优化？举例说明如何通过优化算法来提高程序的性能。
4. 数据结构优化在性能调优中的作用是什么？请举例说明。
5. 如何通过循环优化提高程序的性能？给出一个循环优化的实际应用场景。
6. 什么是内存管理优化？列举至少两种常见的内存管理优化技巧。
7. 并行处理如何提高程序的性能？给出一个使用并行处理的例子。
8. 数据库性能调优的目标是什么？给出一个数据库性能调优的实际应用场景。
9. 索引优化在数据库性能调优中的作用是什么？
10. 网络带宽优化的方法有哪些？给出一个带宽优化的实际应用场景。

11. 并发连接管理在网络性能调优中的作用是什么？什么是连接池？
12. 网络协议优化的目的是什么？列举并解释至少两种常见的网络协议优化方法。
13. 数据库和网络性能调优有什么共同点和不同点？
14. 性能调优中的"过度优化"是什么意思？为什么不推荐过度优化？
15. 选择一个你熟悉的应用场景，分析其性能问题并给出相应的优化方案。

第 8 章　测试方案设计

在软件开发的每一个阶段，测试都是至关重要的部分。从最初的需求收集阶段，到设计和开发阶段，再到最后的维护阶段，测试都起着关键的作用。在程序设计中，正确的测试可以帮助我们发现和解决问题，确保软件的质量，提升用户体验，避免潜在的风险。在本章，我们将深入探讨软件测试的相关内容。

8.1　测试的重要性

在深入探讨各种具体的测试方法和测试类型之前，我们首先需要理解测试在软件开发中的重要性。测试与程序设计与实现不同，它不是在创造程序，看起来似乎是一个可有可无的阶段，因此常常被忽视，尤其是在项目时间紧张时。然而，在如今程序变得越来越庞大、越来越复杂的情况下，测试是保障程序质量的最关键的技术。

首先，测试是发现问题和错误的关键过程。在软件开发中，无论是设计失误、编程错误，还是需求理解上的偏差，都可能导致软件行为与预期不符。通过测试，我们可以在软件发布之前发现并修复这些问题，从而降低错误对用户的影响，避免可能的经济损失和信誉损害。其次，测试可以帮助我们验证软件的功能和性能。通过测试，我们可以确保软件能够正确地实现预定的功能，满足用户的需求。同时，性能测试也可以帮助我们了解软件在各种条件下的运行状况，确保软件在高负载或者其他特定环境下仍能保持良好的性能。再次，测试可以提供关于软件质量的反馈和量化指标。测试结果可以帮助开发团队了解软件实际的质量状况，从而调整开发计划，优化开发过程。通过测试覆盖率、错误密度等指标，我们可以量化软件质量，为决策提供支持。最后，测试是持续改进的基础。测试不仅能够帮助我们发现当前的问题，也可以帮助我们发现潜在的问题，预防未来可能出现的问题。通过不断的测试和修复，我们可以不断提升软件的质量，改进产品，使之更加完善。

总体来说，测试是确保软件质量、提高开发效率、降低风险、满足用户需求的重要手段。在整个软件研发过程中，我们都应该注重测试，并应积极发掘并修复问题，以使软件质量达到最优。

8.2　测试的基本概念

在软件工程中，测试被定义为一个系统的操作过程，其目的是验证系统是否满足特定需求、是否能够达到预期结果，以及发现可能存在的问题。简单来说，测试就是为了检查系统是否按照我们所期望的那样工作。这一节将对测试的一些基本概念进行介绍，包括测试的目标、类型和级别。

8.2.1　测试的目标

软件测试是软件研发过程中不可或缺的部分，它涉及从单个模块到整个系统的各个层面。测试的目标不仅是找出错误，还要确保软件产品满足用户的需求和期望。具体来说，测试的目标包含以下几个方面。

（1）发现错误

发现错误无疑是测试的核心目标。测试工程师的主要任务是模拟各种真实场景，找出程序中的错误和缺陷。这些错误可能是编程失误、需求误解或其他原因导致的。找到并修复这些错误是确保软件质量的关键。

（2）验证功能

我们说的软件"工作正常"实际上是指软件能够完成预定的功能。测试应当全面检查系统的功能，确保它们都能按照预期工作。这意味着要测试所有的正面用例（那些描述系统应当如何正常工作的场景）以及所有的负面用例（那些描述系统在非标准或意外情况下应当如何正常工作的场景）。

（3）确认性能

除了功能之外，性能也是大多数系统的关键属性。性能测试关注的是系统在特定负载和压力下的表现。这可以是响应时间、处理速度或其他相关的指标。测试应确保即使在高负载或其他极端条件下，系统也能维持满足预定性能要求的表现。

（4）提供信息

为各种利益相关者提供关于系统质量的信息是测试的重要目标。这些信息对于决策是至关重要的。例如，项目经理可能会基于这些信息来决定是否将软件发布到生产环境，开发团队则可以根据这些信息调整开发策略，以确保产品满足质量要求。

总体来说，测试是评估和保障软件质量的关键步骤，它为团队、管理层以及最终用户提供了有关软件质量和可靠性的宝贵信息。

8.2.2　测试的类型

软件测试是一个复杂的过程，涉及多种测试活动，以确保从不同的角度和层次对软件进行验证。根据测试的目标、范围和被测试的内容，我们可以将测试分为几种主要的类型。下面我们会详细介绍这些类型及各自的目的。

（1）单元测试

单元测试是级别最低的测试，主要针对软件中最小的可测试组件，通常是函数、方法或类。单元测试的目的是验证每个单独的组件是否都按照设计的规格和要求进行操作。由于这种测试通常由开发人员自己执行，因此它可以在早期迅速发现和纠正代码中的逻辑错误和其他问题。

（2）集成测试

当各个单元测试通过后，集成测试便开始对上述组件的交互进行验证。这里的重点是检查数据流、函数调用、信息交换以及其他组件之间的接口是否按照预期工作。此测试的目的是确保在集成过程中不会引入新的错误，并且确保各个单元之间能够正常协同工作。

（3）系统测试

在单元测试和集成测试的基础上，系统测试可对整个软件或应用程序进行全面的验证。此测试考虑了软件的所有功能和性能要求，以确保整个系统在预定的环境和条件下正常工作。此外，系统测试还可能包括非功能性测试，如性能测试、安全性测试等。

（4）验收测试

验收测试是在软件开发周期的最后阶段进行的测试，目的是验证软件系统是否满足用户的期望和要求。验收测试是由用户、客户或代表他们的团队执行的，它的结果决定了是否将软件投入实际生产和使用中。

当然，上述只是对各种测试类型的简要介绍。在实际的软件开发和测试过程中，可能还会涉及其他的测试类型，如回归测试、压力测试、性能测试等。选择何种测试类型取决于特定的项目需求、团队的测试策略和项目的生命周期阶段。

8.2.3　测试的级别

在软件开发生命周期中，为了确保软件的质量和可靠性，我们通常会进行多个级别的测试。设计这些测试级别是为了逐渐扩大测试的覆盖面，实现从单一组件的验证到整个系统的确认。每个测试级别都有其特定的目的和重点，如下所述。

（1）单元级别

单元级别是测试最基础的级别，针对单个组件或模块。在这个级别上，测试的重点是确保代码的每个部分都按照预期工作，无论是函数、方法还是类。这主要涉及白盒测试，因为在这个阶段，测试人员需要深入到代码的内部结构。此外，由于测试是由程序员自己完成的，因此它可以迅速检测和修复错误。

（2）集成级别

单元测试完成后，我们开始关注如何将这些单元组合在一起。在集成级别上，测试的目标是验证各个组件或模块之间的交互和协作是否如预期那样进行。这涉及接口、数据流以及其他的集成点。

（3）系统级别

一旦所有组件都被集成在一起，接下来的任务就是对整个系统进行全面的测试。在系统级别上，测试的重点是验证软件是否满足所有的业务需求、性能标准和其他相关标准。此时，测试既涉及功能性需求又涉及非功能性需求，如安全性、可用性和性能等。

（4）验收级别

验收级别是测试的最后一个级别，目的是确保软件满足用户或客户的实际需求。验收级别的测试通常由项目的相关利益方（如客户、用户或其他代表）执行。它是一个关键的阶段，因为其结果决定了软件是否达到了交付的条件，以及是否已经为生产环境做好了准备。

掌握上述测试级别和它们之间的区别对于软件测试人员来说十分重要。在实际的软件测试过程中，根据项目的复杂性和需求，可能还会涉及其他特殊的测试级别或子级别。上述四个级别能够帮助我们在各个层次上理解软件测试的结构。

8.3　测 试 流 程

在软件研发过程中，测试流程是不可或缺的一环。它既可以保证软件产品的质量，减少错误和 bug 的发生，又能帮助我们理解软件产品的运行状况。下面将详细介绍测试流程的各个环节。

8.3.1　制订测试计划

测试计划是确保软件测试过程有条不紊的关键文档。它不仅为测试团队提供了一个明确的方向，而且确保了整个测试过程的持续性和一致性。通过一个周全的测试计划，我们可以优化资源的分配、提高测试效率，并确保软件达到所期望的质量标准。以下是制订测试计划时需要考虑的几个方面。

（1）功能的识别

在开始任何测试活动之前，我们首先需要对软件的所有功能进行详尽的识别和列举。这意味着，我们要对所有的用户场景、API 接口、异常处理流程等进行深入了解。我们的目标是确保每一个功能都得到适当的关注，并被纳入测试范围内。

（2）测试覆盖率的确定

测试覆盖率是衡量测试完整性的关键指标。我们必须为每一个功能或代码段确定一个预期的覆盖率，这可能涉及行覆盖、分支覆盖、路径覆盖等。确定合适的覆盖率并力求达到它，可以使我们的测试尽可能地深入、全面。

（3）测试工具的选择

选择正确的测试工具对于提高测试效率和质量十分关键。测试工具不仅包括常规的自动化测试工具，还包括模拟器、仿真器、静态代码分析工具等。此外，考虑测试工具的集成性、可扩展性和可维护性也是很重要的。

（4）测试进度的跟踪和结果的记录

除了执行测试之外，持续地跟踪测试进度和记录测试结果也非常关键。这涉及如何有效地监控测试的状态、如何使所有测试者保持同步以及如何确保问题及时得到解决。使用合适的缺陷跟踪工具和进度报告工具可以大大增强这方面的效果。

（5）风险的管理和应对

在测试过程中，我们可能会遇到各种预料之外的问题和风险，如资源短缺、时间紧迫或硬件故障。因此，在测试计划中，我们应当预先定义可能的风险并为其制定相应的应对策略，以便团队在遇到问题时能够迅速做出反应。

（6）资源和时间的安排

为确保测试工作按时完成，需要明确的时间表和资源分配计划。这包括确定测试周期的开始和结束时间、为不同的测试活动分配时间以及确定所需的人员和设备。

综上所述，制订一个有效的测试计划需要经过全面、细致的考虑。一个好的测试计划不仅可以指导测试工作的进行，还能使测试效果最大化。

8.3.2　测试设计

测试设计是软件测试流程的核心环节，它关系到如何对目标软件或系统进行有意义的、高效的测试。这个环节涉及对软件进行详细分析、确定需要验证的功能和属性以及对其进行有效的验证。

（1）编写测试用例

测试用例是测试设计环节的主要产出。一个测试用例描述了一个特定的测试场景，它包括输入数据、执行步骤和预期的输出结果。当编写测试用例时，要确保其具备以下特性。

① 明确性：测试用例应该简洁明了，没有模棱两可的地方。

② 完整性：测试用例应包含所有重要的功能和场景。

③ 可追溯性：测试用例应该与需求或功能文档相对应，以便发现问题时快速找到原因。

④ 独立性：每个测试用例都应尽量独立于其他用例，以免相互干扰。

（2）选择测试数据

选择或创建合适的测试数据是测试设计的一个重要部分。数据应该是真实的、有代表性的，并能覆盖各种可能的场景，包括正常的、边界的和异常的情况。

（3）设计测试环境

测试环境应该与生产环境尽可能相似，以确保测试结果的准确性。测试环境包括软件、硬件、网络配置和其他相关的环境因素。同时，我们要确保测试环境是稳定的和隔离的，以免外部因素干扰测试结果。

（4）考虑自动化测试

根据软件的复杂性和测试的需求，可以考虑使用自动化测试工具来提高测试效率。自动化测试可以帮助我们快速地、可重复地执行测试，特别是对于回归测试、性能测试等。

总体来说，测试设计是确保软件质量的关键步骤。只有通过精心的设计，我们才能确保测试是有针对性的、高效的，并能够真实地反映软件的质量。

8.3.3　测试执行

在完成上述两个环节后，下一个环节是测试执行。这是一个关键的步骤，因为它将决定软件的质量和稳定性。在执行测试的过程中，我们应该按照事先设计的测试用例严格执行，并确保每一步都有明确的记录。以下是执行测试时应注意的几点。

① 确保测试环境与生产环境尽可能接近，以便模拟真实的用户场景。

② 每一个测试用例都代表了一个特定的场景或功能点，确保不要漏掉任何步骤或细节。

③ 每执行一个测试用例，都应该记录测试的结果，无论成功还是失败。

④ 给每个测试用例分配足够的时间，以确保测试的准确性。不要因为时间紧迫而忽略某些重要的测试环节。

⑤ 如果在测试中发现了问题或缺陷，应立即向开发团队反馈，以便尽早修复。

综上所述，测试执行是确保软件质量的关键环节，我们需要给予充分的关注和重视。

8.3.4 记录测试结果

执行测试后的记录是至关重要的。这些记录不仅为开发团队提供了有关产品质量的反馈，而且为管理层提供了决策依据。详细、清晰的记录可以帮助团队理解问题的性质、影响范围及可能的原因，从而快速做出相应的反应。以下是记录测试结果时应注意的几点。

① 每个测试结果都应有详细的记录，无论成功还是失败。这包括输入数据、预期的输出、实际的输出以及任何相关的屏幕截图或日志文件。

② 记录时，应该对出现的错误或问题进行分类。例如，当出现一个问题时，应确定它是一个界面问题、逻辑错误还是性能问题。

③ 评估并记录问题的严重性，这可以帮助团队确定问题的处理优先级。

④ 对于每个发现的问题，应详细描述复现问题的步骤，这样开发人员可以更容易地找到并解决问题。

⑤ 确保测试团队与开发团队之间有一个清晰、有效的反馈渠道，以便及时沟通和解决问题。

有效的记录不仅可以为开发团队提供有价值的反馈，还可以为未来的测试工作和产品迭代提供宝贵的经验和参考。

8.3.5 执行回归测试

回归测试是在软件开发和维护的各个阶段都非常关键的测试类型。每次对软件进行更改，无论是添加新功能、修改现有功能还是修复错误，都存在破坏现有功能的风险。这时，回归测试就派上了用场，它能确保这些更改不对其他部分产生负面影响。

① 在敏捷开发的环境中，软件可能会经常被更改。每次更改都可能带来潜在的风险，因此，回归测试是不可或缺的。

② 考虑到回归测试的重复性，许多团队选择自动化这部分测试。自动化不仅可以加速测试过程，还可以提高测试的准确性。

③ 虽然理想的情况是每次更改后都运行所有的测试，但这在实际中并不总是可行的，尤其是在大型项目中。因此，根据更改的内容和范围，有选择地执行某些测试是非常必要的。

回归测试的主要目的是确保软件的整体质量不受最新更改的影响，从而为用户提供一个可靠和高效的产品。因此，每当对软件进行更改时，执行回归测试都是确保产品质量的关键步骤。

总体来说，测试流程是一个涵盖测试计划、测试设计、测试执行、测试结果记录以及回归测试的复杂过程。遵循这个过程，有助于确保产品达到所要求的质量标准。

8.4 单元测试

单元测试是软件测试的基本形式，其中开发人员通过创建测试来检查代码的特定部分是否如预期那样运行。这一节将介绍如何进行单元测试以及如何使用单元测试框架。

8.4.1　什么是单元测试

单元测试是软件开发中的一种基本测试方法，主要关注软件的各个独立单元，确保它们按照预期的那样工作。在单元测试中，开发人员会针对代码中的各个功能模块编写专门的测试代码，从而确保这些模块在各种预期的输入条件下都能产生正确的输出。

在面向对象编程中，单元测试通常集中于单独的方法或函数。然而，无论是在面向对象编程中，还是在任何编程范式中，单元测试的目标都是确保代码片段的正确性。因为它是由开发人员自己编写并针对他们的代码执行的，所以这种测试可以使他们迅速发现问题，并在问题变得复杂和难以追踪之前对其进行修复。

代码 8.1 中定义了一个简单的 Example 类，其中包含一个 add 方法。为了验证这个方法是否正确地实现了加法运算，我们可以为它编写一个单元测试，检查各种可能的输入组合是否都会产生预期的输出（见代码 8.2）。

代码 8.1　单元测试示例

```
public class Example {
    public int add(int a, int b) {
        return a + b;
    }
}
```

除了可以验证代码的正确性外，单元测试还有其他优势。

① 有了单元测试，开发人员在修改代码时会更有信心，因为他们知道如果出现了新的问题，测试很可能会立即发现。

② 编写测试时，开发人员需要思考代码的各种可能输入和输出，这样能鼓励他们编写更健壮的代码。

③ 单元测试可以作为代码功能的一个例子，新加入的开发人员可以通过查看测试来快速了解代码的预期行为。

总体来说，单元测试是确保软件质量的关键组成部分，它为开发人员提供了一个工具，可以系统地验证他们的代码是否满足需求。

8.4.2　为什么需要单元测试

单元测试在软件开发中的重要性不容忽视。它为开发人员提供了一种逻辑清晰且易于实施的手段，用以尽早检验该开发人员编写的代码是否实现了预期的功能。以下是单元测试的一些优势。

（1）及时发现问题

单元测试能够使开发人员在代码编写后的早期阶段发现并修复错误，避免了问题的累积，从而减少了后续阶段的修复成本。

（2）提供代码反馈

单元测试能够为开发人员提供即时的反馈，帮助他们确信新添加或修改的代码没有破坏现有的功能。

（3）简化重构

有了稳健的单元测试，开发人员可以更自信地重构代码。如果引入了新的错误，测试会立即指出。

（4）作为文档

编写良好的单元测试可以作为代码的实际文档，说明代码的预期行为和使用方式。

（5）促进团队协作

单元测试能够确保新的代码不会影响其他开发人员的工作，这为多人协作的团队创造了一个稳定的开发环境。

（6）确保软件质量

通过持续和全面地测试代码的各个部分，可以确保软件的整体质量和稳定性。

（7）降低维护成本

预防性的单元测试可以降低缺陷导致的维护成本，因为及时发现和修复问题远比在软件发布后解决问题更为经济。

总而言之，单元测试是确保代码质量的重要手段。它不仅提供了一种有效的方法来验证代码的正确性，还有助于创建健壮、可维护和高质量的软件。在快速变化的软件开发环境中，单元测试为开发团队提供了一个必不可少的安全网。

8.4.3　单元测试示例

在软件开发中，单元测试通常用于验证代码的每个部分是否按预期工作。Java 语言有一些流行的测试框架，其中 JUnit 是最受欢迎的。下面我们将解析一个使用 JUnit 进行单元测试的例子。

以下是对代码 8.2 的详细说明。

① import static org.junit.Assert.assertEquals：导入 JUnit 框架中的 assertEquals 方法，这是一个常用的断言方法，用于验证测试的实际结果是否与预期结果匹配。

② import org.junit.Test：导入 JUnit 的 "Test" 注解，该注解标明方法是一个单元测试方法。

③ public class ExampleTest：这是一个测试类，它包含针对 "Example" 类的一组单元测试。

④ @Test：这是一个 JUnit 注解，表明下面的方法 "testAdd" 是一个测试方法。在测试时，JUnit 将自动运行所有带有此注解的方法。

⑤ public void testAdd()：这是一个具体的单元测试方法。按照约定，它的名称通常以 "test" 开头，后面是要测试的方法名称。

⑥ Example example = new Example()：创建一个 "Example" 类的实例，以便测试其功能。

⑦ int result = example.add(5, 3)：调用"Example"类中的"add"方法，并将结果保存在"result"变量中。

⑧ assertEquals(8, result)：使用"assertEquals"断言来验证"add"方法的输出是不是预期值。在这里，预期的输出是 8，因为 5 加 3 等于 8。

代码 8.2　JUnit 单元测试示例

```
1   import static org.junit.Assert.assertEquals;
2   import org.junit.Test;
3   public class ExampleTest {
4       @Test
5       public void testAdd() {
6           Example example = new Example();
7           int result = example.add(5, 3);
8           assertEquals(8, result);
9       }
10  }
```

从上述示例可以看出，单元测试应当是简单、明确的。每个测试都应该只测试一个特定的功能或行为，以确保代码的每个部分都能正常工作。这种测试策略有助于快速定位和修复代码中的错误，从而提高软件的质量。

8.4.4　单元测试框架

在软件开发中，单元测试框架为开发人员提供了一个专门用于编写、组织和执行测试的环境。它的目的是确保每个功能都按照预期工作，同时为开发人员在代码更改或重构后进行验证提供方便。以下是对单元测试框架的解析。

（1）断言（Assertions）

几乎所有的单元测试框架都提供了一套断言函数，允许开发人员指定预期的输出或行为。当实际的输出或行为与预期不符时，断言将失败，从而通知开发人员可能存在的问题。

（2）测试组织

单元测试框架通常提供了方法来组织和管理测试用例。这包括将相关测试组织在一起以及为测试分配优先级或标签等。

（3）测试隔离

为了确保每个测试都是独立的，单元测试框架通常会在每个测试之前和之后提供设置和清理的方法。这确保了一个测试不会对另一个测试产生副作用。

（4）测试运行与报告

单元测试框架不仅提供了运行测试的方法，还可以生成详细的测试报告。测试报告可以显示哪些测试通过了，哪些测试失败了，以及测试失败的原因。

综上，单元测试通常按照以下四个步骤进行。

① 设置（SetUp）：在此步骤，开发人员可以初始化必要的对象、模拟数据库连接或配置测试数据等。

② 执行（Execute）：在此步骤，开发人员会实际调用被测试的方法或功能，并记录其产生的输出或返回值。

③ 验证（Verify）：开发人员使用断言函数来验证步骤 ② 中的输出或行为是否符合预期。

④ 清理（TearDown）：完成测试后，清除所有为测试设置的数据和对象，确保测试环境恢复到原始状态，以便进行下一轮测试。

综上所述，单元测试框架是软件开发过程中的一个重要工具，能够帮助开发人员提高代码质量以及软件的稳定性和可靠性。

8.5　集 成 测 试

在单元测试之后，我们需要进行集成测试。集成测试的目标是检查不同的软件单元是否能正常地一起工作。在本节，我们将讨论集成测试的概念、目标、类型，并给出一个简单的示例。

8.5.1　什么是集成测试

集成测试往往在单元测试之后进行，它旨在确保不同的软件单元或组件可以协同工作。单元测试注重单个组件的功能是否正确，集成测试与之不同，它关注的是不同组件之间的交互是否正确。在真实的软件研发过程中，即使每个单独的组件都经过了单元测试，并且其功能正确性已得到验证，它们一起工作时也可能会出现问题，这主要是因为组件之间的接口和交互可能存在问题。

集成测试示例见代码 8.3。

代码 8.3　集成测试示例

```
1   public class Calculator {
2       Example example;
3       public Calculator() {
4           this.example = new Example();
5       }
6
7       public int addAndMultiply(int a, int b, int c) {
8           int sum = example.add(a, b);
9           return sum * c;
10      }
11  }
```

在代码 8.3 中，我们可以看到 Calculator 类依赖于 Example 类。当我们进行集成测试时，我们不仅要测试 addAndMultiply 方法的正确性，还要确保它与 Example 类中的 add 方法正确交互。例如，我们需要确保在调用 addAndMultiply 方法时，它能正确使用 Example 类的 add 方法并返回正确的结果。这突出了集成测试的一个关键点：即使单独的组件在自己的单元测试中工作得很好，在集成测试中，我们也可能会发现组件之间的交互导致的问题。因此，集成测试是确保软件质量的重要步骤，它能够确保各个组件正常协同工作，并满足用户的需求。

8.5.2　为什么需要集成测试

在软件开发中，组件或模块的交互是不可避免的，这些交互带来了复杂性。尽管单元测试确保了每个组件在独立运行时的正确性，但当它们组合起来交互时，可能会出现预期之外的行为或错误。以下是我们需要集成测试的几个关键理由。

① 组件之间的接口可能存在不匹配的问题。例如，一个组件可能期望接收一个特定格式的数据，而另一个组件可能提供了不同格式的数据。

② 数据在组件之间流动可能会出现问题。一个组件可能无法正确处理从另一个组件接收的数据，也可能无法正确地将数据传递给下一个组件。

③ 有些错误可能只在特定的组件组合或数据流中出现，单元测试可能无法覆盖这些特定情境。

④ 当组件一起工作时，可能会出现性能瓶颈或资源争用问题，这在单元测试中可能不明显。

⑤ 当多个组件尝试访问共享资源（如数据库或文件）时，可能会出现死锁或竞态条件。

⑥ 单元测试未充分考虑一个组件应对另一个组件失败的情况，而集成测试可以验证组件间的错误处理是否正确。

综上所述，集成测试不仅能够确保软件系统的各个组件独立地正确运行，还能确保它们在组合后也能正常地一起工作。因此，它能够帮助我们提前发现和修复可能的问题，从而提高软件的稳定性和可靠性。

8.5.3　集成测试的类型

根据组件集成的方式和次序，可以将集成测试分为多种类型。其中，大顶帽集成和增量集成是两种主要的类型。

（1）大顶帽集成（Big Bang）

大顶帽集成是一种传统的集成测试方法，即待所有的模块或组件都开发完毕后，一并进行集成，随后对整个系统进行测试。这种方法的优点是可以等到所有组件都准备好后再开始集成，缺点是一旦出现问题，定位问题的源头可能会比较复杂和耗时。因为所有的组件都被同时集成，出现问题时可能涉及多个组件的交互，所以难以快速确定是哪个组件出现了问题。

（2）增量集成

与大顶帽集成相反，增量集成是一种逐渐将单个模块或组件集成到系统中的方法。每次添加新模块时，都要运行测试，从而确保新加入的模块与已有模块能够正确交互。这种方法的优点是可以及早发现和解决集成问题。增量集成可以细分为以下三种方法。

① 自顶向下（Top-Down）：这种方法是首先集成和测试高层模块，然后逐步向下集成和测试低层模块。在尚未完成的低层模块中，可以使用桩（Stub）来模拟其功能。

② 自底向上（Bottom-Up）：与自顶向下相反，这种方法是首先集成和测试低层模块，然后逐步向上集成和测试高层模块。在尚未完成的高层模块中，可以使用驱动程序（Driver）来模拟其功能。

③ 夹层（Sandwich）：这种方法是自顶向下和自底向上两种方法的结合。这种方法是将系统划分为上、中、下三层，同时进行自顶向下和自底向上的集成。

选择哪种集成测试方法取决于项目的具体需求和约束。但无论选择哪种方法，都要确保组件之间能够正确、有效地交互。

8.5.4 集成测试示例

集成测试主要是为了确保不同的软件组件或单元能够一起正常工作。在代码 8.4 中，我们将展示如何使用 Java 的 JUnit 框架进行集成测试。

代码 8.4 JUnit 集成测试示例

```
import static org.junit.Assert.assertEquals;
import org.junit.Before;
import org.junit.Test;

public class CalculatorTest {
    Calculator calculator;
    @Before
    public void setUp() {
        calculator = new Calculator();
    }

    @Test
    public void testAddAndMultiply() {
        int result = calculator.addAndMultiply(5, 3, 2);
        assertEquals(16, result);
    }
}
```

在代码 8.4 中，CalculatorTest 类中的 testAddAndMultiply 方法是集成测试的核心部分。它不仅测试 Calculator 类的 addAndMultiply 方法，还涉及 Calculator 类与其依赖的

Example 类之间的交互。通过这样的测试，我们可以确保这两个类在集成后可以正常工作。

8.6 系统测试与验收测试

在软件的开发过程中，经过初步的单元测试和集成测试后，我们逐渐进入一个更为全面、更为宏观的测试阶段——系统测试与验收测试。在这一阶段，我们不仅要关注代码的功能性，还要着眼于整个系统的性能、可靠性、兼容性以及用户的实际需求。在本节，我们将深入探讨系统测试和验收测试的定义、重要性、实施方式以及它们在软件生命周期中扮演的关键角色。

8.6.1 系统测试

系统测试是在软件开发的最终阶段进行的全面测试，能够确保整个系统在各种预期的环境和条件下都满足设计和需求规格。与单元测试和集成测试相比，系统测试更侧重于用户的视角，它以真实的用户场景和工作流程为基础。此外，系统测试还涉及验证非功能性需求，如性能、可靠性和安全性等。

系统测试分为功能性测试和非功能测试。

（1）功能性测试

功能性测试是系统测试的核心部分，是指对整个应用的所有功能进行测试。这种测试不仅能确保各个功能和模块单独工作，还能确保它们与其他部分协同工作，从而为用户提供一个连贯、无缝的体验。此外，功能性测试还涉及错误处理、数据完整性验证和事务处理。

（2）非功能性测试

非功能性测试关注软件系统"怎么做"而不是"做什么"，涉及软件的性能、响应时间、可用性、安全性、兼容性、伸缩性和稳定性等。例如，性能测试可能会评估系统在高负载条件下的响应时间，而安全性测试则会检查系统对各种安全威胁的防御能力。

8.6.2 性能测试

非功能测试中最重要的一类测试是性能测试。性能测试的主要目的是理解和评估软件应用程序在特定工作负载和环境下的性能。性能测试可以帮助我们识别并解决应用程序中的瓶颈问题，从而提高其性能和稳定性。

1. 性能测试的主要类型

（1）负载测试

负载测试旨在模拟用户的预期工作负载并评估应用程序应对这种工作负载的能力。负载测试不仅要检测系统在正常情况下的性能，还要检测系统能否在高负载情况下保持稳定运行。它通过模拟多个用户同时访问和使用应用来观察系统的响应时间、处理速度和资源利用率。通过这种测试，团队可以确定并解决可能的瓶颈问题、延迟问题或其他性能问题，确保应用程序在实际部署时为用户提供良好的体验。

（2）压力测试

压力测试旨在模拟极端条件下应用程序的行为，以确定其性能的极限和崩溃点。不同于负载测试，压力测试专门设计用于向系统施加超出其设计参数或预期负载的压力。这可以帮助开发者识别系统在遭遇不寻常负荷或突发事件时的弱点、限制或潜在的风险。例如，压力测试可能涉及同时生成数以万计的用户请求，或对系统进行持续高强度的操作。这样的测试可以揭示应用程序的内存泄露、死锁、超时和其他相关的性能问题。总之，压力测试要确保系统处于极限状态时，依然能够正常运行或至少能够优雅地失败，而不会造成灾难性后果。

（3）耐久测试

耐久测试也被称为长时间运行测试，这种测试专注于评估应用程序在持续的正常工作负载下的稳定性和可靠性。它的目的是识别和修复可能在长时间运行中出现的性能降级、内存泄露、资源泄露或其他稳定性问题。耐久测试通常运行几小时、几天甚至更长的时间，以模拟真实世界中的持续使用场景。这种测试对于确保系统长时间稳定运行，特别是那些需要 7×24 小时无间断运行的系统（如在线银行系统、生产线控制系统等）至关重要。通过持续地对系统施加负载，并在此期间监视其性能、资源使用情况和其他关键指标，开发和测试团队可以识别那些仅在长时间运行后才会出现的问题。

（4）容量测试

容量测试的核心目标是了解系统在不同级别的负载下的性能表现，并确定其最大处理能力或吞吐量。这种测试能够帮助组织识别系统的瓶颈，预测何时需要扩展资源，并为未来的扩展或升级提供数据支持。当系统的用户数量、数据量或事务量增加时，容量测试可以揭示性能下降的趋势或系统的最大承载点。例如，容量测试可能会模拟几百到几万个用户并发访问一个在线平台，从而揭示系统在何时开始表现出延迟或失败的迹象。此外，通过容量测试，团队还可以有效地计划硬件和软件资源的投资，确保在用户数量或数据量增加时，系统能够持续、稳定地保持所需的性能。在容量测试的过程中，关键指标（如响应时间、吞吐量和资源利用率等）都会被仔细监控和分析，监控和分析的结果能为是否进行程序的扩容改造提供决策依据。

2. 性能测试的主要指标

（1）响应时间

响应时间指系统从接收请求到产生响应所需要的时间。响应时间是影响用户体验的关键因素，因为它直接影响到用户对系统性能的感知。一个高效的系统应该有稳定且可预测的响应时间，尤其是在高负载情况下。

（2）吞吐量

吞吐量衡量的是系统在单位时间内能够处理的事务或请求的数量。它通常用于评估系统的规模和能力。吞吐量高意味着系统能够在短时间内处理大量请求，这对于交易量较大的应用程序（如电子商务网站或股票交易平台）至关重要。

（3）资源利用率

资源利用率揭示了系统的硬件资源（如 CPU、内存、磁盘和网络）的使用情况。一个优化良好的系统会有效地利用其资源，避免过度消耗或浪费。监控这些资源的利用率可以帮助团队识别性能瓶颈，如 CPU 的过度使用或内存泄露。此外，了解资源利用率也有助于团队正确地规划和配置硬件资源，以满足系统的性能需求。

（4）并发用户数

并发用户数衡量的是系统同时服务的用户数量。性能测试通常会模拟不同数量的并发用户，以了解系统在不同并发级别下的性能表现。

（5）错误率

错误率代表在请求过程中发生错误或失败的请求所占的比例。错误率低意味着系统在大多数情况下都能正常工作，而错误率高则表示系统可能存在性能瓶颈。

总体来说，上述指标全面描述了系统的性能，不仅能够帮助团队评估系统的稳定性、可靠性和效率，还能够帮助团队确定需要进行优化的区域。

在进行性能测试时，我们应选择适当的性能测试工具，并应在真实或尽可能接近真实的环境中执行测试。我们应记录和分析性能测试的结果，以便理解系统的性能瓶颈和限制。

3. 性能测试的工具

（1）JMeter

JMeter 是一个由 Apache Software Foundation 维护的开源性能测试工具。JMeter 不仅可以用于 Web 应用程序的性能测试，还支持各种服务和协议，如 FTP、数据库和 Web 服务。其友好的 GUI 使得创建和执行测试计划变得简单，另外，它还提供了丰富的插件生态系统，以扩展其功能。

（2）LoadRunner

LoadRunner 是一个由 Micro Focus 公司开发的商业版性能测试工具。它提供了一系列的功能模块，包括虚拟用户生成器、控制器和分析器，以帮助团队模拟复杂的真实场景、管理测试和分析结果。LoadRunner 可以模拟大量并发用户的行为，并可以提供性能指标和诊断功能，从而帮助团队找到系统的瓶颈。

（3）Gatling

Gatling 是一个为处理高负载应用程序而设计的开源性能测试工具。与其他工具不同，Gatling 是使用 Scala 编程语言开发的，为测试脚本提供了领域特定语言（Domain Specific Language，DSL）。这使得编写测试计划既简单又高效。Gatling 提供了详细的性能报告，团队可以借此快速识别问题所在。

（4）WebLOAD

WebLOAD 是一个商业版性能和负载测试工具，特别适用于 Web 和移动应用程序。它提供了可视化脚本编辑器和丰富的分析功能，可以帮助团队模拟各种复杂场景并识别性能问题。

（5）Locust

Locust 是一个轻量级的、开源的性能测试工具，是使用 Python 语言开发的。它允许用户使用简单的 Python 代码定义用户行为，从而模拟真实的用户交互。由于 Locust 具有分布式架构，所以它可以模拟数十万并发用户的行为。

选择性能测试工具时，团队需要根据其特定需求、预算和技能集进行综合评估。不同的工具具有不同的特点和优势，因此选择合适的工具对于进行有效的性能测试至关重要。

性能测试不仅可以提升应用程序的性能和用户体验，还可以预防和减少系统故障和中断，从而提高系统的稳定性和可用性。

8.6.3　验收测试

验收测试是软件开发生命周期中的一个关键阶段，通常在系统测试之后进行，其核心目的是确保软件产品满足预期的业务需求和标准。这种测试通常由客户、最终用户或专门的验收测试团队执行。不同于其他类型的测试，验收测试不仅要找出缺陷，更要确保软件解决方案满足特定的商业需求和用户期望。

（1）用户验收测试

用户验收测试（User Acceptance Testing，UAT）是最终用户对即将部署的软件应用进行验证的过程。它能确保软件解决方案满足用户的实际业务需求并提供预期的价值。UAT的重点在于从用户的视角出发，测试场景和用例通常以真实的业务流程为基础。这种测试方式可以确保系统在技术指标上全部达标，也可以确保系统在用户业务上具有实际可行性。

（2）操作验收测试

操作验收测试（Operational Acceptance Testing，OAT）关注系统的部署和操作，包括但不限于评估系统的性能表现、运行的可靠性、数据的恢复效率、日常的可维护性以及面临灾难时的恢复能力。OAT能够确保系统在生产环境中稳定运行，与其他系统和平台无缝集成，同时满足预定的性能标准。此外，操作验收测试还可能涉及与IT运营和支持团队的协作事宜，以确保这些团队能够在系统上线后有效地进行维护和支持工作，保障应用的稳定运行。

总之，验收测试旨在确保软件解决方案从业务和操作的角度都是完备和可行的。通过这一阶段的测试，各方可以确信软件已经准备好投入生产，并能达到预期的商业和技术标准。

8.7　测试的发展

如今，软件已经渗透到日常生活的各个方面，从基本的应用程序到复杂的系统工程。随着软件变得越来越复杂，其质量和性能也变得越来越重要，为满足相关需求，人们发明了许多新的测试工具（如测试管理工具）与方法（如自动化测试、持续测试等），本节我们将对其进行简要介绍。

8.7.1　自动化测试

随着软件开发行业的不断发展，自动化测试已经成为确保高质量软件交付的重要手段。自动化测试是一个使用软件来控制测试执行和比较测试结果的过程。它的目的是减少对人工测试的依赖，使测试更加准确和高效。自动化测试不仅可以缩短软件的交付周期，还能确保软件的质量和可靠性。以下是自动化测试的主要优点。

（1）高效性

与传统的手工测试相比，自动化测试可以极大地提高测试的速度和效率。一旦测试脚本编写完成，自动化测试工具就可以在短时间内执行大量的测试，无须人工干预。这不仅节省了时间，还节省了手工测试所需的资源，从而使软件开发团队可以更快地响应和修复潜在的问题。

（2）准确性

人们在执行重复性和烦琐的任务时容易出错。自动化测试通过消除人为干预，确保了每次测试的一致性和准确性。它可以准确地捕获和记录每一次测试的结果，使得开发团队更容易分析和解决问题。

（3）可重复性

软件产品在其生命周期中可能会经历多次更新和迭代。自动化测试为开发团队提供了一个工具，这个工具能使他们轻松地重复之前的测试，确保软件的每一个版本都达到了相同的质量标准。此外，随着软件的更新，我们也可以轻松地对测试脚本进行修改和扩展，使其始终与软件的最新版本保持同步。这为持续集成和持续交付流程提供了强大的支持，确保了软件的质量和稳定性。

总而言之，自动化测试是一种高效、准确和可重复的方法，能够帮助软件团队在更短的时间内交付质量更高的产品。

虽然自动化测试有许多优点，但它并不适用于所有的测试场景。选择正确的应用场景对于确保自动化测试成功至关重要。以下是自动化测试的一些典型应用场景。

（1）需要频繁执行的测试

对于经常需要执行的测试（如回归测试），每次软件发生变化时都需要重新验证之前的功能是否仍然正常工作。在这种情况下，自动化测试可以大大提高效率，确保每次变更都经过了完整的验证，同时减轻测试人员重复执行相同测试的疲劳和减小出错的可能性。

（2）易于编程的测试

有些测试的步骤和逻辑相对简单和明确，容易转化为自动化脚本，如 API 测试或某些功能性测试。对于这类测试，自动化不仅可以提高效率，还可以确保测试的一致性。

（3）需要大量数据的测试

在某些场景下，软件需要处理大量的数据，如负载测试或性能测试。自动化测试可以实现快速生成、管理和输入这些数据，确保软件在各种数据情境下的稳定性和性能。

然而，自动化测试也有其局限性。例如，对于新功能的探索性测试或非常依赖主观判断的用户体验测试，手工测试可能更为合适。此外，自动化测试的初期投入成本较高，需要编写和维护测试脚本。如果软件的变化非常频繁，测试脚本可能需要经常更新，这也可能增加成本。因此，在决定是否进行自动化测试时，团队需要权衡各种因素，确保自动化能够带来真正的价值。

在执行自动化测试时，我们需要考虑一些重要因素，如测试工具的选择、测试环境的设置、测试数据的管理以及测试结果的分析和报告。自动化测试是现代软件开发的重要组成部分，为了满足这一需求，许多专门的测试工具应运而生。这些工具涵盖了从前端到后端，从单元测试到集成测试的各种测试需求，并且各自有各自的功能和特点。

（1）Selenium

Selenium 是一个强大而灵活的工具，专门用于自动化网页应用程序的测试。它支持多种浏览器，包括 Chrome、Firefox 和 Safari，并允许测试者使用多种编程语言（如 Java、C# 和 Python）编写测试脚本。Selenium WebDriver 提供了一种模拟用户与浏览器交互的方式，这使其成为 Web 应用自动化测试的首选工具。

（2）JUnit

JUnit 是 Java 开发者们广泛使用的单元测试框架。它是一种简单、轻量级的工具，能与主流的构建和持续集成工具良好集成。通过使用 JUnit，开发者可以确保代码逻辑正常工作，并可以轻松地识别和修复任何潜在的问题。

（3）TestNG

TestNG 是一个测试框架，其设计和功能汲取了 JUnit 和 NUnit 的优点，为 Java 程序提供了高级的测试功能。除了基本的测试功能之外，它还提供了并行执行测试、参数化测试和数据驱动测试等高级功能。

（4）Mockito

Mockito 是与 JUnit 结合使用的一个流行的 Java 单元测试框架，专门用于模拟对象。开发者可以使用 Mockito 创建和配置模拟对象，以模拟真实世界的场景，这使得单元测试更为灵活和高效。

（5）Cucumber

Cucumber 是一个支持行为驱动开发（Behavior-Driven Development，BDD）的测试框架。它的独特之处在于允许测试者使用近似于自然语言的语法编写测试用例，这使得非技术人员也能容易地理解和参与测试过程。Cucumber 支持多种语言，并能与其他测试工具（如 Selenium）良好集成。

（6）Postman

Postman 是一个非常受欢迎的 API 测试工具。它拥有用户友好的界面，使得创建、发送 HTTP 请求变得更加轻松。此外，Postman 还提供了测试脚本功能，允许用户验证 API 响应，以确保这些响应符合预期的标准或要求。

上述工具只是众多自动化测试工具中的一部分，选择哪种工具取决于项目的需求、团队的经验和技术栈。未来，随着人工智能和机器学习的发展，自动化测试可能会变得更加智能和精准。例如，智能测试代理也许能够自动识别和学习应用程序的行为，生成和执行测试用例。这将使自动化测试能够更好地适应不断变化的软件开发需求和趋势。

8.7.2　测试管理

测试管理是软件测试过程中的关键活动之一，它涵盖了从测试计划、测试例设计，到测试执行和测试结果分析的所有阶段。测试管理的目标是确保测试活动的有效性和效率，从而提高软件的质量。

（1）测试计划

测试计划是测试管理过程的基石，为整个测试过程提供了明确的方向和框架。一个全面的测试计划不仅应定义测试的目标和范围，还应描述具体的测试策略、资源分配分案、风险评估体系以及风险缓解措施。此外，它还应该详细列出测试活动的时间表、各个阶段的交付物、责任分配清单以及沟通和报告的机制。一个全面的测试计划可以确保团队中的成员明确各自的职责，同时保证测试活动的连贯性和有效性。

（2）测试例设计

测试例设计是确保测试过程有效性的核心。为了确保测试活动全面覆盖所有的需求和功能，测试例需要根据需求规格书、功能描述以及其他相关文档来设计。好的测试例设计不仅要考虑正常情况下的功能验证，还要对异常和边界情况进行考虑。此外，测试例还应该考虑到各种数据组合和场景，以确保潜在的错误和问题都能被检测出来。

（3）测试执行

测试执行是实际开展测试工作的阶段。在这个阶段，测试团队将按照测试计划和测试例来执行测试，同时确保测试环境的稳定性和可靠性。测试执行时，团队应详细记录每一个测试步骤的结果，包括成功的测试、失败的测试以及出现的任何异常。当遇到错误或问题时，应及时对结果进行记录和分类（如根据问题的严重程度、紧急程度等），以便开发团队迅速定位和修复。

（4）测试结果分析

测试结束后，测试团队需要对测试结果进行深入分析。这包括测试覆盖率的评估、错误的分类和统计以及测试总体效果的评估。通过对测试结果进行详细分析，团队可以准确评估软件的质量水平、明确识别存在的风险点以及判断软件是否满足预定的发布要求。如果测试结果不理想，团队可能需要重新评估测试计划、优化测试策略或增加额外的测试。另外，测试结果还会为未来的项目提供宝贵的经验和教训。

整体而言，在测试管理过程中，团队之间要紧密合作和保持良好的沟通，以确保软件产品达到预期的质量标准。

在测试管理过程中，我们需要使用一些工具来开展工作。以下是一些常用的测试管理工具。

（1）TestRail

TestRail 是一个受欢迎的测试管理工具，它支持团队在一个集中的地方管理测试计划和测试例。除了基本的测试管理功能外，TestRail 还提供了与其他工具（如 Jira、GitLab 和 Selenium 等）进行集成的功能，这使得自动化测试和缺陷管理更为轻松。通过 TestRail，团队可以轻松跟踪测试进度、生成详细的测试报告，并进行持续的改进。

（2）Jira

Jira 不仅是一个功能强大的项目管理工具，还可以通过插件扩展成为一个完整的测试管理工具。与 TestRail、Zephyr 等工具集成后，Jira 可以帮助团队管理测试计划、测试例和缺陷跟踪。Jira 灵活的工作流程设计和丰富的报告功能使得其受到了软件测试和开发团队的青睐。

（3）Quality Center

Quality Center 是一个成熟的商业测试管理工具，它覆盖了从需求收集到测试执行和缺陷跟踪的整个测试生命周期。Quality Center 支持与多种工具的集成，提供了丰富的可视化报告功能，并支持大型团队的并发操作。此外，其强大的自定义和扩展性是团队选择它的重要原因。

（4）Zephyr

Zephyr 是为 Jira 设计的测试管理工具，它与 Jira 无缝集成，可以使得测试和开发团队在一个平台上协作。Zephyr 不仅提供了详细的测试计划、测试执行和测试报告功能，还支持自动化测试。Zephyr 直观的用户界面和丰富的功能使得其在 Jira 用户中越来越受欢迎。

以上工具都为测试团队提供了强大的支持，能够帮助他们高效地进行测试管理和协作。选择哪种工具取决于团队的具体需求、预算和现有的技术栈。

有效的测试管理可以帮助我们更好地组织和执行测试活动，从而提高软件的质量和可靠性。

8.7.3　持续测试

持续测试（Continuous Testing，CT）是现代软件开发流程中的核心环节，特别是在敏捷开发和 DevOps 文化中。当团队积极采用持续集成和持续交付的方法时，持续测试能够确保软件在每次更改后都能保持质量和稳定性。这种方法不仅显著减少了在项目末期或"最后一刻"才发现的缺陷和问题，从而降低了紧急修复和延期交付的风险，还通过持续的质量验证，使团队对软件质量和稳定性有了持续的信心。

以下是持续测试的一些核心优势。

（1）降低风险

软件开发往往伴随着频繁的代码更改。每次更改都可能带来潜在的风险。持续测试可以实时地对代码进行验证，确保新的更改没有引入缺陷或破坏现有功能。这样，团队可以在代码被部署到生产环境之前发现并解决大多数问题，从而大大降低出现严重故障的风险。

（2）快速反馈

在传统的开发流程中，测试往往是开发周期的最后阶段，这可能会导致问题发现得太晚，修复成本增加。持续测试通过自动化测试为开发者提供了即时的反馈，使他们能够在问题还小的时候及时地解决，从而加速开发速度并提高代码的健壮性。

（3）提高质量

持续测试不仅关注故障的早期发现和修复，还关注故障的预防。通过利用自动化测试覆盖多个层面，如单元测试、集成测试和端到端测试，团队可以确保代码的每个部分都达到预期的标准。这样，最终交付给用户的产品的质量会更高，用户满意度也就越高。

综上所述，持续测试是现代软件开发流程中不可或缺的一部分，它为团队提供了一个有效的机制来维护和提高软件的质量。

持续测试通常依赖于自动化测试工具（如 Selenium、JUnit、TestNG 等）。

总体来说，持续集成和持续测试是实现快速、高质量软件交付的重要手段。它们可以帮助开发团队及早地发现问题、快速地获得反馈以及有效地提高软件的质量。

8.8　案例：电信客服机器人的测试方案

本节描述了针对"电信客服机器人"系统的一个测试方案示例，旨在通过一系列设计良好的测试流程，确保系统的功能和性能符合业务需求和用户期望。测试方案包括功能测试和性能测试两大部分，覆盖了客服脚本解析器、解释器以及系统的核心性能指标。

1. 功能测试

脚本解析测试：验证解析器能否正确解析客服逻辑脚本，包括识别所有命令、参数和流程控制结构。

代码 8.5 定义了一个用于测试脚本解析器功能的测试类 TestScriptParser，它继承自 unittest.TestCase，这是使用 Python 标准库 unittest 进行单元测试的常用方式。测试类主要包含两部分：setUp 方法和 test_parse_script 测试方法。

代码 8.5　脚本解析测试

```python
import unittest

class TestScriptParser(unittest.TestCase):
    def setUp(self):
        self.parser = ScriptParser()

    def test_parse_script(self):
        script = """
Step welcome
  Speak "欢迎您！"
  Listen 5, 20
  Branch "complaint" complainProc
  Silence silenceProc
  Default defaultProc
"""
        expected = {
            'welcome': {
                'actions': [
                    {'command': 'Speak', 'args': '"欢迎您！"'},
                    {'command': 'Listen', 'args': '5, 20'},
                    {'command': 'Branch', 'args': '"complaint"
                        complainProc'},
                    {'command': 'Silence', 'args': 'silenceProc'
                        },
                    {'command': 'Default', 'args': 'defaultProc'
                        },
                ]
            }
        }

        parsed_script = self.parser.parse(script)
        self.assertEqual(parsed_script, expected)
```

setUp 方法是一个特殊的方法，它在每个测试方法执行前被调用。这里，它用于创建一个 ScriptParser 实例，并将这个实例保存在测试类的 self.parser 属性中。这样，每个测试方法都可以直接使用这个解析器实例进行测试，以确保每次测试都在一个干净的环境下开始。

test_parse_script 方法是实际的测试用例，用于验证解析器是否能正确解析一个客服逻辑脚本。在这个测试用例中，首先，定义了一个多行字符串 script，其中包含了模拟的客服逻辑脚本。其次，定义了一个 expected 字典，用以表示解析器处理 script 后所期望的输出结果。再次，通过 self.parser.parse(script) 调用了解析器的 parse 方法来对 script 字符串进行解析，并将解析结果存储在 parsed_script 变量中。最后，利用 self.assertEqual(parsed_script, expected) 断言方法对实际的解析结果与预期结果进行比较。若两者相符，则测试成功；若存在差异，则测试失败，此时 unittest 会触发异常并提示测试未通过。

脚本执行测试：验证解释器是否能按照语法树执行脚本，包括发言、监听、分支处理和执行控制。

代码 8.6 定义了一个测试类 TestInterpreter，该测试类中定义了一个测试方法 test_exec，该测试方法用于验证解释器是否能按照提供的脚本执行并生成预期的输出。在这个

代码 8.6　脚本执行测试

```
1   import unittest
2
3   class TestInterpreter(unittest.TestCase):
4       def test_exec(self):
5           script = {
6               'welcome': {
7                   'actions': [
8                       {'command': 'Speak', 'args': '欢迎您！'},
9                       {'command': 'Listen', 'args': '5, 20'}
10                  ]
11              }
12          }
13
14          expected_output = [
15              'Speak: 欢迎您！',
16              'Listen: yes'
17          ]
18
19          interpreter = Interpreter(script)
20          interpreter.execute()
21          output = interpreter.get_output()
22
23          self.assertEqual(output, expected_output)
```

测试方法中，首先，定义一个变量 script，它是一个字典，用于模拟解释器执行的脚本。这个脚本包含一个名为"welcome"的步骤，这个步骤包含两个动作：一是使用 Speak 命令发出欢迎语；二是使用 Listen 命令进行监听。其次，定义 expected_output，它是一个列表，包含 script 执行后我们预期会得到的输出结果。在这个例子中，预期的输出是解释器发出欢迎语和对 Listen 命令的模拟响应 yes。再次，创建一个 Interpreter 实例，并将模拟脚本 script 传递给它。通过调用解释器的 execute 方法执行脚本，使用 get_output 方法获取实际的输出。最后，使用 self.assertEqual 方法比较实际输出和预期输出。若两者相等，则测试通过；否则，测试失败，self.assertEqual 会提示输出不符合预期。

错误处理测试：验证系统在脚本错误或执行异常时的行为，包括错误提示和异常处理机制。

代码 8.7 定义了一个名为"TestErrorHandling"的测试类，该类继承自 unittest.TestCase，提供了进行单元测试的基本结构。在这个测试类中，我们定义了三个测试方法来验证不同的错误处理场景。

test_script_parsing_error 方法用于测试脚本解析错误的情况。这里，通过将一个含有无效语法的脚本字符串"Invalid syntax"传到 ScriptParser 的 parse 方法，我们期望引发一个 SyntaxError 异常。测试使用"with self.assertRaises(SyntaxError)："语句来断言解析无效脚本时是否正确地抛出了 SyntaxError 异常，以便验证解析器是否能够对语法错误进行正确处理。

test_execution_with_unknown_command 方法用于测试包含未知命令的脚本的执行行为。在此测试中，我们构建了一个包含未知命令"UnknownCommand"的脚本字典，并将其传递给 Interpreter 的 execute 方法。我们期望在这种情况下能够抛出一个 ValueError 异常。为了验证这一点，我们使用"with self.assertRaises(ValueError)："语句来断言，在执行包含未知命令的脚本时，系统是否正确地抛出了 ValueError 异常。

test_exception_handling_during_execution 方法用于测试执行过程中的异常处理机制。这个测试通过传递一个包含缺失参数的 Branch 命令的脚本来模拟执行异常的情况。该测试使用了一个 try...except 结构来捕获执行过程中可能抛出的任何异常。在这种情况下，我们期望解释器能够将错误信息记录到一个名为"error_log"的属性中，而不是直接抛出异常。该测试脚本通过使用 self.assertIn("Error", interpreter.error_log) 来检查 error_log 中是否包含错误信息。若出现未预期的异常，则使用 self.fail(f"未知异常:{e}") 来报告测试失败。

2. 性能测试

针对电信机器人客服系统，我们主要关心用户请求的响应时间和支持的并发用户数。以下是设计性能测试方案的步骤。

（1）定义测试标准

① 响应时间测试：所有用户请求的平均响应时间都不应超过 2 s。

② 并发用户数测试：假定系统预期的最大用户数为 24 000，估计的并发用户数为 1 000，因此需要同时模拟 1 000 个用户进行操作。

代码 8.7　错误处理测试

```python
import unittest

class TestErrorHandling(unittest.TestCase):
    def test_script_parsing_error(self):
        script = "Invalid syntax"
        with self.assertRaises(SyntaxError):
            parser = ScriptParser()
            parser.parse(script)

    def test_execution_with_unknown_command(self):
        script = {
            'welcome': {
                'actions': [
                    {'command': 'UnknownCommand', 'args': 'Test'}
                ]
            }
        }
        with self.assertRaises(ValueError):
            interpreter = Interpreter(script)
            interpreter.execute()

    def test_exception_handling_during_execution(self):
        script = {
            'welcome': {
                'actions': [
                    {'command': 'Branch', 'args': 'missing
                        nextStep'}
                ]
            }
        }
        try:
            interpreter = Interpreter(script)
            interpreter.execute()
            self.assertIn("Error", interpreter.error_log)
        except Exception as e:
            self.fail(f"未知异常: {e}")
```

（2）准备测试工具

选择合适的性能测试工具（如 JMeter）模拟多个用户同时发送请求，并收集响应时间和系统资源使用情况的相关数据。

（3）设计测试场景

设计覆盖各种用户操作的测试场景，包括账单查询、投诉处理、信息修改等，确保测试场景的全面性。高并发测试场景应模拟高并发条件下的用户行为，触发系统的并发处理机制。

（4）执行测试并收集数据

① 响应时间测试：执行定义好的测试场景，收集各项操作的响应时间数据。

② 高并发测试：执行高并发测试场景，同时监控系统资源的使用情况，包括 CPU 使用率、内存使用量、网络带宽等。

（5）分析结果并优化

对测试结果进行分析，如果响应时间超过预期标准或系统在高并发条件下表现不佳，那么需要进行性能优化。这可能包括优化代码、增加服务器资源、优化数据库查询、改进负载均衡策略等。

（6）反复进行测试和优化

由于性能优化是一个持续的过程，因此需要反复进行测试和优化，直到系统性能达到预期标准为止。

图 8.1 是一个创建测试计划（Test Plan）的 JMeter 界面。使用 JMeter 创建测试计划的步骤如下。

（1）打开 JMeter

启动 JMeter 图形界面，这是创建所有测试计划的第一步。

（2）添加测试计划

在 JMeter 中，新建一个测试计划。测试计划是 JMeter 测试的根容器，所有的测试元素都包含在内，如图 8.1 所示。

（3）添加线程组

在测试计划下添加一个线程组（Thread Group）。线程组是模拟一组用户执行一系列操作的容器，它决定了并发用户数、循环次数等参数，是控制负载测试的关键部分。

（4）添加 HTTP 请求

在线程组内添加一个 HTTP 请求（HTTP Request）。这个请求配置了向目标服务器发送请求的详细信息，包括服务器的地址、端口号以及具体的请求路径。通过正确配置这些信息，可以确保测试针对正确的目标执行。

（5）添加监听器

为了收集和查看响应时间，需要在测试计划中添加一个监听器（Listener）。监听器用于收集测试过程中产生的数据，并将收集的数据以各种形式展示出来。常用的监听器有汇总报告（Aggregate Report）和查看结果树（View Results Tree）。

（6）执行测试

完成测试计划的配置后，保存测试计划并执行测试。JMeter 会根据配置执行测试计划，并通过监听器收集数据。

（7）查看结果

测试完成后，可以通过之前添加的监听器查看响应时间和其他相关指标。这些指标对于评估目标系统的性能和稳定性至关重要。

图 8.1　使用 JMeter 创建测试计划

通过上述性能测试方案，我们可以评估电信客服机器人软件系统的响应时间和在高并发条件下的性能表现，进而评估该系统是否能在实际运行中提供稳定、高效的服务。

本 章 小 结

本章探讨了软件测试的多个重要领域。首先，我们强调了测试在软件研发过程中的重要性，它是确保软件质量的关键环节。通过早期引入测试，我们可以及时发现并修复问题，从而提高软件的质量和可靠性。其次，我们详细阐述了测试的基本概念，并介绍了从单元测试到系统测试的完整流程，以确保软件的每个部分以及整个系统能够稳定运行。此外，我们还探讨了性能测试的重要性，以及如何通过性能测试来验证软件在各种负载条件下的表现。最后，我们介绍了测试领域的发展情况，包括自动化测试、测试管理、持续测试等。本章为读者提供了软件测试的全面视角，能够帮助读者理解测试在软件开发中的关键作用，也能帮助读者掌握软件测试的基本方法和了解相关的测试工具。

扩 展 阅 读

本章我们介绍了各种软件测试的类型和策略。如果你想深入了解这个主题，可以阅读以下资料。

• 《软件测试基础》（第 2 版），[美] Paul Ammann 等著，李楠译，机械工业出版社，2018 年 11 月：这本书是关于软件测试的经典教材，介绍了测试的基本原理、技术和最佳实践。

• 《软件测试》（第 2 版），[美] Ron Patton 著，张小松等译，机械工业出版社，2006 年 4 月：该书详细介绍了软件测试的各个方面，包括测试的基础知识、测试技术、测试用例设计等。

• 《持续交付：发布可靠软件的系统方法》，[英] Jez Humble 等著，乔梁译，人民邮电出版社，2023 年 12 月：这是一本关于持续集成和持续交付的经典读物，详细介绍了如何实施持续集成和持续交付，以及如何使用这些实践来提高软件的质量和交付速度。

• 《Google 软件测试之道》，[美] James Whittaker 等著，黄利等译，人民邮电出版社，2024 年 5 月：这本书分享了 Google 进行软件测试的方法和经验，描述了测试解决方案，介绍了软件测试工程师的角色，讲解了技术测试人员应该具有的技能，阐述了测试工程师在产品生命周期中的职责。

• *Agile Testing*，Lisa Crispin 等著，Addison-Wesley Professional，2009 年 1 月：这本书是敏捷测试方面的重要读物，讨论了如何在敏捷开发环境中有效地进行测试，以及如何将测试活动与开发活动紧密结合起来。

习　题　8

1. 解释单元测试的目的和重要性。
2. 列出并简单描述三种集成测试的策略。
3. 请解释单元测试、集成测试和验收测试。
4. 什么是系统测试？它在软件研发过程中的作用是什么？请提供一个示例。
5. 解释验收测试的目标，并举例说明。
6. 什么情况下需要进行自动化测试？请给出理由。
7. 对于性能测试，列举并解释三个主要的性能指标。
8. 何时应进行负载测试？何时应进行压力测试？
9. 解释测试管理的主要步骤，并为每个步骤提供一个示例。
10. 列举并简要描述三种测试管理工具。
11. 什么是持续测试？它是如何保证代码质量的？
12. 对于一个复杂的 Web 应用，如何设计一个有效的测试策略？
13. 如果一个项目的预算有限，我们应该如何平衡各种类型的测试？
14. 在敏捷开发过程中，如何将测试活动与开发活动有效地结合起来？
15. 如何在持续集成环境中使用自动化测试工具来提高测试的效率和准确性？

第 9 章　部署与维护

　　软件开发的最后两个阶段是部署和维护，这两个阶段对于软件的成功和用户满意度的提高至关重要。在部署阶段，我们将软件交付给最终用户。而在维护阶段，我们则负责对软件进行更新和改进，以满足用户的需求和解决软件的问题。

　　在本章，我们将详细介绍部署和维护的相关内容，包括部署的策略和方法以及维护的重要性和方法。

9.1　部署简介

　　在软件开发生命周期中，部署是一个至关重要的阶段。部署，简而言之，就是将开发完成的软件交付给最终用户使用的过程。部署阶段确保了软件从开发环境顺利地迁移到生产环境，也就是最终用户使用软件的环境。

　　部署包括多个步骤。首先，在目标系统或平台上安装和配置软件。这可能包括操作系统配置、数据库配置、网络配置以及对其他相关软件和库的依赖的配置。其次，加载和升级数据库、迁移数据、安装安全证书等。再次，对软件进行一系列的测试，以确保其在新环境中正常工作，没有明显的性能问题或安全问题。最后，必须准备好用户文档和培训资料，以便用户可以正确地使用软件。

　　虽然部署看起来像一个简单的过程，但实际上它是一个需要精心规划和协调的过程。部署的成功不仅取决于软件的质量，也取决于部署过程的管理。错误的部署会导致软件在生产环境中出现各种问题，包括功能故障、性能下降、数据丢失，甚至导致整个系统停机。因此，若想完成有效的软件部署需要考虑很多因素，包括部署策略的选择、部署过程的管理、部署工具的使用等。下面我们将深入探讨这些内容。

9.2　部署策略

　　部署策略描述了如何将软件从开发环境迁移到生产环境。它涉及在什么时候、如何以及在哪里安装软件。应用程序的需求和环境不同，选择的部署策略也可能不同。以下是一些常见的部署策略。

9.2.1　一次性部署

一次性部署是一种软件部署策略，即同时在所有目标服务器或设备上用新版本替换旧版本。这种策略与传统的部署策略相似，都是一次性部署所有更新，并立即在生产环境中启用。

以下是一次性部署策略的优点。

① 因为所有服务器或设备同时更新，所以部署速度较快。

② 不需要复杂的部署策略或工具，只需要确保所有服务器或设备都可以在指定的时间内访问新版本。

③ 所有用户都会在同一时间看到和使用新版本，确保了用户体验的一致性。

以下是一次性部署策略的缺点。

① 如果新版本存在问题或缺陷，那么不仅会影响所有的用户，还可能导致大面积的服务中断或数据丢失。

② 为了部署新版本，通常需要停止现有的服务，这可能导致业务中断或用户体验下降。

③ 如果发现新版本有严重问题，回滚到旧版本可能会相对复杂和耗时。

综上所述，一次性部署策略在某些情境下可能是合适的，如在低风险、低流量的环境中。但对于可用性较高和规模较大的应用或系统，这种策略可能不是最佳选择，因为它可能导致更高的风险和更大面积的服务中断。在选择部署策略时，团队应该根据具体需求和能够容忍的风险等级进行权衡。

9.2.2　滚动部署

滚动部署也称为逐步部署或渐进式部署，是一种在不中断服务的情况下部署新版本软件的策略。在这种策略下，我们是用新版本逐渐替代旧版本，而不是将新版本一次性部署到所有的服务器。这通常是通过按照服务器群组、地理位置或其他特定的分割方法，逐个或按一定比例部署新版本来实现的。

以下是滚动部署策略的优点。

① 由于每次只部署一小部分，如果新版本有问题，只有一部分用户或服务器会受到影响，不会导致整体服务崩溃。

② 因为是逐步部署，现有的服务可以持续运行，所以不会出现全面停机的情况。

③ 可以根据需要调整部署的速度和范围，例如，可以先在一部分服务器上进行测试，确认无误后再扩大部署范围。

④ 如果发现新版本存在问题，可以迅速停止部署并回滚到旧版本。

以下是滚动部署策略的缺点。

① 由于是逐步部署，因此可能需要较长时间才能完成全部服务器的更新。

② 需要细致地规划部署过程，以确保部署平稳进行。

③ 在部署过程中，不同的用户可能看到的是不同版本的软件，这可能导致用户体验不一致或其他相关问题。

总体来说，滚动部署是一种平衡风险和速度的策略，特别适用于大型的、可用性较高的系统或应用。有效的滚动部署不仅可以有效地降低风险，还可以确保服务的连续性。然而，为了成功实施滚动部署，团队可能需要投入更多的时间和资源进行计划和管理。

9.2.3　蓝绿部署

蓝绿部署又称为双生产部署，是一种持续交付和持续部署中的部署策略，它的目的是实现零停机时间部署。这种策略通过维护两个并行的生产环境（通常称为"蓝色"环境和"绿色"环境）来达到快速、安全地部署新版本应用的目的。

以下是蓝绿部署策略的操作流程。

① 在"蓝色"环境中运行当前版本的应用程序，而"绿色"环境则处于备用状态。

② 当有新版本需要部署时，先在"绿色"环境中部署和测试这个新版本。

③ 一旦新版本在"绿色"环境中的测试成功，并已完成对其稳定性和功能完整性的验证，便可以将生产流量从"蓝色"环境切换到"绿色"环境，这样用户就能访问新版本的应用了。

④ 如果新版本在"绿色"环境中出现问题，需要迅速将流量切换到"蓝色"环境，以确保用户能够继续使用旧版本的应用，直到问题被解决为止。

蓝绿部署策略的优点如下。

① 因为流量可以迅速从一个环境切换到另一个环境，所以用户几乎不会感知到部署过程，实现了零停机时间部署。

② 如果新版本存在问题，可以迅速将流量切换到旧版本，确保了服务的连续性和稳定性。

③ 在新版本正式接收流量之前，我们会在隔离的环境中对其进行充分的测试，这大大降低了生产环境中出现问题的概率。

蓝绿部署策略的缺点如下。

① 需要维护两套完整的生产环境，这会增加基础设施和运维成本。

② 流量切换、数据同步和环境管理等操作都增加了系统的复杂性，需要专门的工具和策略来处理。

③ 在部署过程中，需要确保两个环境的数据保持同步，否则可能会导致数据不一致或丢失。

综上所述，蓝绿部署是一种强大的部署策略，尤其适用于对部署安全性和速度有严格要求的场景。然而，它也增加了系统的复杂性以及基础设施和运维成本，因此在采用这种策略之前，需要考虑具体的业务需求和资源。

9.2.4　金丝雀部署

金丝雀部署策略得名于煤矿工人使用的"金丝雀测试"方法。过去，煤矿工人会带上金丝雀进入矿井，因为金丝雀对有毒气体的味道比较敏感。如果金丝雀出现不适或死亡，煤矿工人就会知道矿井内有有毒气体，从而采取措施。同样，金丝雀部署策略也是通过先将新版本软件部署给一小部分用户，来测试新版本的效果。

以下是金丝雀部署策略的操作流程。

① 在开发完新版本后，不立刻将其部署给所有用户，而是先选择一小部分用户，通常是一定比例的用户，作为首批接收新版本的"金丝雀用户"。

② 将新版本部署给这部分用户，并收集反馈，观察新版本在真实环境下的表现。

③ 如果新版本表现良好，没有出现明显的问题，那么可以逐步扩大部署范围，直到所有用户都接收到新版本为止。

④ 如果发现新版本有问题，需及时回滚到旧版本，并在修复完问题后再次尝试金丝雀部署。

以下是金丝雀部署策略的优点。

① 可以确保在部署完成之前已经在真实环境中对新版本进行了测试，从而提前发现和解决潜在的问题。

② 因为只有一小部分用户先接收新版本，所以即使新版本有问题，也不会影响到所有用户。

③ 开发团队可以根据"金丝雀用户"的反馈对新版本进行快速迭代和优化，从而保证新版本的质量。

以下是金丝雀部署策略的缺点。

① 金丝雀部署要求制定更为精细且复杂的部署流程和监控策略，以确保新版本在各个部署阶段表现良好。

② 由于需要逐步扩大部署范围，因此可能需要较长的时间才能完成部署。

③ 在部署过程中，不同的用户可能看到的是不同版本的应用，这可能会导致用户体验不一致或其他相关问题。

总体来说，金丝雀部署能帮助开发团队及早发现和修复问题，也能确保软件的稳定性和质量。但这种策略比较复杂，且部署时间较长。因此，开发团队在选择这种部署策略之前，需要综合考虑具体的业务需求和资源。

上述部署策略各有优点和缺点，开发团队需要根据具体的需求和环境进行选择。

9.3 部 署 工 具

随着软件开发和运维实践的发展，现在有很多工具可以帮助我们实现自动化部署，包括构建、配置和安装软件等。以下是一些常见的部署工具。

9.3.1 Jenkins

Jenkins 是当今市场上非常受欢迎的开源自动化工具，专为支持持续集成/持续交付（CI/CD）而设计。它诞生于 2005 年，并在 2011 年从原始项目 Hudson 中分离出来，现在已经发展成为 CI/CD 领域的一大巨头，被众多企业使用。

以下是 Jenkins 的详细描述。

① Jenkins 是完全免费的，有一个活跃的开发者社区不断地为其贡献新的特性和插件。

② Jenkins 提供了 2 000 多个插件，支持构建、发布、部署等几乎所有类型的项目。

③ Jenkins 可以在各种操作系统和云平台上运行。

④ Jenkins 支持多种语言，无论是 Java、Python、Ruby 还是其他语言。

⑤ Jenkins 可以与大多数开发、测试和部署工具无缝集成。

以下是 Jenkins 的优点。

① 用户可以通过自定义 Jenkins 来满足具体的 CI/CD 需求。

② 由于具有丰富的插件系统，Jenkins 可以轻松地扩展其功能。

③ Jenkins 能够实现从代码提交、测试、构建到部署的全流程自动化。

以下是 Jenkins 的缺点。

① 虽然 Jenkins 提供了很多特性和插件，但是初次配置可能会比较复杂。

② 对于新手来说，需要一些时间来熟悉 Jenkins 的各种功能和最佳实践。

③ 与一些现代的 CI/CD 工具相比，Jenkins 的用户界面可能有些过时。

总之，Jenkins 作为一个开源的 CI/CD 工具，已经为许多组织提供了巨大的价值。尽管它有一些缺点，但其强大的功能和灵活性使它一直在自动化领域保持领先地位。对于希望实现自动化构建和部署的组织来说，Jenkins 是一个值得考虑的工具。

9.3.2　Ansible

Ansible 是自动化 IT 领域中的重要工具，它不仅涉及配置管理，还涉及自动化应用部署、持续交付、云资源配置和多节点编排。自 2012 年首次发布以来，Ansible 已经被大量的开发者和系统管理员使用。

以下是 Ansible 的详细描述。

① Ansible 采用简洁的 YAML 语法来清晰地描述目标系统的期望状态，而无须详细说明如何实现或达到这一状态。这种方式能让配置管理更加直观和高效。

② 与许多其他配置管理工具不同，Ansible 不需要在管理的机器上安装代理程序，仅通过安全的 SSH 连接来执行任务和传输指令。

③ Ansible 有上千个内置模块，不仅支持各种 IT 任务，还支持用户自定义模块。

④ Playbooks 是 Ansible 的核心部分，它们定义了一系列的任务，以确保服务器达到所需的配置状态。

⑤ Ansible 引入了角色的概念，作为一种有效的方式来组织和复用配置代码。此外，Ansible 还提供了一个名为"Galaxy"的公共仓库，用户可以在其中分享和获取由社区成员创建的角色，从而加快自动化流程的搭建并促进协作。

Ansible 的优点如下。

① Ansible 的学习曲线相对平缓，对于那些熟悉基本 YAML 语法的用户来说比较容易上手。

② 由于其结构简单、语法明确，因此 Ansible 的 Playbooks 和角色很容易被理解和维护。

③ Ansible 支持管理各种类型的平台，从物理服务器、虚拟机到云环境。

④ 有一个庞大、活跃的社区为 Ansible 提供大量的插件、模块和文档。

Ansible 的缺点如下。

① 对于规模非常大的环境，Ansible 可能不是最快的解决方案，尤其是与以某些代理为基础的配置管理工具相比。

② 尽管 Ansible 本身易于上手，但为大型、复杂的环境编写和维护 Playbooks 可能会比较有挑战性。

③ 虽然 Ansible 支持众多平台和系统，但某些非常特定或封闭的环境可能不受支持或需要额外的配置。

总之，Ansible 是一个强大且灵活的自动化工具，适用于各种规模的环境。尽管它有一些局限性，但其简单性和易用性使其成为自动化配置管理和部署的首选工具之一。

9.3.3　Docker

Docker 自 2013 年被首次推出以来，已经改变了软件开发和部署的方式。通过容器化技术，它提供了一个轻量级、独立的运行环境，使得应用及其运行时的环境能够作为一个整体打包和移动。这意味着，与传统的部署方式相比，基于 Docker 的部署方式显著提高了应用的可移植性和运行环境的一致性。

以下是 Docker 的详细描述。

① Docker 使用容器技术来打包应用程序及其所有依赖项，从而确保应用在任何环境下都能以一致的方式运行。

② Docker Hub 是一个公共的容器镜像市场，用户可以在这个市场中分享、存储和管理他们的 Docker 镜像。

③ 与传统的虚拟机相比，Docker 容器不需要完整的操作系统，因此占用的资源更少。

④ Docker Compose 是一个工具，用于定义和运行多容器的 Docker 应用。

⑤ Docker 可以在多种操作系统和云平台上运行，包括 Windows、Mac、Linux、AWS 和 Azure。

以下是 Docker 的优点。

① Docker 容器启动迅速，可以在几秒钟内部署应用。

② 由于 Docker 容器共享宿主机的内核，但运行在隔离的空间中，因此，它们比传统的虚拟机更为轻量级和高效。

③ Docker 能够确保应用在任何环境中都具有相同的行为和性能。

④ Docker 的轻量级特性使其成为微服务架构的理想选择。

以下是 Docker 的缺点。

① 对于新手来说，掌握 Docker 的概念和命令可能需要一些时间。

② 虽然 Docker 通过容器技术提供了应用隔离，但仍需注意，若未经适当的配置和管理，可能会存在一些潜在的安全隐患。

③ Docker 容器只是暂时存储数据，一旦它被删除，其中的数据就会丢失，这可能需要额外的工具和策略来处理。

④ 虽然 Docker 致力于确保跨平台的兼容性，使得容器化的应用能够在各种环境中无缝运行，但在某些特定情况下，尤其是涉及特定操作系统或硬件的独有特性时，用户可能会遇到一些兼容性问题或限制。

总体来说，Docker 通过其容器技术为软件开发和部署带来了许多便利，使得应用部署更为高效、简洁和一致。但与此同时，它也带来了一些新的挑战，尤其是在安全处理和数据管理方面，这需要开发者和运维人员进行适当的配置和管理。

9.3.4　Kubernetes

Kubernetes（简称 K8s）是由 Google 设计并捐赠给 Cloud Native Computing Foundation（CNCF）的开源容器编排系统。其主要目的是为容器化的应用提供自动部署、扩缩容和管理的解决方案。随着容器技术的日益普及，Kubernetes 已经成为业界首选的容器编排工具。

以下是 Kubernetes 的简要描述。

① 用户可以定义期望的状态，Kubernetes 会自动确保集群状态与该状态相匹配。

② Kubernetes 可以根据实际负载情况自动增加或减少运行的容器实例。

③ Kubernetes 提供了内置的服务发现和负载均衡功能，能够确保流量分发至正确的容器。

④ 当容器出现故障或不健康时，Kubernetes 可自动替换或重启容器，以确保应用持续可用。

⑤ Kubernetes 可以自动挂载多种类型的存储系统，包括本地存储、云提供商的存储服务等。

⑥ Kubernetes 可以管理和存储敏感信息，如密码、OAuth 令牌和 ssh 密钥。

以下是 Kubernetes 的优点。

① Kubernetes 是可扩展的，可以轻松管理从几个节点到数千个节点的集群。

② Kubernetes 可确保应用的高可用性和容错性，从而提高服务的稳定性。

③ Kubernetes 拥有庞大的社区和插件生态系统，能够为用户提供丰富的扩展和集成选项。

④ Kubernetes 可以在多种环境中运行，包括公有云、私有云和混合云。

以下是 Kubernetes 的缺点。

① Kubernetes 的学习曲线比较陡峭，对于新手来说可能会相当复杂。

② 虽然设计 Kubernetes 是为了提高资源利用率，但不可忽视其控制面的资源开销，尤其是在小规模部署时。

③ Kubernetes 社区发展迅速，版本更新较快，这可能导致一些兼容性和稳定性问题。

总之，Kubernetes 为用户提供了强大的容器管理和编排功能，特别适合于大规模和跨云的部署场景。然而，这也意味着用户需要投入时间和精力去使用它。

上述工具各有优缺点，选择哪一个工具取决于你的需求和环境。在选择部署工具时，应考虑以下因素：支持的平台和语言；易用性和灵活性；社区支持和生态系统；成熟度和稳定性；安全性和性能；等等。

9.4　维护简介

一旦软件被部署并投入使用，便会进入维护阶段。软件维护是指在软件的生命周期中，进行错误修复、性能优化、功能优化等活动。它包括对软件产品的修改和更新，旨在改进性能、适应新的用户需求，以及修复已发现的问题。

在软件维护阶段，我们通常会遇到多种不同类型的维护任务。这些任务可能涉及对软件的修复、优化、更新和改进。根据这些任务的性质和目的，我们可以将它们分为以下几种类型。

9.4.1　纠错性维护

纠错性维护也称为修复维护或错误修正，是软件维护中最常见的类型，主要关注修复软件中存在的缺陷或错误，以确保其按预期运行并满足用户的需求。这些缺陷或错误可能是在软件的开发和测试阶段未被发现的，也可能是在软件被部署并投入使用后新出现的。纠错性维护是维护过程中最为基本和紧迫的一种维护类型，因为任何未解决的错误都可能对用户造成困扰，甚至可能导致数据丢失、系统崩溃等严重后果。

对错误进行修复可能需要对代码进行修改，也可能需要对数据进行修复，甚至可能需要改变软件的某些设计和架构。在进行纠错性维护时，要避免引入新的错误，并确保修复的错误不会对其他部分的功能产生负面影响。

错误的来源如下。

① 开发者的失误、对需求的误解或设计上的缺陷都有可能导致错误。

② 用户在非预期的情况或条件下使用软件，也会导致错误。

③ 当操作系统更新、硬件发生变化或软件与其他软件不兼容时，都有可能发生错误。

纠错性维护的重要性体现在以下三个方面。

① 快速有效地解决用户遇到的问题可以提高用户对软件的满意度。

② 确保系统稳定运行，减少由于错误导致的停机时间。

③ 某些错误可能会暴露系统的安全漏洞，因此迅速进行修复是至关重要的。

纠错性维护面临的挑战如下。

① 在复杂的软件系统中，确定错误的来源可能是一件具有挑战性的事情。

② 不是所有的错误都可以轻易地再现，特别是与特定环境或条件相关的错误。

③ 在修复一个错误时，可能会不小心引入新的错误。

总体来说，纠错性维护是软件维护过程中的核心环节。为了有效地进行这种维护，开发团队不仅要完善测试策略、记录错误，还要与用户紧密合作，在修复过程中保持谨慎。

9.4.2　完善性维护

完善性维护也常被称为适应性或增强性维护，是指通过添加新功能、优化现有功能或提高性能等手段，使软件能够更好地满足用户的期望和需求，主要关注于增加软件的价值。与纠错性维护不同，完善性维护更多是为了创造机会和提供更多的价值。

完善性维护通常是基于用户反馈、市场趋势或技术发展趋势来进行的。随着业务环境的变化和技术的进步，软件需要不断的更新和完善，以满足新的业务需求和保持竞争力。这可能涉及重新设计和优化已有的功能，旨在提高软件的可用性和易用性。

以下是完善性维护的动机。

① 随着时间的推移，用户的需求可能会发生变化，他们可能需要新的功能或对现有功能有更高的期望。

② 为了保持竞争力或建立竞争优势，可能需要引入新的功能或特性。

③ 新的技术和工具的出现提供了优化软件的机会。

完善性维护的重要性体现在以下三个方面。

① 确保软件能够随着业务的不断拓展满足业务的新需求。

② 通过不断对软件进行改进，提高用户的满意度和忠诚度。

③ 使软件保持最新版本，确保其与行业的发展同步。

完善性维护面临的挑战如下。

① 在添加或修改功能时，需要确保不影响现有的功能或导致其他问题。

② 增加新功能可能需要额外的时间和资源，这可能会影响到软件的发布周期。

③ 确定哪些功能是用户真正需要的，并了解如何有效地实现这些功能，这要求我们与用户保持密切沟通。

④ 添加过多的功能或添加不必要的功能可能导致软件变得臃肿和复杂。

总之，完善性维护是一个不断发展的过程，它要求维护团队具备敏锐的观察力、深厚的技术功底和出色的沟通技巧。通过与用户、市场和技术保持同步，团队能够确保软件始终保持其时效性和价值，从而满足用户不断变化的需求。

9.4.3　适应性维护

适应性维护也被称为平台适应性维护，是指通过对软件进行修改，以使其在新的或改变的环境中运行，主要关注软件在不断变化的技术环境中的持续可用性和兼容性。随着技术的发展，我们需要对软件进行相应的调整，以确保其在新的环境（如新的操作系统、数据库、硬件、网络环境等）中仍然可以正常运行。

在进行适应性维护时，需要对新的环境有深入的了解，以确定需要进行哪些修改。此外，还需要有良好的测试策略，以确保软件在新的环境中可以正常工作。适应性维护对于确保软件的持续运行和长期稳定性至关重要，随着技术的进步，许多外部环境因素都有可能发生改变。若不进行适应性维护，软件可能会因无法适应外部环境的变化而面临运行失败或功能异常的风险。因此，适应性维护的核心挑战在于确保软件能够保持与多变外部环境的兼容性，从而保障软件的稳定、持续运行。

在进行适应性维护时，除了要了解新环境外，还需要注意以下几点。

① 确保所有的修改都有详细的记录，这不仅有助于团队了解已进行的修改及其原因，也有助于未来维护工作的开展。

② 在某些情况下，可能需要确保软件同时支持新环境和旧环境，这可能需要更多的开发和测试。

③ 因为新环境可能对软件的性能有所影响，所以需要进行性能测试，以确保软件在新环境中的性能仍然满足要求。

④ 持续集成和自动化测试可以确保软件在各种环境中都能正常工作，尤其是当软件需要支持多种环境时。

⑤ 外部环境的变化有时是由第三方供应商引起的，如操作系统供应商或数据库供应商。与这些供应商保持紧密合作，了解他们的发展路线和发展计划，有助于提前预见和应对可能的问题。

适应性维护的动机如下。

① 随着新的操作系统、数据库版本和硬件平台的发布，可能需要对软件进行相应的调整，以确保其正常运作。

② 安全协议的更改、新的法规的出台或第三方 API 的更新都可能促使项目团队对软件进行适应性维护。

③ 随着用户基数的增长和数据量的增加，可能需要对软件进行优化，以使其性能达到更高的标准。

适应性维护的重要性主要体现在以下三个方面。

① 确保软件在各种环境中都能稳定运行，无论外部条件如何变化。

② 使软件与最新的技术和工具集成，提高其互操作性。

③ 确保软件不过时，保持其在市场上的竞争力。

适应性维护面临的挑战如下。

① 技术发展迅速，可能需要频繁地对软件进行适应性更新。

② 在新环境中进行全面的测试很有挑战性，尤其是在多种环境和配置下。

③ 使软件适应新环境可能需要投入额外的资源和时间，尤其是需要对软件架构或核心功能进行大规模修改时。

总体来说，适应性维护在软件维护中占据着不可或缺的地位。为了正确进行适应性维护，软件开发和维护团队必须时刻掌握技术的发展趋势，持续监控和评估外部环境的变化，并采取必要的行动。这样，我们就可以确保软件的持续性和稳定性，使其在各种环境中都能稳定运行，从而满足用户的需求。

9.4.4　预防性维护

预防性维护的核心思想是"未雨绸缪"，是指通过预先采取措施，防止问题的发生，从而确保软件的长期稳定性和可靠性。这种维护策略不仅关注现有的问题，而且关注那些可能在未来出现的潜在问题。这种维护策略不仅要求维护人员深入理解系统，还要求他们具备对技术发展趋势的敏锐洞察力。

预防性维护的主要目的是提高软件的长期稳定性和可靠性，包括对软件的更新、替换或修复，也包括对软件结构的调整和优化。由于预防性维护是基于预测未来可能出现的问题实现的，因此有一定的不确定性。此外，过度的预防性维护可能会浪费不必要的时间和资源。因此，在进行预防性维护时，需要进行仔细的评估，以确保其价值大于成本。

预防性维护的动机如下。

① 随着软件的发展和迭代，代码可能会变得冗长和复杂。通过预防性维护，可以定期地重构代码，使其保持简洁和模块化。

② 考虑到快速交付或其他原因，开发团队可能会采取时间较短的解决方案。然而，这些解决方案可能会带来额外的维护成本和系统复杂性，形成所谓的"技术债务"。预防性

维护的一个重要动机就是定期审查并优化这些解决方案，从而有效地识别和管理技术债务，避免它们随时间累积而变成更高的系统风险和更大的问题。

③ 随着技术的进步，可能需要对软件进行优化，以使其满足新的标准和用户期望。

预防性维护的重要性主要体现在以下三个方面。

① 提前解决潜在的问题，可以确保软件稳定运行。

② 预先处理潜在的问题，可以避免未来付出更大的代价来解决紧急和复杂的问题。

③ 优化用户界面和提高性能可以为用户提供良好的体验。

进行预防性维护需要考虑以下三个方面。

① 在进行任何维护活动之前都要评估可能带来的风险，确保维护工作不会导致其他问题。

② 使用各种工具和方法持续监控软件的性能和健康状态，以便及时发现和处理潜在的问题。

③ 确保开发团队和维护团队都了解预防性维护的重要性，并掌握相关的技能和方法。

总体来说，预防性维护是一个持续的过程，需要定期评估和更新。通过预先采取措施，可以确保软件的健康和稳定，从而为用户提供高质量的服务。为了有效地进行预防性维护，团队需要持续关注技术的最新动态，定期对代码进行审查和分析，与其他团队和社区保持良好的沟通，以及借助一些工具和实践来提前识别和解决潜在的问题。

虽然软件维护在软件生命周期中占据了大部分的时间和资源，但它仍然经常被忽视。然而，有效的软件维护是保证软件质量和用户满意度的关键。我们下面将探讨如何进行有效的软件维护。

9.5　维护策略和维护工具

在执行软件维护任务时，除了需要理解不同类型的维护需求之外，还需要了解如何制定有效的维护策略，以及如何使用适当的工具来完成维护工作。

9.5.1　维护策略

软件维护策略通常涉及何时进行维护以及如何分配维护资源。对于纠错性维护，我们可能需要立即修复严重的问题，以防对用户造成较大的影响。对于完善性维护和预防性维护，我们可能需要制订长期的计划，以确保我们的改进和优化工作能够按照预期的那样进行。

选择维护策略时应该考虑软件处于生命周期的哪个阶段。例如：在软件的早期阶段，我们可能需要重点关注纠错性维护，以修复尽可能多的问题；在软件的后期阶段，我们可能需要重点关注预防性维护和适应性维护，以保证软件稳定运行和适应新的环境。

9.5.2　维护工具

软件维护是确保软件长期、稳定、有效运行的关键。为了有效地进行软件维护，我们需要使用各种工具来完成维护工作。这些工具不仅可以提高维护的效率，还可以提高软件的质量和稳定性。以下是一些在软件维护中常用的工具。

① 问题跟踪系统：如 Jira、Bugzilla 和 Redmine 等，这些系统可以帮助我们跟踪和管理软件的问题和缺陷。它们通常提供了某种方式来记录问题的详细信息、将问题分配给团队成员、设置优先级和跟踪问题的解决进度。

② 版本控制系统：如 Git、Subversion 和 Mercurial，这些系统可以帮助我们管理软件的不同版本以及跟踪每个版本的变更。它们不仅能够促进团队成员之间的协作，还能够帮助我们理解、回溯和修复问题。

③ 自动化测试工具：如 JUnit、Selenium 和 TestNG，这些工具可以帮助我们自动执行测试，确保每次修改或新增功能都达到预期的效果，且不会引入新的问题。自动化测试不仅可以显著提高维护效率，还可以保证软件的质量。

④ 持续集成和持续部署工具：如 Jenkins、Travis CI 和 CircleCI，它们不仅可以帮助我们自动构建和部署软件，还可以帮助我们运行自动化测试。这既确保了软件在整个开发过程中的质量，也使得我们可以更频繁、更可靠地发布更新。

⑤ 代码审查工具：如 Gerrit 和 Phabricator，这些工具在团队开发中非常有用，可以帮助我们进行代码审查，以发现潜在的问题和错误。代码审查是预防性维护的重要组成部分，通过团队成员间的交流和相互之间的代码检查，我们可以提前发现并修复潜在的问题。

⑥ 性能监测和分析工具：如 New Relic 和 Datadog，这些工具可以帮助我们实时监控软件的性能，发现和确定潜在的性能瓶颈。

⑦ 文档管理工具：如 Confluence 和 Read the Docs，这些工具能够确保团队拥有一个集中化、易于访问的共享文档库。这样，团队可以有效地管理和维护项目文档，从而使新的团队成员能够更快地了解项目背景、架构和相关细节，并迅速融入工作。同时，这种共享文档库也为整个团队提供了一个可靠的参考来源，促进了项目信息和所需知识的传递与共享。

选择正确的工具并合理地使用它们是软件维护的关键。一个良好的工具组合可以提高团队的生产力，使软件维护变得更加高效和顺畅。在选择和使用维护工具时，我们需要考虑具体的需求和环境。不同的工具可能适用于不同的情况，我们要选择对我们帮助最大的工具。

9.6 持续交付和持续部署

在软件研发过程中，持续交付和持续部署是两种关键的实践，它们既可以帮助我们更快、更频繁地发布更新，又可以确保软件的质量和稳定性。

9.6.1 持续交付

持续交付是一种软件开发实践，它的目标是确保软件随时都可以发布。为了实现这一目标，我们需要在开发过程中持续地进行集成和测试，以便及时发现并修复问题。

在持续交付中，我们通常会使用各种工具和技术来自动化我们的构建和测试过程。例如，我们可以使用持续集成服务器来自动构建我们的软件，并运行自动化测试。又如，我们可以使用版本控制系统来管理我们的源代码，并跟踪每次变更。

持续交付的一个重要原则是"构建一次，部署多次"。这意味着我们应该只构建一次软件，然后将同一个构建部署到不同的环境中（如开发环境、测试环境、生产环境）。这可以保证我们在不同环境中运行的是相同的软件，从而避免环境差异引起的问题。

9.6.2　持续部署

持续部署是持续交付的扩展，它的目标是不仅要确保软件随时可以发布，还要自动地将软件发布到生产环境中。这意味着，每当我们的软件通过了所有的测试，它就会自动被部署到生产环境中。

为了实现持续部署，我们需要有一个自动化的部署过程以及一个健壮的监控和回滚机制。自动化的部署过程可以确保我们可以快速、准确地将软件部署到生产环境。监控和回滚机制可以确保我们可以快速地发现并修复生产环境中的问题。

虽然持续部署可以帮助我们更快地发布更新，但是它也带来了一些挑战。例如，我们需要确保测试覆盖率足够高，以便捕获所有可能的问题。又如，我们需要确保我们的用户可以顺利地使用新版本的软件，这可能需要我们在数据迁移、版本控制等方面提供支持。

9.7　部署和维护的最佳实践

随着软件开发生态系统的快速变化，有效地进行部署和维护成了开发者和运维人员的共同挑战。一个成功的部署策略不仅可以确保软件顺利上线，还可以避免潜在的运行时错误。而高效的维护策略则可以确保软件的长时间运行和持续改进。以下是一些部署和维护的最佳实践。

9.7.1　制定明确的部署和维护策略

为了确保软件项目的成功推进和后期的稳定运行，从项目初期就开始制定明确的部署和维护策略是至关重要的。一个明确和完善的策略不仅可以为团队提供一个清晰的方向，还可以在出现问题时为团队提供有力的支持和指引。以下是在制定部署和维护策略时需要考虑的要点。

① 在部署前，团队应明确目标，例如，是为了增加新功能、修复已知问题，还是为了优化性能。预期结果应具体、明确，以便团队可以有针对性地进行工作。

② 确定部署的时间（如高峰时段、低峰时段）以及部署的频率（如每周、每月）。

③ 基于部署的规模和复杂性，提前配置所需的硬件资源、软件资源，以及相应的技术人员和运维人员。

④ 制订明确的计划，以便处理部署过程中可能出现的问题。这可能包括如何快速回滚到之前的版本、如何恢复数据以及如何转移服务。

⑤ 部署和维护策略不应是一成不变的。团队应该定期评估策略的有效性，并根据实际情况进行必要的调整。

随着项目的推进，需求、技术、外部环境都有可能发生变化，因此策略应当具有一定的灵活性。而制定明确的策略能使团队在面对这些变化时确保软件成功交付。

9.7.2　使用自动化工具

随着技术的快速发展，自动化已经成为现代软件工程的核心组成部分，尤其是在部署和维护环节。自动化不仅可以有效减少人为操作导致的错误，提高工作效率，还可以保证每次操作的稳定性和可靠性。以下是一些使用自动化工具的好处。

① 使用自动化工具（如 Jenkins 或 GitLab CI/CD），团队可以轻松实现代码的自动构建和集成。这些工具可以监控代码库的变化，并可以在每次有新的代码提交时，自动触发构建和集成流程，确保代码的质量和兼容性。

② 使用自动化测试工具（如 Selenium 和 JUnit 等），团队可以确保软件在每次更改后仍然能够正常工作。自动化测试不仅可以快速地检测代码中的错误，还可以确保代码满足预定义的质量标准。

③ Docker 等容器化工具允许团队创建、部署和运行应用程序的容器。这确保了应用程序从开发到生产的运行环境都是一致的。另外，Kubernetes 等容器编排工具还可以帮助团队更高效地管理和部署容器。

④ 使用 Prometheus、Grafana 等监控工具，团队可以实时监控应用程序的性能和健康状态。这些工具可以自动检测并报告所有潜在的问题，从而使团队能够迅速做出反应。

总之，自动化工具不仅为团队节省了大量的时间，而且通过减少人为干预，显著降低了发生错误的风险。此外，自动化工具还提供了对整个部署和维护流程的良好的可视化界面和控制功能，从而使团队能够专注于软件的开发与创新工作。

9.7.3　进行定期的维护

软件不是一次就能完美完成的产品。随着时间的推移，由于技术、外部环境以及用户需求的变化，我们需要对软件进行定期的维护，以使其适应这些变化并持续提供高质量的服务。下面我们将详细讨论为何需要对软件进行定期维护。

① 任何软件都可能包含一些未被发现的错误或缺陷。在用户使用软件和给出反馈的过程中，这些问题逐渐浮现。通过定期的维护，我们可以及时地修复这些问题，提高软件的稳定性和用户的满意度。

② 随着软件的持续运行和用户量的增长，某些代码或算法可能不再适应现有的规模。定期对代码进行优化可以确保软件在任何使用场景下都能具有良好的表现。

③ 我们需要经常更新第三方库和框架，以修复安全漏洞、增加新特性或提高性能。通过定期更新这些依赖项，我们可以确保所开发的软件充分利用这些更新结果，并且降低潜在的安全风险。

④ 随着数据的积累，数据库可能会出现数据冗余、索引不足或结构不合理的问题。定期对数据库进行清理和优化，不仅可以提高查询效率，还可以为后续新增的数据腾出空间。

⑤ 通过定期监控软件的运行状态，如资源使用情况、错误率和响应时间等，我们可以及时发现并处理可能的问题，从而避免对用户造成不便。

⑥ 技术在不断进步，行业标准在不断变化。定期对软件进行维护可以确保它适应这些变化，为用户提供最佳的功能和良好的体验。

总之，定期维护是确保软件长期稳定运行、持续满足用户需求、保持竞争力的关键步骤。

9.7.4　进行持续的监控和测试

由于软件开发越来越复杂，持续的监控和测试成了确保软件质量的核心活动。对软件系统进行全面、实时的监控和定期的测试，不仅可以确保软件在各种情况下稳定运行，还可以为团队提供有关系统状态的重要信息，从而使团队迅速做出决策和调整。

① 使用 Prometheus、Grafana 等工具，团队可以实时监控软件的各项性能指标，如 CPU 使用率、内存使用情况、磁盘 I/O 等，从而及时发现和定位性能瓶颈或其他问题。

② 使用 ELK Stack 等工具，团队可以集中管理、查询和分析大量的系统日志。这不仅可以帮助团队快速找到错误的来源，还可以帮助团队分析用户行为和系统使用情况，为未来的决策提供数据支持。

③ 通过设置不同级别的警报，团队可以在问题出现之初就得到通知，从而迅速采取措施，避免问题升级或系统长时间中断。

④ 自动化测试工具（如 JUnit、Selenium 或 Cucumber）可以帮助团队编写和执行测试例，验证软件的功能和性能。持续的测试不仅能确保软件在各种条件下都能正常工作，还能确保新引入的功能或更改不会破坏已有的功能。

⑤ CI/CD 工具可以自动化代码构建、测试和部署的过程。这样，团队可以频繁地、可靠地发布新版本，确保软件始终处于最新、最稳定的状态。

⑥ 团队应该根据监控和测试的结果进行反馈，不断地评估和改进软件的质量。这种持续的评估和改进是软件开发的核心，可以确保团队始终保持最佳的工作状态。

总体来说，持续的监控和测试是确保软件质量、提高软件稳定性和可靠性的关键。这一步骤为团队提供了所需的信息和工具，能使他们更好地理解、维护和改进软件。

9.7.5　维护良好的文档

在软件开发中，良好的文档就如同一盏指路明灯，为开发者、测试者、运维人员和最终用户提供宝贵的指引。当软件项目比较复杂或团队经常更换人员时，一份完整且结构清晰的文档显得尤为重要。良好的文档应该满足以下条件。

① 文档应详细描述软件的整体架构，包括主要的模块、组件及其相互之间的关系。这有助于读者快速理解软件的核心设计和工作原理。

② 对于需要配置的部分，文档应提供明确的步骤和示例。这能确保运维人员或其他开发者正确配置并运行软件。

③ 如果软件提供 API 供其他系统或模块调用，那么文档应当包含每个 API 的功能描述、参数、返回值以及使用示例。

④ 文档应该包括常见的问题、潜在的风险、已知的问题，以及它们的解决方案或回避方法。这可以帮助用户快速找到问题的答案。

⑤ 文档应当持续更新，以反映软件的最新状态。为此，建议维护一个更新日志，记录每次更改的内容、原因及日期。

⑥ 文档的结构应该清晰、有条理，以便读者轻松找到所需的信息。目录、索引和交叉引用都是实现这一目标的有效工具。

⑦ 文档应直观易懂，尽可能提供图表、示意图和代码示例。这些元素可以帮助读者更好地理解抽象或复杂的概念。

⑧ 文档应该包含反馈机制，以便读者提出疑问、建议或更正错误。这样，文档可以持续改进，更好地服务于用户。

总之，良好的文档是软件成功的关键，它不仅能使团队高效地协作，还提供了用户所需的支持和指引。

9.7.6 促进团队协作

在软件开发和维护的过程中，团队协作至关重要。一个团队中的每个成员都扮演着关键的角色，而如何确保所有成员都能有效地合作，共同完成目标，是每个项目管理者和团队领导者都必须考虑的问题。以下是促进团队协作的一些建议。

① 让每个团队成员都清楚自己的角色和职责，并让他们知道如何与其他团队成员合作。

② 为团队成员提供沟通的机会，确保每个人都对项目的目标、进度和障碍有清晰的了解。例如，定期举办团队会议或一对一交流会。

③ 鼓励团队成员分享他们的专业知识和经验，这不仅可以提高团队整体的能力，还可以帮助团队解决特定的问题。

④ 定期组织团建活动（如出游或培训），以增强团队的凝聚力和加深相互之间的信任。

⑤ 鼓励团队成员提供和接受反馈，这有助于持续改进软件和解决潜在的问题。

⑥ 在团队成员的专业培训方面进行投资，确保他们的技能始终与行业标准保持一致。

总体来说，部署和维护是软件开发生命周期中的两个关键阶段。上述最佳实践只是冰山一角，若想真正取得成功，团队需要将这些实践与自己的实际情况相结合，制定适合自己的策略和流程。

本 章 小 结

本章探讨了部署和维护在软件开发生命周期中的重要性和实践方法。

在部署方面，我们讨论了不同的部署策略，包括一次性部署、滚动部署、蓝绿部署和金丝雀部署。另外，我们还介绍了一些常用的部署工具，如 Jenkins、Ansible、Docker 和 Kubernetes。

在维护方面，我们探讨了维护阶段的重要性和不同类型的维护任务，介绍了纠错性维护、完善性维护、预防性维护和适应性维护，并讨论了如何制定有效的维护策略和选择适当的工具来完成维护工作。

扩 展 阅 读

本章介绍了部署和维护在软件研发过程中的重要性和实践方法。如果你对这些内容感兴趣，并希望深入了解更多相关的内容，可以阅读以下资料。

- 《DevOps 实践指南》（第 2 版），[美] Gene Kim 等著，茹炳晟等译，人民邮电出版社，2024 年 4 月：本书介绍了 DevOps 的原则、实践和工具。
- 《Docker 容器与容器云》（第 2 版），浙江大学 SEL 实验室著，人民邮电出版社，2023 年 12 月：这本书详细介绍了 Docker 容器技术的原理、使用方法和基于 Docker 的软件部署方法。
- 《Kubernetes 权威指南：从 Docker 到 Kubernetes 实践全接触》（第 5 版），龚正等编著，电子工业出版社，2021 年 5 月：本书详细介绍了 Kubernetes 的基本概念、实践指南、核心原理、开发指南、运维指南等内容。

习 题 9

1. 什么是持续集成和持续部署？它们的区别是什么？
2. 请解释以下部署策略：一次性部署、滚动部署、蓝绿部署和金丝雀部署。
3. 请列举几个常用的部署工具，并简要描述它们的特点和适用场景。
4. 什么是软件维护？列举并解释几种常见的维护类型。
5. 请解释持续交付和持续部署的概念，并说明它们在软件开发中的价值。
6. 什么是问题跟踪系统？它在软件维护中的作用是什么？
7. 请解释版本控制系统在维护过程中的作用。
8. 为什么持续的监控和测试在维护阶段如此重要？你会使用哪些工具来支持持续监控和测试？
9. 什么是部署和维护的最佳实践？请列举并解释其中的几个实践方法。
10. 请解释持续集成中"构建一次，部署多次"原则的含义和重要性。
11. 为什么文档对于部署和维护工作如此重要？你认为应该记录哪些内容？